U0157647

混合结构体系梁柱和梁墙节点抗震性能研究与应用

主 编：陈 勇
副主编：程 云 王冬雁 陈 鹏

中国建筑工业出版社

图书在版编目（CIP）数据

混合结构体系梁柱和梁墙节点抗震性能研究与应用 /
陈勇主编. —北京：中国建筑工业出版社，2021.6
 ISBN 978-7-112-26200-7

Ⅰ. ①混… Ⅱ. ①陈… Ⅲ. ①组合结构-抗震性能-
研究 Ⅳ. ①TU398

中国版本图书馆 CIP 数据核字（2021）第 110779 号

混合结构体系由于兼具钢结构和钢筋混凝土结构的优点，近年来得到了快速发展，本书系统阐述了型钢-混凝土组合结构 36 种节点的抗震试验研究、节点计算分析和设计方法，以及研究成果在工程中的应用情况。全书共 6 章，分别是绪论，混合结构节点计算方法分析，钢-混凝土粘结性能试验研究，混合结构中梁柱节点的性能研究与分析，混合结构中梁墙节点的性能研究与分析，工程应用。

本书适用于结构工程专业设计、研究人员参考使用。

责任编辑：万　李
责任校对：王　烨

混合结构体系梁柱和梁墙节点抗震性能研究与应用
主　编：陈　勇
副主编：程　云　王冬雁　陈　鹏

＊

中国建筑工业出版社出版、发行(北京海淀三里河路 9 号)
各地新华书店、建筑书店经销
北京鸿文瀚海文化传媒有限公司制版
北京建筑工业印刷厂印刷

＊

开本：787 毫米×1092 毫米　1/16　印张：22　字数：548 千字
2021 年 6 月第一版　　2021 年 6 月第一次印刷
定价：**75.00** 元
ISBN 978-7-112-26200-7
（37191）

本书编委会

主　　　编：陈　勇

副 主 编：程　云　王冬雁　陈　鹏

参编人员：胡凤琴　吕延超　董志峰　金　钊　程　曦

　　　　　王　磊　高　键　马思文　马　毅　李大鹏

　　　　　刘　帅　姜　勇　何　梦　高大帅　刘　鑫

　　　　　赵　鑫　郑圆维　张格阳　王　唯　何云飞

序

据有关统计显示，截至 2019 年世界最高 300 栋建筑结构建材应用情况，其中采用钢-混凝土的混合材料为 133 栋，占 44.3%，300m 以下超高层建筑以混凝土为主，300m 以上则以混合材料为主。混合结构兼具了钢结构和钢筋混凝土结构两者的优点，近年来在我国的高层和超高层建筑中得到了广泛应用。

国内外对混合结构的梁柱与梁墙节点进行了一些试验研究、理论分析和数值模拟工作，但与我国混合结构的发展速度还存在较大差距，所研究的节点一般也是理论上最常见、最容易实现的节点形式，与实际工程中出现的各种各样的节点形式与构造措施有较大区别。工程实践中部分混合结构梁柱、梁墙节点，仅通过概念设计或数值模拟，没有经过试验验证，对其抗震性能了解不足，对节点的变形能力了解也不够深入，这样可能会给整体建筑结构的安全带来隐患。

《混合结构体系梁柱和梁墙节点抗震性能研究与应用》在系统总结国内外规范、规程对型钢混凝土组合结构节点相关规定，系统梳理各种梁柱与梁墙节点构造措施研究成果的基础上，结合工程实践，通过合理的构件设计和数值模拟，提出连接方式合理、传力路线明确、施工简便的节点类型，并对 36 种梁柱和梁墙节点进行抗震试验研究，通过对试件在低周反复荷载作用下的破坏形态、承载力退化规律、滞回曲线、刚度退化、延性与耗能能力、关键部位的应变分布情况和节点核心区的受力特点进行系统研究，分析节点区构造措施（配箍形式和加强方式）以及轴压比等因素对节点的弹塑性滞回性能的影响，建立节点的弹塑性数值模型并进行分析，提出节点的构造措施和优化设计方法。

专著有助于建筑结构领域工程设计和科研人员对混合结构构件及节点理论与应用的理解，可为相关的工程实践提供借鉴，所研究的新型混合结构构件、节点的计算与构造等理论研究及试验成果对混合结构发展有积极的意义。

全国工程勘察设计大师 林立岩

前　　言

　　混合结构是指"由钢框架或型钢混凝土框架与钢筋混凝土筒体（或剪力墙）所组成的共同承受竖向和水平作用的高层建筑"或"由部分钢骨混凝土构件和部分钢构件或混凝土构件组成的结构"。采用混合结构体系的高层建筑从20世纪70年代初首次在美国兴建以来，先后在欧洲和亚洲等一些国家得到了进一步发展。我国从20世纪80年代末开始对混合结构体系建筑进行应用，至今得到了快速发展，是值得大力推广的一种高层结构形式。

　　《混合结构体系梁柱和梁墙节点抗震性能研究与应用》是关于型钢-混凝土组合结构各类节点从研究到应用的专业书籍。特别针对型钢-混凝土组合结构节点设计关键问题，系统地阐述了对于36种节点开展的抗震试验研究、节点计算分析和设计方法以及所取得的研究成果在工程中的应用情况。全书分6章，第1章介绍型钢混凝土结构的分类及发展，节点的研究现状；第2章介绍国内外混合结构节点计算方法分析；第3章介绍钢-混凝土粘结性能试验研究，测试了采用不同抗剪连接件时，型钢与混凝土间粘结性能的差异；第4章介绍混合结构中梁柱节点的性能研究与分析；第5章介绍混合结构中梁墙节点的性能研究与分析；第6章介绍混合结构节点工程应用实例。

　　本书编写人员具有丰富的设计和工程经验，主编为陈勇；副主编为程云、王冬雁、陈鹏，参编人员为胡凤琴、吕延超、董志峰、金钊、程曦、王磊、高键、马思文、马毅、李大鹏、刘帅、姜勇、何梦、高大帅、刘鑫、赵鑫、郑圆维、张格阳、王唯、何云飞。

　　本书编写时，得到了财政部和中国建筑股份有限公司课题《混合结构体系梁柱和梁墙节点试验研究与理论分析》（CSCEC-2010-C-05）、《中国建筑千米级摩天大楼结构研究》（CSCEC-2010-Z-01-02）、《外包钢板混凝土组合剪力墙性能研究》（CSCEC-2016-Z-41）的大力支持，在此表示感谢。

　　限于编者水平，书中不当之处，敬请批评指正。

目　　录

第1章 绪论

1.1 引言

随着建筑物高度不断增加，其所承受的风荷载及地震作用也相应加大，抵抗水平侧力成为建筑结构研究与设计的控制因素，如何选用合理的、经济的抗侧力体系对于高层和超高层建筑结构来说显得尤为重要。我国的钢产量已位居世界首位多年，伴随建筑结构设计水平的提高，钢结构制造及施工企业水平的提升，钢结构在我国的应用越来越普遍，其中混合结构体系由于兼具了钢结构和钢筋混凝土结构两者的优点，近20年来在我国的高层和超高层建筑中得到了越来越广泛的应用。

混合结构（Hybrid Structure or Mixed Structure）是指"由钢框架或型钢混凝土框架与钢筋混凝土筒体（或剪力墙）所组成的共同承受竖向和水平作用的高层建筑"或"由部分钢骨混凝土构件和部分钢构件或混凝土构件组成的结构"。采用混合结构体系的高层建筑从20世纪70年代初首次在美国兴建以来，先后在欧洲和亚洲等一些国家得到了进一步发展。我国从20世纪80年代末开始对混合结构体系建筑进行应用，如今在大城市（北京、上海、深圳、广州、天津、武汉、沈阳以及大连等城市）已经有数以百计的建筑建成，可以说采用混合结构体系的建筑在我国起步较晚，但后来居上。

混合结构体系是符合我国基本国情、值得大力推广的一种高层结构形式。首先，它的组成合理，混合结构中最常用的是外部钢框架（或型钢混凝土框架）与内部混凝土核心筒（或剪力墙）组成的形式，该结构体系是将钢筋混凝土核心筒（或剪力墙）与铰接或刚接的钢框架（或型钢混凝土框架）并联使用，其中具有较大抗侧移刚度的钢筋混凝土核心筒（或剪力墙）主要承受水平作用，具有较高材料强度的外框架主要承受竖向荷载，还可利用钢框架的轻巧性或型钢混凝土框架的强度，做成跨度较大的楼面结构。其次，相比纯钢结构而言，它的抗侧移刚度大，水平位移的减少也会减轻 P-Δ 效应的不利影响，提高建筑的使用舒适度。外框架相比普通钢筋混凝土而言，截面尺寸减小，体系的耗能和变形能力增强，这有利于结构的抗震并增大了使用面积，与其他结构体系相比更加经济。正是由于混合结构体系的合理性和经济性，它在我国具有很好的发展前景。

1.2 混合结构体系中型钢混凝土结构的分类及发展

1.2.1 型钢混凝土（SRC）结构的分类

混合结构体系是由钢与钢筋混凝土或型钢混凝土构件组成，对钢、钢筋混凝土构件的研究，国内外已经有一百多年了，而对型钢混凝土的研究相对滞后。狭义的型钢混凝土结构仅指由钢和混凝土两种材料的独立构件相加形成的组合柱、组合梁、组合板等。广义的组合结构是将不同材料或构件组合在一起的结构形式（包括狭义型钢混凝土结构），同时在设计时将不同材料和构件的性能纳入整体进行考虑，以便有效发挥各自材料和构件的优势，从而获得更好的结构性能和综合效益。

型钢混凝土结构通常是指钢-混凝土组合结构，其中钢又分为型钢和钢板等，混凝土可以是素混凝土，也可以是钢筋混凝土。国内外常用的钢-混凝土构件主要包括以下五大类：（1）压型钢板混凝土组合板（狭义），如图 1.2-1（a）所示；（2）钢-混凝土组合梁（狭义），如图 1.2-1（b）所示；（3）内置型钢混凝土构件［习惯称为型钢（美国）、钢骨（日本）或劲性（苏联）混凝土构件］（广义），如图 1.2-1（c）所示；（4）钢管混凝土（广义），如图 1.2-1（d）所示；（5）外包钢混凝土（广义），如图 1.2-1（e）所示。混凝土的存在加大了截面面积，提高了构件刚度，型钢又增加了结构的延性，有较好的抗震性能，其汇集了混凝土结构和钢结构的优点。

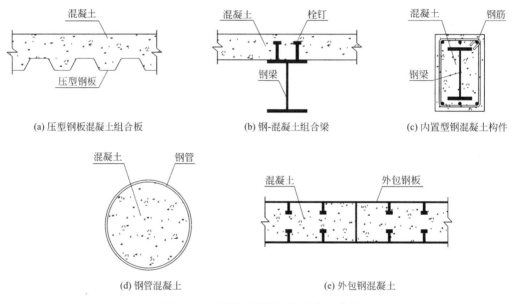

(a) 压型钢板混凝土组合板 　(b) 钢-混凝土组合梁 　(c) 内置型钢混凝土构件

(d) 钢管混凝土 　　　(e) 外包钢混凝土

图 1.2-1　常用钢-混凝土构件截面形式

型钢混凝土的型钢可以是轧制型钢，也可以根据设计和使用要求，合理调整型钢截面尺寸和板材厚度使用焊接型钢。另外根据配钢形式的不同，型钢混凝土构件可以分为实腹式和空腹式两大类。实腹式型钢主要有工字钢、H 型钢和槽钢等，空腹式型钢是由缀板或缀条连接角钢或槽钢构成的空间骨架。实腹式构件制作简单，承载力大，抗震性好；空腹式构件比较节省材料，但制作费用较高，抗震性能比实腹式构件差。常见实腹式和空腹式型钢混凝土构件，如图 1.2-2（a）～（d）所示。型钢混凝土梁墙节点通常在连梁内置型钢或钢板，并伸入剪力墙内（分为平面内和平面外两个方向）一定长度，连梁内置钢板有多种形式，如无洞内置钢板、开洞内置钢板、型钢端头锚固钢板等，如图 1.2-2（e）所示，其他钢梁与混凝土墙的几种连接形式如图 1.2-2（f）所示。

随着超高层建筑平面布置和功能要求的多样化，型钢混凝土异形柱结构的应用越来越广泛。这种结构将型钢与异形柱结合起来，具有布置灵活、美观实用、增加房屋使用面积等优点，同时克服了传统异形柱轴压比限值低等问题，使型钢混凝土异形柱结构体系能够应用于抗震设防烈度较高地区的多高层建筑中。

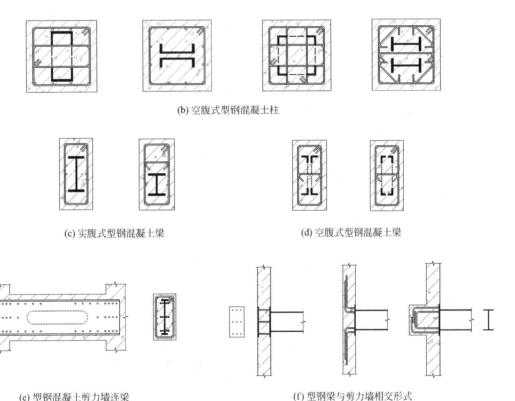

(a) 实腹式型钢混凝土柱

(b) 空腹式型钢混凝土柱

(c) 实腹式型钢混凝土梁　　　　　　　　　(d) 空腹式型钢混凝土梁

(e) 型钢混凝土剪力墙连梁　　　　　　　　(f) 型钢梁与剪力墙相交形式

图 1.2-2　型钢与混凝土柱、梁、墙常用截面形式

1.2.2　型钢混凝土结构国内外发展历史

型钢混凝土结构最早产生于欧洲，当时将这种结构称之为混凝土包钢结构（Concrete-Encased Steelwork）。20 世纪初，在英国，为了满足建筑物内钢柱的耐火要求而在钢柱外侧包裹混凝土，即形成了最早的型钢混凝土柱。由此，对型钢混凝土的研究也在欧美地区展开。

欧、美等西方国家从 20 世纪初开始对型钢混凝土结构进行研究。1989 年，美国混凝土协会制定的《钢筋混凝土设计规范》ACI-318 中才列入了型钢混凝土结构设计部分，将型钢视为等值的钢筋，然后再以钢筋混凝土结构（RC）的设计方法进行型钢混凝土

（SRC）构件设计，此方法优点在于设计 SRC 结构时考虑了构件的"变形协调"和"内力平衡"条件，但未考虑型钢材料本身的残余应力和初始位移的影响。1993 年，美国制定了《钢结构设计规范》AISC-LRFD，基于极限强度设计法，将 RC 部分转换为等值型钢，再以纯钢结构的设计方法进行组合结构设计，并考虑了残余应力和初始位移，此方法最突出的优点是很容易得到构件的弯矩与轴力，但由于其是以考虑初始位移和残余应力的纯钢结构为设计基础，是否符合组合构件的实际受力行为仍有待于进一步探讨。在 1994 年 NEHRP（National Earthquake Hazards Reduction Program）建筑业抗震设计规则的建议草案中设有专章讨论组合结构设计，其设计方法主要是综合了 AISC-LRFD 规范和 ACI 规范，并增加了有关组合结构抗震设计的内容。

日本称 SRC 结构为钢骨混凝土结构，由于其地理条件因素促使钢骨混凝土结构得到广泛发展，也是应用最多的国家。型钢混凝土结构、钢结构、木结构及钢筋混凝土结构在日本并列为四大结构。1910 年日本从美国引进钢骨混凝土结构，经受住了 1923 年关东大地震、1968 年十胜冲地震及 1995 年阪神地震的考验。从 1951 年起日本开始对 SRC 结构进行了全面系统的研究，1958 年日本建筑学会颁布了《钢骨钢筋混凝土计算标准及其说明》，其最大特点是在承载力计算方面采用了强度叠加理论，从 1963 年到 1987 年，该标准先后进行了四次修订，最终成为 SRC 结构设计规范第三版（AIJ-SRC），基本形成较为完善的设计理论和方法。2001 年出版了 SRC 结构设计规范第四版（AIJ-SRC），此规范除了保留了以往的容许应力设计法外，还增加了水平承载力验算的条款，并给出了梁柱节点、连接、柱脚及剪力墙等的计算公式。该规范忽略了混凝土抗拉强度，遵从平截面假定，不考虑型钢与混凝土之间的粘结力，以"叠加理论"为基础将钢骨与钢筋混凝土两者承载能力进行叠加。

苏联称 SRC 结构为劲性钢筋混凝土结构，将埋入的型钢称为劲性钢，配置的钢筋成为柔性钢。在二战后的恢复建设中曾在工业厂房中大量使用 SRC 结构。1949 年，由苏联建筑科学院建筑技术研究所编制了《多层房屋劲性钢筋混凝土暂行设计技术条例》（BTY-03-49），并在莫斯科完成了 8 个全部采用劲性钢筋混凝土结构的试点工程。1951 年苏联电力建筑部颁布了有关型钢钢筋混凝土结构的设计规程，其设计方法采用极限强度法，以空腹式配钢的梁柱及框架结构为主要对象，当时并没有设置钢筋及箍筋。1978 年苏联混凝土结构研究所编制了《劲性钢筋混凝土结构设计指南》，以实腹式型钢为主，强调必须设置纵向钢筋和箍筋，认为型钢与混凝土之间具有可靠的粘结力使其完全共同工作。

20 世纪 50 年代初，我国从苏联引进了 SRC 结构，其设计方法也是直接引用苏联的规范。由于型钢混凝土内多数采用空腹式结构，未配置纵筋和箍筋，应用范围仅局限于少数工业厂房和特殊结构。20 世纪 60~70 年代由于片面追求节省钢材而应用极少。20 世纪 80 年代以后，随着改革开放和经济建设的需求，型钢混凝土结构的研究和应用逐渐发展起来，经过十几年的研究和工程实践，于 1997 年颁发了《钢骨混凝土结构设计规程》YB 9082—1997，并于 2006 年进行了全新修订，出版了《钢骨混凝土结构技术规程》YB 9082—2006，此后又相继出版了《组合结构设计规范》JGJ 138—2016 和《高层建筑钢-混凝土混合结构设计规程》CECS 230—2008，这些规程对推进我国型钢混凝土混合结构的发展具有重要意义。

1.2.3 混合结构工程应用情况

近年来，型钢混凝土混合结构体系开始大量应用于我国高层建筑特别是超高层建筑结构，其中已建或在建的一百多幢超高层结构建筑中，一半以上全部或部分采用了混合结构体系。混合结构兼有钢结构施工速度快和混凝土结构刚度大、成本低的优点，在很多情况下被认为是一种符合我国国情的超高层建筑结构形式。

我国建成的混合结构体系工程中，主要是由型钢混凝土柱-钢框架梁（或型钢混凝土梁）-钢筋混凝土筒体（或钢筋混凝土剪力墙或型钢混凝土筒体、剪力墙）构成。典型的型钢混凝土建筑有：上海中心（地上 118 层，632m）、上海环球金融中心（地上 101 层，492m）、南京紫峰大厦（地上 89 层，450m）、上海金茂大厦（88 层，420m）等。其中，上海中心是上海市一座超高层地标性摩天大楼，其设计高度已超过附近的上海环球金融中心；上海环球金融中心采用外围为巨型桁架筒与内部为钢筋混凝土的筒中筒结构；上海金茂大厦采用钢筋混凝土核心筒与钢结构外框架相结合的混合结构体系。

在国外，型钢混凝土混合结构体系应用更为广泛。以日本为例，日本是近 30 年以来世界上应用型钢混凝土结构最多的国家，也是研究型钢混凝土结构较多并且较深入的国家之一。日本是个多地震国家，其规范规定高于 45m 的建筑不得采用钢筋混凝土结构。在日本约 45% 的 6 层以上建筑采用了型钢混凝土结构，约 90% 的 10～15 层建筑采用了型钢混凝土结构，16 层以上的建筑有 50% 采用型钢混凝土结构，50% 采用钢结构。20 世纪 30～70 年代，日本建造的型钢混凝土结构主要采用空腹式型钢，20 世纪 70 年代之后主要配置实腹式型钢。在 1923 年的关东大地震、1968 年的十胜冲地震及 1995 年的阪神地震中，采用型钢混凝土结构的建筑物基本未遭破坏，这推动了日本学者对型钢混凝土结构的研究与应用热潮。自 1954 年以来，日本对型钢混凝土结构规程进行了 5 次修订工作。

世界建成的混合结构体系工程中，按高度排名前十名的建筑采用的结构体系形式见表 1.2-1。

2020 年统计的世界已建成最高十栋建筑采用的结构体系及中国排序　　表 1.2-1

世界排序	中国排序	建筑名称	城市（国家）	高度（m）	层数	建成年份	结构形式	建筑功能
1		Burj Khalifa Tower(哈利法塔)	迪拜（阿联酋）	828.0	163	2010	M	多功能
2	1	上海中心大厦	上海（中国）	632.0	128	2015	M	多功能
3		Makkah Royal Clock Tower	麦加（沙特）	601.0	120	2012	M	多功能
4	2	天津高银 117 大厦	天津（中国）	597.0	117	2019	M	多功能
5	3	深圳平安金融大厦	深圳（中国）	592.0	115	2017	M	办公
6		首尔乐天超级大厦	首尔（韩国）	555.0	123	2017	M	多功能
7		One World Trade Center	纽约（美国）	541.3	94	2014	M	办公
8	4	广州周大福金融中心	广州（中国）	539.0	111	2016	M	多功能
9	5	天津周大福金融中心	天津（中国）	530.0	97	2019	M	多功能
10	6	北京中国尊	北京（中国）	528.0	109	2018	M	办公

注：1. 高度为建筑主入口地面至结构顶。
　　2. M（mixed structure）为钢-混凝土混合结构。
　　3. 根据国际高层建筑与城市住宅委员会（CTBUH）2020 年 7 月统计。

1.3 混合结构体系梁柱和梁墙节点研究现状及面临的主要问题

1.3.1 混合结构梁柱和梁墙节点研究现状

混合结构梁柱和梁墙节点是指连接两种不同材料类型构件的组合节点，其内力传递路径以及可能产生的破坏模式要比纯钢结构或钢筋混凝土节点复杂得多。混合结构节点可以是连接不同形式的混凝土、钢结构、型钢混凝土等材料的梁柱或梁墙节点。目前在框架设计时通常将节点理想化为刚度无穷大的刚性节点或刚度为零的铰接节点。但工程中实际使用的组合节点多属于典型的非线性半刚性连接。这种节点降低了梁单元对柱单元的约束刚度，节点耗能性能较强，是一种理想的抗震节点形式。Northridge 地震和阪神地震后，国外的研究多集中于节点在强震作用下的性能和设计方法，在非地震作用下的研究则主要集中于各种形式的半刚性节点。

自 20 世纪 80～90 年代，国内外对混合结构体系中不同形式的型钢混凝土梁柱节点进行了试验研究与数值分析，并取得了一定的成果。通过低周反复荷载试验，分析了节点在模拟地震作用下的破坏模式、承载力、延性及滞回性能等，并对节点核心区的配箍率、型钢混凝土梁的纵向钢筋在节点核心区的锚固长度等对节点承载力的影响做了探讨。与梁柱节点的研究成果相比，国内外对型钢混凝土混合结构体系中梁墙节点的研究较少，现有研究集中在连梁与剪力墙节点在反复荷载作用下力学性能的试验与理论研究，以及高层混合结构梁墙节点抗震研究等，对节点的破坏模式、受力机理、延性和影响承载力因素等进行了分析。部分学者对内置钢板的钢筋混凝土连梁进行了强度与延性的试验研究，采用非线性有限元软件对连梁内部的荷载分布以及内置钢板与栓钉之间的荷载分配进行了分析，得到了荷载-位移曲线和受弯剪情况下的内力分布，通过有限元方法对钢板的几何尺寸、连梁跨高比、配筋率以及钢板埋深进行了研究，还对作为钢板锚固措施的栓钉在梁内与墙内的长度进行了讨论，并给出了设计建议。

1.3.2 混合结构节点研究面临的主要问题

虽然混合结构较钢筋混凝土结构和钢结构有诸多突出优点，但在实际工程应用中也存在一些问题，主要表现在对该体系研究的深度、广度与工程实际情况有一定差距，其中难点之一就是梁柱节点与梁墙节点的设计和施工问题。到目前为止，我国已经建成的采用混合结构体系的实际工程，基本上是由型钢混凝土柱-钢框架梁（或型钢混凝土梁)-钢筋混凝土筒体（或钢筋混凝土剪力墙或型钢混凝土筒体、剪力墙）构成，梁柱节点和梁墙节点主要由钢梁（或型钢混凝土梁）与型钢混凝土柱和钢筋混凝土剪力墙组成，设计与施工的技术水平往往表现在如何保证节点设计安全和顺利实现设计意图的节点构造措施上。

尽管国内外对型钢混凝土梁柱节点的试验研究工作开展较多，但由于节点核心区应力状态复杂，影响因素多，现有研究成果还不能全面、有效地评估型钢混凝土梁柱节点的受力状态，尤其是在地震作用下的性能。

我国现行的规范与规程以及相关资料对型钢混凝土梁柱节点、梁墙节点提供了相应的计算公式和构造措施，但给出的仅仅是通用方法和简单示例，与实际工程情况有较大出入。例如，规程中给出的梁柱节点均是框架梁与柱正交，而实际工程中，由于建筑造型与使用功能要求，往往不能满足梁与柱的正交，由于梁柱斜交，将型钢混凝土柱中布置于角部的纵向钢筋截断，造成框架柱受力不均匀、不连续，削弱了柱中钢筋混凝土部分的承载力；再有，在梁柱节点处柱加密区的箍筋，理论上可以穿过型钢梁腹板，一方面，为了方便箍筋穿过，在型钢梁腹板上开洞是否对节点的承载力造成影响，还值得商榷；另一方面，箍筋为了闭合需要采用焊接连接，给钢结构的制作和混凝土施工造成了很大困难；实际设计中为了避免上述问题，采用小套箍筋代替大套箍筋的方法。尽管这种做法可以对节点核心区的纵筋起到一定约束作用，但能否真正达到节点核心区的承载力要求，也是值得考虑的问题。以此类推，框架梁（连梁）与剪力墙的连接节点也存在类似问题。

1.4　本书内容

在对比国内外规范、规程对混凝土结构节点相关规定的基础上，系统地介绍了作者在型钢混凝土混合结构梁柱节点、梁墙节点（含连梁与墙节点）方面的研究成果，主要包括以下内容：

1. 国内外不同国家混合结构节点设计方法研究

2. 混合结构梁柱节点试验研究

（1）"强柱弱梁"的梁柱节点试验与分析；

（2）"弱柱强梁"的梁柱节点试验与分析；

（3）带隔板型钢混凝土十字形梁柱节点抗震性能试验研究与分析；

（4）带隔板型钢混凝土柱抗震性能研究与分析。

3. 梁墙节点试验研究

（1）钢梁与混凝土剪力墙正交节点的试验研究与分析；

（2）内置钢板混凝土连梁与钢筋混凝土剪力墙节点的抗震试验研究；

（3）钢板混凝土连梁节点新锚固形式的试验研究与分析；

（4）内置钢板混凝土连梁抗剪性能试验分析与设计方法研究。

4. 研究成果工程应用实例

在总结已有混合结构及其节点研究成果的基础上收集资料并进行理论分析，对构件作初步设计，勾勒出具体的模型并进行数值模拟，确定尺寸后，提出试验方案并进行试验研究。通过拟静力试验，分析试件的承载力、变形性能、延性、耗能情况及刚度退化规律，评估不同形式节点性能。对比分析钢板不同厚度、不同形式和栓钉布置方式等对节点性能的影响；对节点进行非线性有限元模拟分析，验证分析模型的可靠性和合理性，并且利用有限元分析进一步研究这种形式节点的抗震性能。利用试验和分析结果，优化设计分析理论，得出设计方法并在工程中进行示范应用。

第2章 混合结构节点计算方法分析

2.1 国内外型钢混凝土结构规范介绍

2.1.1 国内外型钢混凝土结构研究的主要观点

由于型钢混凝土结构应用日趋广泛，各国对型钢混凝土结构的研究也日益深入，根据各自的理论体系制定了相关规范、规程。概括起来可分为三种观点，一是"钢结构"观点，即将 SRC 结构中的钢筋混凝土部分转化为相当的型钢，然后利用钢结构设计规范进行设计，如美国 AISC-LRFD 钢结构设计规范和抗震设计规程 NEHRP 中的组合结构设计规定。二是"钢筋混凝土结构"观点，即将 SRC 结构中的钢骨受拉部分视为钢筋，然后按照钢筋混凝土结构设计规范进行设计，如美国的 ACI 钢筋混凝土设计规范。三是"强度叠加"观点，即将型钢和钢筋混凝土分开分别计算，然后进行强度叠加，如日本建筑学会（AIJ）SRC 设计规范。从 SRC 结构设计规范的使用范围、研究基础及实际应用经验角度看，美国的 NEHRP 规范及日本的 AIJ-SRC 规范优越于其他国家和地区的 SRC 结构设计规范及规程。

2.1.2 国内外型钢混凝土结构规范

（1）美国 SRC 结构设计规范

美国 SRC 结构设计规范主要有：AISC 钢结构设计规范、ACI 钢筋混凝土设计规范及 NEHRP 建筑抗震设计规程。

美国 AISC 钢结构设计规范采用极限强度设计方法，在进行 SRC 设计时，首先将钢筋混凝土（RC）部分转化为等值型钢，再结合钢结构设计方法进行设计。AISC 规范的优点是在梁、柱设计方面采用双线性交互公式，梁柱的轴力、弯矩等可以简单求得，但其缺点是设计规范中没有阐述在 SRC 柱中是否考虑钢结构设计中应考虑的初始位移和残余应力问题。

美国 ACI 钢筋混凝土设计规范在设计 SRC 结构时，主要是将型钢部分转化为等值的钢筋量，然后按 RC 结构的设计方法进行设计。其优点是能够满足变形协调和内力平衡等基本条件，缺点是设计计算比较复杂，同时规范中没有考虑初始位移和残余应力。构造设计时，完全采用 RC 结构设计方法，RC 构造是否适合 SRC 结构的构造规范没有说明。

美国 NEHRP 建筑抗震设计规程中，阐述了 SRC 结构设计问题。该设计方法整合了 AISC 规范和 ACI 规范中关于 SRC 结构设计的内容。该规范关于 SRC 结构设计内容最为完整，它概括了美国有关 SRC 结构设计的全部内容。规范采用了极限强度设计方法，以换算截面为基础。在抗震设计时采用单一阶段设计，考虑结构材料发挥塑性变形能力；在强度计算时，如果型钢具有足够保护层厚度，则不须计算型钢与钢筋混凝土之间的握裹力，即不需要对型钢施加连接件。

（2）日本 SRC 结构设计规范

日本建筑业协会 AIJ 规范规定，SRC 结构设计采用二次设计方法，一次设计是以工作应力法设计，二次设计是以极限强度验算水平耐力。SRC 结构设计方法主要以"强度叠加"为理论基础，而强度叠加方式分为简单叠加法和一般叠加法，前者计算方式简单，结果偏于保守，后者计算相对复杂，但结果精度高。在 SRC 结构抗震设计时采用"二阶段设计"方法，一阶段设计要求结构物在中、小震发生时，处于弹性工作状态；二阶段设计则要求建筑物在地震作用时，需要通过极限强度计算来校核各楼层的水平承载力。在强度计算时，不计算钢骨与钢筋混凝土之间的握裹力，即不需要对钢骨施加连接件。

（3）我国 SRC 结构设计规范

我国 SRC 结构设计规范有《钢骨混凝土结构技术规程》YB 9082—2006（简称 YB 9082 规程）和《组合结构设计规范》JGJ 138—2016（简称 JGJ 138 规范）。这两部规范都采用叠加方法计算 SRC 梁的斜截面抗剪承载力，并要求抗剪设计值小于钢骨和混凝土抗剪承载力之和，同时均考虑了 SRC 柱的轴压力对混凝土抗剪承载力产生的有利影响。

就各规范的适合范围来讲，美国 NEHRP 规程包括钢与混凝土组合结构的全部内容，即包括组合构件、连接及结构体系等部分，并纳入了组合结构的抗震设计规定；美国的 ACI 和 AISC 规范仅包括组合构件的设计，没有考虑结构的抗震设计问题；日本的 AIJ 规范包括梁、柱、梁柱连接及剪力墙等部分，并且包括结构抗震设计问题；我国的 JGJ 138 规范、YB 9082 规程包括梁、柱、梁柱连接节点、剪力墙等构件部分的内容，以及型钢混凝土结构的抗震设计问题。

2.2 型钢混凝土梁、柱节点计算方法

2.2.1 SRC 梁柱节点受力机理

节点的受力机理就是指节点在受力以及破坏过程中，节点区各个材料之间各种效应的分配大小以及传递的途径，并且给出合理的结论假设和计算模型。通常钢筋混凝土结构的受力机理大致分为以下几种：

（1）斜压杆机理

当核心区的箍筋数量很少甚至没有箍筋时，只能由混凝土控制节点的承载力。这种形式主要适应于承载力很低的梁或柱。

（2）桁架机理

在剪力作用下，节点核心区的混凝土被分割成一个个近似平行于对角线的条状物，此时核心区主要靠纵向钢筋的粘结和箍筋对混凝土的约束来传递和分散压力，从而使受力时的斜压杆机理转变成了包在混凝土外的箍筋抵抗斜压杆的水平方向作用，纵向钢筋抵抗斜压杆竖直方向作用的桁架机理。

（3）剪摩机理

在核心区混凝土已经剪切破坏，箍筋也已经屈服，但是纵筋并没有屈服，也没有发生粘结破坏时，沿着对角线方向有一条大的斜向裂缝。这条裂缝把整个混凝土分成了两大块，这时与这条裂缝相交的所有箍筋都受到了相当大的拉应力并且受拉屈服，但是由于两大块混凝土之间存在着摩擦力，从而可以抵抗各自所受到的力。因而，节点区的受剪承载力由两部分构成，一个是箍筋受拉屈服提供，另一个则是由梁、柱受到弯曲应力后的摩阻力提供。

（4）组合块体抗剪机理

随着荷载的增大和作用时间的增长，变形也逐渐增大，从而梁中纵筋屈服。由于梁中钢筋的伸长，斜裂缝会逐渐向截面的两侧发展；又因荷载是反复循环作用的，核心区会被分割成许多混凝土块，其在各种钢筋以及轴向力的约束作用下形成了抗剪的机构，并且这些块体之间存在混凝土骨料咬合作用，钢筋起到销键作用，在两个作用消失前，该组合抗剪机构还能起到一定的整体抗剪作用，但是随着裂缝之间的摩擦，骨料不断地磨损、脱落，裂缝会越来越大，咬合作用也会逐渐消失，同时钢筋的销键作用也会越来越弱。

（5）梁剪机理

节点的抗剪主要由混凝土和箍筋两部分组成，它的受力状态和抗剪强度主要是梁来控制的。要得到节点抗剪承载力需通过对梁的抗剪承载力公式进行回归分析，当型钢混凝土节点既有竖向的荷载又有水平的荷载时，节点处于压、弯、剪共同作用下的复合应力状态，这与钢筋混凝土节点的应力状态基本一致。但是，由于型钢的存在，其与钢筋混凝土节点的受剪机理以及受剪承载力又都是不同的。

2.2.2 节点的设计原则

节点安全是保证整体结构安全的一个重要措施，不仅需要拥有非常优越的抗震性能，还应满足不同结构体系要求的强度、刚度以及延性等方面性能要求。世界上震害研究调查表明，大多数建筑都是节点先破坏导致的整体破坏。因此，在结构设计中要特别注意节点的设计，其一般遵循以下几个原则：

（1）节点受力时，传力应该尽量简捷、明确，计算分析要和实际受力情况相符合。

（2）为了使结构不会因为连接弱而引起破坏，节点连接应拥有足够的强度。

（3）节点应该具有良好的延性以保证其具有较好的抗震能力。但在实际工程中，由于节点细部构造措施不当，延性设计并不一定在受力过程中能够得到充分体现，经常遇到部分区域混凝土被压溃，发生了脆性破坏的现象；而约束度大的连接形式也不利于节点延性的发展，应尽量避免，同样的还有引起钢板层状撕裂的连接形式。

（4）拼接件以及连接强度应能传递断面承受的最大承载力，即遵循等强度原则。

（5）节点构造应尽量简单，方便加工、安装。

2.2.3 SRC 梁柱节点计算方法

由于国内外对于 SRC 节点的研究思路不同，对影响节点承载力的因素存在分歧，在此将美国 AISC 钢结构设计规范、日本建筑业协会 AIJ 规范、欧洲规范 EC 以及我国现行的规范《钢骨混凝土结构技术规程》YB 9082 和《组合结构设计规范》JGJ 138 中有关

SRC 梁柱节点抗剪计算公式进行对比，并分析各个公式的适用情况。

（1）美国 AISC 规范的计算方法

AISC 规范规定，在 SRC 梁与柱连接处，钢骨与混凝土之间力的传递，只考虑直接承压力和抗剪摩擦力，而不计算钢骨与混凝土之间的握裹力。节点处的钢骨部分设计承载力不得超过 AISC 规范中规定计算结果。SRC 节点处的抗剪强度极限值等于型钢的极限抗剪强度值加上钢筋混凝土的极限抗剪强度值，对于边柱节点处抗剪强度的计算，只考虑箍筋的抗剪强度对节点的影响，而忽略混凝土抗剪强度的影响。梁柱节点处的抗剪承载力按下式计算：

$$V_{ju} = R_v + R_{st} + R_c \tag{2.2-1}$$

式中：R_v、R_{st}、R_c——型钢、箍筋以及混凝土的抗剪承载力，其中节点处型钢的抗剪强度 R_v 全部由腹板提供，可按 AISC 360-10 规范中 J10.6 部分进行计算。

1）当忽略节点区域的变形对框架稳定的影响时：

① 当 $P_r \leqslant 0.4P_c$

$$R_v = 0.6F_y d_c t_w \tag{2.2-2}$$

② 当 $P_r > 0.4P_c$

$$R_v = 0.6F_y d_c t_w \left(1.4 - \frac{P_r}{P_c}\right) \tag{2.2-3}$$

2）当分析中考虑节点区的塑性变形对框架稳定的影响时：

① 当 $P_r \leqslant 0.75P_c$

$$R_v = 0.6F_y d_c t_w \left(1 + \frac{3b_{cf}t_{cf}^2}{d_b d_c t_w}\right) \tag{2.2-4}$$

② 当 $P_r > 0.75P_c$

$$R_v = 0.6F_y d_c t_w \left(1 + \frac{3b_{cf}t_{cf}^2}{d_b d_c t_w}\right)\left(1.9 - \frac{1.2P_r}{P_c}\right) \tag{2.2-5}$$

式中：d_b、d_c——梁和柱的型钢截面高度；

t_w、t_{cf}——柱的型钢腹板厚度和翼缘厚度；

b_{cf}——柱的型钢翼缘宽度；

P_r——用 ASD 荷载组合求得的轴向强度；

$P_c = P_y$（LRFD，抗力系数设计法），$P_c = 0.6P_y$（ASD，容许应力设计法）

式中：P_y——柱的轴向屈服强度，$P_y = F_y A_g$；

P_c——柱的轴向抗压强度；

F_y——规定的柱腹板最小屈服应力；

A_g——构件的毛截面面积。

钢筋混凝土的极限抗剪强度等于混凝土部分 R_c 和抗剪钢筋部分 R_{st} 的抗剪强度之和，按 ACI 318-08 规范中相关章节计算：

$$R_c = 0.3\sqrt{f'_{cn}} A_{eff} \tag{2.2-6}$$

$$R_{st} = 2A_{st}f_{yh}N \tag{2.2-7}$$

式中：f_{yh}——箍筋的屈服强度大小；

A_{st}——箍筋截面面积；

N——箍筋数量；

f'_{cn}——混凝土的抗压强度；

A_{eff}——混凝土抗剪的有效面积，按下式计算：

$$A_{eff} = \left(\frac{b_{cf} + b_t}{2}\right) d_t - A_s \qquad (2.2\text{-}8)$$

式中：b_t、d_t——柱的截面宽度和高度；

　　　b_{cf}——柱的型钢翼缘宽度。

（2）日本 AIJ 规范的设计方法

日本 AIJ 规范采用二次设计方法，一次设计按正常使用极限状态设计，即容许应力设计方法，二次设计以极限强度验算保证水平承载能力。这种设计方法主要是以强度叠加法为理论基础，忽略型钢与混凝土之间的粘结力，简单地将型钢与钢筋混凝土分别承担的剪力进行叠加，不考虑构件的轴力作用，结果偏于保守。

1）容许应力设计法计算梁柱节点剪力

钢骨钢筋混凝土和钢管混凝土构件及节点的承载力，由构成其截面的钢骨部分、钢管部分、钢筋混凝土部分以及填充混凝土部分共同承担，按下述假定计算出的承载力之和。但在长期荷载下，除填充钢管混凝土柱外，柱及梁柱节点的容许剪力按钢筋混凝土的斜拉抗裂承载力计算。

① 钢骨及钢管部分无局部压屈；

② 钢筋混凝土部分抗弯承载力计算的基本假定根据《钢筋混凝土结构计算规范》。

除了依据上述原则外，采用格构式钢骨的梁和柱构件的承载力，可以把钢骨部分看成与其具有等值截面面积的钢筋，按《钢筋混凝土结构计算规范》计算。

AIJ 规范规定，SRC 结构梁柱节点设计必须保证能够传递柱端的轴力、弯矩和剪力，在长期荷载作用下，要求节点区域混凝土不产生剪切裂缝；在短期荷载作用下，节点区域混凝土的短期容许应力定为极限抗剪承载力下限。节点内部钢骨的组合安装应避免应力集中发生，钢筋布置时，尽量有利于混凝土的浇筑，保证受拉钢筋固定良好，以便充分发挥其抗拉强度。同时，应保证在节点处连续通过，以不穿过钢骨为原则，如果必须穿过时，应尽量保持在最小范围，也要考虑到钢骨焊接工作容易操作等。

在钢骨钢筋混凝土结构设计中，节点核心区通常由混凝土和钢骨腹板构成。对梁柱节点，即使发生斜向裂缝，也不会像柱那样强度下降，破坏荷载比开裂荷载大得多。根据以往的试验，节点的极限承载力可采用叠加方法：

$$Q_U = {}_cQ_U + {}_sQ_U \qquad (2.2\text{-}9)$$

式中：${}_sQ_U$——钢骨腹板的抗剪承载力，取极限承载力的下限值：

$$_sQ_U = \frac{{}_s\sigma_Y}{\sqrt{3}} {}_sA \qquad (2.2\text{-}10)$$

式中：${}_s\sigma_Y$——钢骨的屈服应力；

　　　${}_sA$——钢骨部分的截面面积；

　　　${}_cQ_U$——核心区混凝土的抗剪承载力。

$$_cQ_U = {}_c\tau_U \cdot {}_cA_e \qquad (2.2\text{-}11)$$

${}_cA_e$——核心区混凝土的有效面积；计算${}_cA_e$时，核心区混凝土的有效宽度b_e取柱宽和梁宽的平均值，根据试验求得的混凝土极限剪应力，如下式所示：

$$_c\tau_U/F_c = \begin{cases} F_s(0.68 - 0.0013F_c) & F_c \leqslant 262\mathrm{kg/cm}^2 \\ F_s \cdot 88.9/F_c & F_c > 262\mathrm{kg/cm}^2 \end{cases} \tag{2.2-12}$$

式中：F_c——混凝土设计基准强度；

F_s——根据节点形式不同而定的形状系数，十字形的为 0.64，L 形的为 0.52。节点形式影响极限承载力是由于柱、梁构件的约束条件不同。

由于作用于节点核心区的剪力 $_jQ$ 与作用于柱子上的剪力 $_cQ$ 相比略有降低，可近似地用 h'/h 表示降低程度，h' 和 h 分别为柱的净高和楼层层高，若柱左右梁端的弯矩不同则可用下式计算：

$$_JQ = \frac{_BM_1 + _BM_2}{_{mB}d} \cdot \frac{h'}{h} \tag{2.2-13}$$

式中：$_BM_1$ 和 $_BM_2$——柱两端梁传来的弯矩；

$_{mB}d$——梁上、下纵筋的间距。

将梁柱节点核心区不发生斜裂缝作为长期承载时的设计方针，直到混凝土发生斜裂缝前，可以认为节点核心区处于弹性状态，采用长期荷载下柱子抗剪设计中给出的 β，求得产生裂缝时的剪应力 $_c\tau_{cr}$ 为：

$$_c\tau_{cr} \cdot _cb \cdot _{mC}d \cdot (1 + \beta) = \frac{_BM_1 + _BM_2}{_{mB}d} \cdot \frac{h'}{h} \tag{2.2-14}$$

这里，开裂前混凝土核心区的有效宽度采用柱宽，$_cb$ 为柱的宽度，$_{mC}d$ 为柱左右的主筋间距。

如果设 $_c\tau_{cr}$ 与轴力大小无关，可以取 $_c\tau_{cr} = F_c/10$，并用长期容许剪应力 f_s 来表示，则 $_c\tau_{cr} = 3f_s$，采用该值并且采用 $_cV = _cb \cdot _{mB}d \cdot _{mC}d$ 的关系式表示核心区不发生斜裂缝的条件，即可得到长期荷载作用时节点核心区的剪力计算公式：

$$_cV \cdot 3f_s(1 + \beta) \geqslant \frac{h'}{h}(_BM_1 + _BM_2) \tag{2.2-15}$$

短期荷载下，梁柱节点核心区不应产生剪切破坏，此时节点核心区混凝土的极限应力按式（2.2-12）计算，若取十字形节点（中节点）的限值为 $0.3F_c$，则节点核心区的抗剪承载力根据式（2.2-9）和式（2.2-13）得到：

$$_cA_e \cdot 0.3F_c + \frac{_s\sigma_Y}{\sqrt{3}} = \frac{_BM_1 + _BM_2}{_{mB}d} \cdot \frac{h'}{h} \tag{2.2-16}$$

对于式（2.2-15）近似取梁宽 $_Bd \approx _{mB}d$，或者 $_Bd \approx _{sB}d$，$_{sB}d$ 为梁的钢骨上下弦杆或者翼缘的形心距离，则：

$$_cV_e = _cA_e \cdot _{mB}d = \frac{_Bb + _cb}{2} \cdot _{mB}d \cdot _{mC}d，_sV = _jt_w \cdot _{sB}d \cdot _{sC}d \tag{2.2-17}$$

式中：$_cV_e$——节点处混凝土的有效体积；

$_sV$——节点处钢骨腹板的体积；

$_jt_w$——节点处钢骨腹板的厚度；

$_{sC}d$——节点处钢骨腹板的长度。

因此有：

$$(0.3F_c)_cV_e + \frac{_s\sigma_Y}{\sqrt{3}}\,_sV \geqslant (_BM_1 + _BM_2)\frac{h'}{h} \tag{2.2-18}$$

若核心区混凝土配置箍筋，虽然极限承载力有所增加，但关于其承载机理尚有不明之处，箍筋引起剪应力的增加用 $_\omega p \cdot _\omega\sigma_Y$ 表示，若设混凝土的短期容许剪切应力 f_s 为 $F_c/20$，则 $0.3F_c$ 为 $6f_s$，如取 $_\omega\sigma_Y$ 为 $_\omega f_s$，$\sigma_Y/\sqrt{3}$ 为 $_sf_s$，则式（2.2-18）成为：

$$_cV_e(6f_s + _\omega p \cdot _\omega f_s) + _sf_s \cdot _sV \geqslant (_BM_1 + _BM_2)\frac{h'}{h} \tag{2.2-19}$$

得到十字形节点的设计公式。

如前所述，T 形节点（边节点）和 L 形节点（角节点），对核心区混凝土的约束条件不同，如 T 形节点取 $4f_s$，L 形节点取 $2f_s$，用约束系数 $_J\delta$ 表示，可得到短期荷载作用下梁柱节点剪力计算公式：

$$_cV_e(2f_s \cdot _J\delta + _\omega p \cdot _\omega f_s) + _sf_s \cdot _sV \geqslant (_BM_1 + _BM_2)\frac{h'}{h} \tag{2.2-20}$$

$_cV$，$_cV_e$，$_sV$，β 按表 2.2-1 计算取值：

参数 $_cV$，$_cV_e$，$_sV$，β 的取值   表 2.2-1

构件形式	$_cV$	$_cV_e$	$_sV$	β
SRC、RC 梁	$_cb \cdot _{mB}d \cdot _{mC}d$	$(_cb + _Bb)/2 \cdot _{mB}d \cdot _{mC}d$	$_Jt_w \cdot _{sB}d \cdot _{sC}d$	$15_Jt_w \cdot _{sC}d/(_cb \cdot _{mC}d)$
S 梁	$_cb \cdot _{sB}d \cdot _{mC}d$	$_cb/2 \cdot _{mB}d \cdot _{mC}d$		

在计算核心区钢骨的体积 $_sV$ 时，没有考虑翼缘，但由于加劲板等，钢骨腹板和翼缘框成为一个整体共同工作，这时可以考虑翼缘的作用。

由于梁柱节点的应力传递机制比较复杂，判断梁是纯钢骨或者钢骨混凝土，AIJ 规范采用的做法是取柱中钢骨部分的弯矩分配比作为试验参数进行试验，根据试验结果，如果柱中钢骨部分的弯矩分配比在 40% 以下，就不能发挥柱子的抗弯承载力。为了保证柱和梁的钢骨配置均衡及应力的传递，节点处柱中钢骨部分的抗弯承载力之和 $_{sC}M_A$ 与梁中钢骨部分的抗弯承载力之和 $_{sB}M_A$ 的比值应满足式（2.2-21）要求：

$$0.4 \leqslant \frac{_{sC}M_A}{_{sB}M_A} \leqslant 2.5 \tag{2.2-21}$$

对于梁为钢筋混凝土构件，柱为钢骨混凝土的情况，节点的应力传递也存在同样的问题。此时，柱的钢筋混凝土部分的抗弯承载力 $_{rC}M_A$ 与梁的钢骨混凝土构件部分的抗弯承载力 $_{rB}M_A$ 需满足式（2.2-22）要求：

$$0.4 \leqslant \frac{_{rC}M_A}{_{rB}M_A} \tag{2.2-22}$$

日本规范中明确区分了钢骨混凝土柱与钢梁、型钢混凝土梁节点以及钢骨混凝土柱与混凝土梁节点的限值要求，虽然我国《组合结构设计规范》JGJ 138—2016 也参照这一规定提出了相应的要求，但设计中仅规定型钢混凝土柱中的型钢部分与梁型钢的弯矩分配比不小于 40% 且不大于 200%，缺乏理论和试验结果的支持，有必要对此项规定的合理性和适应性进行深入研究。

2) 极限强度设计法计算梁柱节点剪力

极限强度设计方法中，构件和节点的极限承载力，按钢骨部分和钢筋混凝土部分各自极限承载力的叠加来计算。梁柱节点的极限抗剪承载力可以按式（2.2-23）计算。

$$_JM_U =_cV_e(_JF_s \cdot_J\delta +_\omega p \cdot_\omega \sigma_Y) + \frac{1.2_sV \cdot_s\sigma_Y}{\sqrt{3}} \tag{2.2-23}$$

其中，$_cV_e$ 和 $_sV$，按表 2.2-1 计算取值，$_J\delta$ 取值与容许应力算法中相同，十字形节点取 3，T 形节点取 2，L 形节点取 1，$_JF_s$ 按式（2.2-24）计算：

$$_JF_s = \min\left(0.12F_c, 18 + \frac{3.6F_c}{100}\right) \tag{2.2-24}$$

式（2.2-23）是梁柱节点的极限抗剪承载力公式，它与容许应力设计法中的承载力式（2.2-16）和式（2.2-19）是一致的，均采用核心区弯矩进行表达。式（2.2-23）是按照与试验承载力的平均值大致相等的原则确定的，它右面的第一项是钢筋混凝土核心区的极限承载力，不考虑节点的形式影响，取为短期容许承载力的 1.2 倍；第二项是钢骨核心区的极限承载力，考虑由于钢骨腹板的变化、硬化和钢骨腹板周围翼缘框对承载力的增加作用，取为短期容许承载力的 1.2 倍。同样在剪切破坏时，梁柱节点与构件的承载力是根据不考虑轴力影响的试验及理论分析确定的，因此对于梁柱节点的极限抗剪承载力，没有考虑轴力的影响。

（3）欧洲规范的设计方法

Eurocode4（EC4）规范规定，计算组合结构节点的抗剪强度可以依据 Eurocode3（EC3）规范钢结构节点部分的条文计算，并按 EC4 的条文考虑混凝土部分的贡献。

1）EC4 规定

对于边柱节点或者柱两侧梁高相同的双边节点，柱腹板节点区外包混凝土部分的设计抗剪强度按式（2.2-25）计算：

$$V_{wp,c,Rd} = 0.85\nu A_c f_{cd}\sin\theta \tag{2.2-25}$$

其中：

$$A_c = 0.8(b_c - t_w)(h - 2t_f)\cos\theta ; \theta = \arctan[(h - 2t_f)/z]$$

式中：b_c——外包混凝土的宽度；

h——节点区柱的截面高度；

t_f 和 t_w——柱的翼缘厚度和腹板厚度；

z——力臂。

在设计柱腹板节点区抗剪强度时可以用折减系数 ν 来考虑柱子纵向压缩的影响：

$$\nu = 0.55\left(1 + 2\left(\frac{N_{Ed}}{N_{pl,Rd}}\right)\right) \leqslant 1.1 \tag{2.2-26}$$

式中：N_{Ed}——柱的设计轴压力；

$N_{pl,Rd}$——柱截面包括外包混凝土在内的设计塑性抗力。

2）EC3 规定

对于边柱节点或者柱两侧梁高相同的双边节点，承受设计剪力 $V_{wp,Ed}$ 的无加劲肋柱腹板节点区的设计抗剪强度按式（2.2-27）计算：

$$V_{wp,Rd} = \frac{0.9A_{vc}f_{y,wc}}{\sqrt{3}\gamma_{M0}} \tag{2.2-27}$$

式中：A_{vc}——柱受剪面的面积；

γ_{M0}——截面的抗力系数。

使用加劲肋或者腹板加强板可以增加节点区的抗剪承载力，当在受压区和受拉区均匀布置横向腹板加劲肋时，由于加劲肋的布置引起柱腹板节点区的塑性抗剪承载力的增量可以按式（2.2-28）计算：

$$V_{wp,add,Rd} = \frac{4M_{pl,fc,Rd}}{d_s} \text{ 且 } V_{wp,add,Rd} \leqslant \frac{2M_{pl,fc,Rd} + 2M_{pl,st,Rd}}{d_s} \tag{2.2-28}$$

式中：d_s——加劲肋轴线间距；

$M_{pl,fc,Rd}$——柱子翼缘的设计塑性抗弯承载力；

$M_{pl,st,Rd}$——加劲肋的设计塑性抗弯承载力。

腹板加强板（图 2.2-1）可以通过增加柱子腹板的抗剪、抗压和抗拉刚度而达到增加梁柱节点转动刚度的效果。腹板加强板的钢号应与柱腹板的钢号接近，厚度不宜小于柱腹板的厚度。当柱子腹板使用加强板时，节点区的受剪面积 A_{vc} 增大了 $b_s t_s$，如果在腹板的另外一侧继续加加强板，节点区受剪面积不再继续增加。

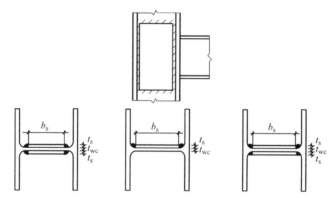

图 2.2-1　腹板加强板布置图例

b_s—加劲肋长度；t_s—加劲肋厚度；t_{wc}—柱型钢腹板厚度

Eurocode8（EC8）规范将抗弯框架列为耗能结构体系，分为中等延性（DCM）和高等延性（DCH）两个等级。其耗能部位可以在组成构件上，也可以在节点处。采用刚性梁柱节点时，节点属于非耗能部位，应考虑强节点原则。EC8 规范中型钢混凝土抗弯框架的梁柱节点主要类型如图 2.2-2 所示，梁柱的节点类型不局限于图中所示的类型。梁柱节点按照钢结构抗弯框架的梁柱节点条款进行计算，只计算型钢的塑性抗弯强度，忽略节点区域钢筋混凝土对抗弯或者抗剪承载力的贡献，如果结构的梁被设计成耗能构件，梁柱节点弯矩和剪力应分别按 $M_{pl,Rd}$ 和 $(V_{M,Ed} + V_{G,Ed})$ 确定，$V_{M,Ed}$ 按下式计算：

$$V_{M,Ed} = \frac{M_{pl,Rd,A} + M_{pl,Rd,B}}{L} \tag{2.2-29}$$

式中：$M_{pl,Rd,A}$ 和 $M_{pl,Rd,B}$——梁端节点 A、B 处的全塑性抵抗弯矩；

$V_{M,Ed}$——非地震作用产生的剪力；

L——梁的跨度。

EC8 规范中规定应通过试验或者已有的试验证明所设计的节点在塑性铰处具有充分的

转动能力 θ_p，对中等延性（DCM）框架 $\theta_p \geqslant 25\mathrm{mrad}$，对高等延性（DCH）框架 $\theta_p \geqslant 35\mathrm{mrad}$，$\theta_p$ 按照下式计算：

$$\theta_p = \delta / 0.5L \tag{2.2-30}$$

式中：δ——水平荷载作用下梁跨中挠度（去除弹性部分）。

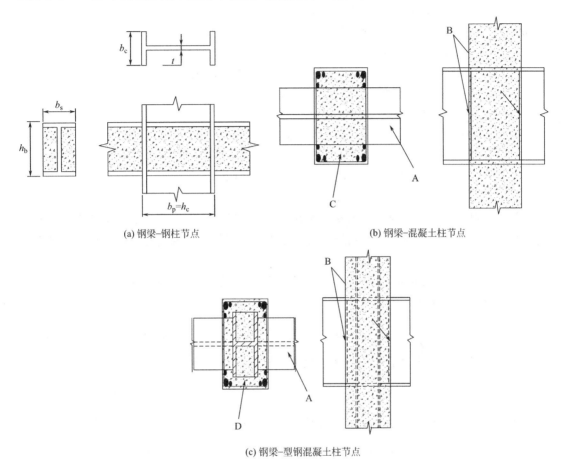

(a) 钢梁-钢柱节点   (b) 钢梁-混凝土柱节点

(c) 钢梁-型钢混凝土柱节点

图 2.2-2　EC8 规范中梁柱节点的主要类型

A—钢梁；B—端承板；C—混凝土柱；D—组合柱

b_c—柱型钢翼缘宽度；h_c—柱型钢截面高度；b_s—梁型钢翼缘宽度；

h_b—梁型钢截面高度；b_p—梁柱节点域宽度；t—腹板厚度

（4）我国 YB 9082 规程的设计方法

YB 9082 规程的特点是，它以日本 AIJ 规范为基础，结合我国现阶段已经完成的试验以及理论研究成果提出计算公式，见式（2.2-31）。核心区的极限抗剪承载力主要考虑型钢腹板以及混凝土两部分，前提是地震作用下核心区不会发生剪切破坏。

$$V_j \leqslant \frac{1}{\gamma_{RE}} \left(\delta_j f_c b_j h_j + f_{yv} \frac{A_{sv}}{S} h_j + f_{ssv} t_w h_w + 0.1 N_c^{rc} \right) \tag{2.2-31}$$

式中：γ_{RE}——抗震承载力调整系数；

　　　δ_j——节点形状系数，取值方法和 AIJ 规范规定的方法一样；

　　　f_c——混凝土轴心抗压强度设计值；

N_c^rc——柱子中钢筋混凝土所能承担的轴力的设计值；

b_j——节点核心区受剪截面的宽度；

h_j——节点核心区受剪截面的高度，如果是型钢混凝土梁或者是钢筋混凝土梁，$b_\mathrm{j}=(b_\mathrm{c}+b_\mathrm{b})/2$，如果是钢梁，$b_\mathrm{j}=b_\mathrm{c}/2$。当梁柱有偏心，偏心距为 e_0，计算中用 $b_\mathrm{c}-2e_0$ 代替 b_c，$h_\mathrm{j}=h_\mathrm{c}-2a_\mathrm{s}$；

b_c、h_c——柱的截面宽度和高度；

b_b——梁的截面宽度；

a_s——柱中受拉纵向钢筋到整个柱子受拉边缘的距离；

f_yv——核心区箍筋的抗拉强度设计值；

f_ssv——型钢腹板的抗剪强度设计值；

A_sv——核心区同一截面箍筋截面总面积；

s——核心区箍筋间距；

t_w、h_w——柱中与受力方向一致的型钢腹板的厚度和高度。

（5）我国 JGJ 138 规范的设计方法

我国《组合结构设计规范》为安全起见，不考虑轴压力对混凝土受剪承载力的有利影响。基于型钢混凝土柱与各种不同类型的梁形成的节点，其梁端内力传递到柱的途径有差异，给出了不同的梁柱节点受剪承载力计算公式。

1）一级抗震等级的框架结构和 9 度设防烈度一级抗震等级的各类框架：

① 型钢混凝土柱与钢梁连接的梁柱节点

$$V_\mathrm{j} \leqslant \frac{1}{\gamma_\mathrm{RE}}\left[1.7\varphi_\mathrm{j}\eta_\mathrm{j}f_\mathrm{t}b_\mathrm{j}h_\mathrm{j}+f_\mathrm{yv}\frac{A_\mathrm{sv}}{s}(h_0-a'_\mathrm{s})+0.58f_\mathrm{a}t_\mathrm{w}h_\mathrm{w}\right] \tag{2.2-32}$$

② 型钢混凝土柱与型钢混凝土梁连接的梁柱节点

$$V_\mathrm{j} \leqslant \frac{1}{\gamma_\mathrm{RE}}\left[2.0\varphi_\mathrm{j}\eta_\mathrm{j}f_\mathrm{t}b_\mathrm{j}h_\mathrm{j}+f_\mathrm{yv}\frac{A_\mathrm{sv}}{s}(h_0-a'_\mathrm{s})+0.58f_\mathrm{a}t_\mathrm{w}h_\mathrm{w}\right] \tag{2.2-33}$$

③ 型钢混凝土柱与钢筋混凝土梁连接的梁柱节点

$$V_\mathrm{j} \leqslant \frac{1}{\gamma_\mathrm{RE}}\left[1.0\varphi_\mathrm{j}\eta_\mathrm{j}f_\mathrm{t}b_\mathrm{j}h_\mathrm{j}+f_\mathrm{yv}\frac{A_\mathrm{sv}}{s}(h_0-a'_\mathrm{s})+0.3f_\mathrm{a}t_\mathrm{w}h_\mathrm{w}\right] \tag{2.2-34}$$

2）其他各类框架：

① 型钢混凝土柱与钢梁连接的梁柱节点

$$V_\mathrm{j} \leqslant \frac{1}{\gamma_\mathrm{RE}}\left[1.8\varphi_\mathrm{j}\eta_\mathrm{j}f_\mathrm{t}b_\mathrm{j}h_\mathrm{j}+f_\mathrm{yv}\frac{A_\mathrm{sv}}{s}(h_0-a'_\mathrm{s})+0.58f_\mathrm{a}t_\mathrm{w}h_\mathrm{w}\right] \tag{2.2-35}$$

② 型钢混凝土柱与型钢混凝土梁连接的梁柱节点

$$V_\mathrm{j} \leqslant \frac{1}{\gamma_\mathrm{RE}}\left[2.3\varphi_\mathrm{j}\eta_\mathrm{j}f_\mathrm{t}b_\mathrm{j}h_\mathrm{j}+f_\mathrm{yv}\frac{A_\mathrm{sv}}{s}(h_0-a'_\mathrm{s})+0.58f_\mathrm{a}t_\mathrm{w}h_\mathrm{w}\right] \tag{2.2-36}$$

③ 型钢混凝土柱与钢筋混凝土梁连接的梁柱节点

$$V_\mathrm{j} \leqslant \frac{1}{\gamma_\mathrm{RE}}\left[1.2\varphi_\mathrm{j}\eta_\mathrm{j}f_\mathrm{t}b_\mathrm{j}h_\mathrm{j}+f_\mathrm{yv}\frac{A_\mathrm{sv}}{s}(h_0-a'_\mathrm{s})+0.3f_\mathrm{a}t_\mathrm{w}h_\mathrm{w}\right] \tag{2.2-37}$$

式中：V_j——框架梁柱节点的剪力设计值；

φ_j——节点位置影响系数，对中柱中间节点取 1，边柱节点及顶层中间节点取 0.6，顶层边节点取 0.3；

h_j——节点截面高度，可取受剪方向的柱截面高度；

b_j——节点有效截面宽度；

η_j——梁对节点的约束影响系数，对两个正交方向有梁约束，且节点核心区内配有十字形型钢的中间节点，当梁的截面宽度均大于柱截面宽度的1/2，且正交方向梁截面高度不小于较高框架梁截面高度的3/4时，可取 $\eta_j = 1.3$，但9度设防烈度宜取1.25；其他情况的节点，可取 $\eta_j = 1$；

t_w——柱型钢腹板厚度；

h_w——柱型钢腹板高度。

YB 9082 和 JGJ 138 两部规范都分别对由型钢混凝土柱与框架梁、型钢混凝土梁、钢筋混凝土梁和钢梁组成的节点的设计剪力 V_j 和节点抗剪承载能力 V_{ju} 建立了计算公式，并考虑承载力的抗震调整系数。两部规范对于节点核心区剪力设计值 V_j 的计算主要差别体现在对节点区柱轴压力有利作用的考虑。两部规范虽然都考虑柱轴压力对节点核心区混凝土约束的有利作用，但 YB 9082 规程在计算公式中直接考虑轴压力的有利作用，而 JGJ 138 规范则考虑轴压比对混凝土的约束作用。JGJ 138 规范更为详细地考虑到在不同抗震等级、不同节点类型情况下轴压力影响的区别，分别建立了不同抗震等级、不同节点类型、不同位置节点（一般层中节点、边节点和顶层节点）的抗剪承载力计算公式。

2.3　型钢混凝土梁墙节点计算方法

连梁与剪力墙节点主要由连梁与剪力墙墙肢这两种构件组成。梁墙节点是梁与剪力墙之间的连接传力枢纽，内力通过节点进行传递，是结构的关键部位，更是连接的薄弱部位，节点的安全可靠性是保证结构正常工作的前提。由于节点处于弯、剪、压复合应力状态，受力状态复杂，因此研究并搞清楚节点的受力性能和破坏机理，使节点设计的传力明确、计算可靠、构造合理、施工方便是十分重要的。

2.3.1　梁墙节点受力机理

连梁除了承受竖向荷载外，还承受地震作用和风荷载这样的水平荷载。在水平荷载作用下，墙肢产生弯曲变形，使连梁产生转角，从而使连梁产生内力。同时连梁端部的弯矩、剪力和轴力反过来又减少了墙肢的内力和变形，对墙肢起到了一定的约束作用，改善了墙肢的受力状态，增加了墙肢彼此之间的联系，提高了墙肢的侧向刚度。剪力墙中连梁的变形及受力特点如图 2.3-1 所示。

高层和超高层建筑结构中连梁在水平荷载作用下的破坏可分两种，即脆性的剪切破坏和延性的弯曲破坏。当连梁发生脆性剪切破坏时会立刻丧失承载力，如果沿墙全高所有连梁均发生剪切破坏，这时各墙肢就丧失了连梁对它的约束作用，成为彼此独立的墙。这会使结构的侧向刚度明显降低，变形加大，墙肢弯矩加大，并且进一步增加 $P\text{-}\Delta$ 效应的不利影响，很有可能最终导致结构倒塌。而当连梁发生延性破坏时，梁端会出现垂直裂缝，受拉区会出现微裂缝，在地震作用下会出现交叉裂缝，并形成塑性铰。虽然结构刚度降低，变形加大，但形成的塑性铰能够吸收大量地震能量并继续传递弯矩和剪力，对墙肢起到一定的约束作用，使剪力墙保持足够的刚度和强度。在这一过程中，连梁起到了耗能的

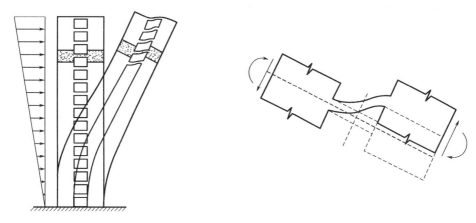

图 2.3-1　剪力墙中连梁的变形及受力特点

作用，对减少墙肢内力、延缓墙肢屈服有着重要作用。

在罕遇地震作用下，类似框架-剪力墙和框架-核心筒结构这种双重抗侧力体系的第一道防线首先进入塑性状态，消耗地震能量；当构件破坏后，结构抗侧刚度减小，此时第二道防线所承担的地震作用减小，在余震作用下，这种双重抗侧力结构体系很可能免遭严重破坏或倒塌。在地震作用下，连梁作为结构体系中抗震的第一道防线，能够起到耗能减震的作用。因为剪力墙在破坏时的极限变形很小，如果墙肢先于连梁发生破坏，耗能是非常有限的，设计中应该避免这种情况发生。这就要求连梁发生弯曲破坏，即墙肢和连梁设计应符合强剪弱弯的原则。决定连梁破坏形式的一个重要因素是连梁的跨高比，通常当跨高比较大时，连梁发生弯曲破坏，当跨高比较小时连梁发生剪切破坏。然而当连梁的跨高比较大时，连梁对墙肢的约束作用就会下降，使墙肢侧向刚度降低，变形加大。在框架-剪力墙和框架-核心筒结构中，虽然剪力墙数量较少，却承担了大部分的水平荷载，因此剪力墙对整个结构的侧向刚度和强度都起着关键作用。在联肢墙的长度不宜再增大的前提下，就有必要通过减小连梁跨高比来保证墙肢的侧向刚度，从而就有可能出现小跨高比连梁。在实际工程中，连梁多为跨高比较小的深梁，对于传统的普通钢筋混凝土连梁，很难满足延性的要求。在连梁设计上按常规配筋很难满足，即使进行连梁刚度折减，仍可能出现超筋现象，而型钢混凝土混合结构连梁则可满足要求。

2.3.2　SRC 梁墙节点计算

（1）美国 AISC 规范关于梁墙节点的规定

美国钢结构抗震规范 AISC 341-10 中将型钢剪力墙体系分为普通组合剪力墙（C-OSW）、特殊组合剪力墙（C-SSW）和组合钢板剪力墙（C-PSW）三类，规定型钢或者型钢混凝土连梁的作用是通过弯曲或者剪切屈服来提供达到设计层间位移角时的非弹性变形，构件的宽厚比要满足 AISC 341-10 表 D1.1 的要求。为了计算连梁与墙的节点，在建模分析时要考虑混凝土截面的开裂特性，具体可以参考 ACI 318-08 中第 10.10.4.1 条文和 ASCE41（ASCE，2006a）的条款。连梁应该埋入剪力墙内一定长度，以保证力偶能完全通过埋入的连梁和其周围的混凝土传递出去。

对于普通组合剪力墙体系（C-OSW），连梁需要埋入混凝土墙内一定深度以保证其能达到按照下式计算的预期抗剪强度 $V_{n,comp}$：

$$V_{n,comp} = \frac{2M_{p,exp}}{g} \leqslant V_{comp}$$ (2.3-1)

式中：$M_{p,exp}$——型钢混凝土连梁的预期抗弯强度；

$\quad V_{comp}$——按照式（2.3-2）或式（2.3-3）计算的型钢混凝土组合连梁的预期抗剪强度限值：

$$V_{comp} = R_y V_p + \left(2\sqrt{f_c^r} b_{wc} d_c + \frac{A_s F_{ysr} d_c}{s} \right)$$ (2.3-2)

$$V_{comp} = R_y V_p + \left(0.166\sqrt{f_c^r} b_{wc} d_c + \frac{A_s F_{ysr} d_c}{s} \right)$$ (2.3-3)

式中：A_s——横向钢筋的面积；

$\quad F_{ysr}$——规定的横向钢筋的最小屈服强度；

$\quad b_{wc}$——外包混凝土的宽度；

$\quad d_c$——外包混凝土的等效深度；

$\quad s$——横向钢筋的间距；

$\quad R_y$——预期的屈服应力与规定的最小屈服应力的比值。

则连梁埋入墙内的长度 L_e 可以通过式（2.3-4）或式（2.3-5）计算，埋置长度取值从墙边缘构件第一层约束钢筋内侧计算：

$$V_{n,comp} = 1.54\sqrt{f_c^r} \left(\frac{b_w}{b_f} \right)^{0.66} \beta_1 b_f L_e \left[\frac{0.58 - 0.22\beta_1}{0.88 + \frac{g}{2L_e}} \right]$$ (2.3-4)

$$V_{n,comp} = 0.004\sqrt{f_c^r} \left(\frac{b_w}{b_f} \right)^{0.66} \beta_1 b_f L_e \left[\frac{0.58 - 0.22\beta_1}{0.88 + \frac{g}{2L_e}} \right] \text{（采用国际单位）}$$ (2.3-5)

式中：b_w——墙垛的厚度；

$\quad b_f$——梁翼缘的宽度；

$\quad f_c'$——混凝土的受压强度；

$\quad \beta_1$——ACI 318 规范中定义的等效矩形压应力区高度和中性轴高度的比值。

对于特殊组合剪力墙体系（C-SSW），连梁埋入墙内的长度计算方式与普通组合剪力墙是相同的，通过式（2.3-2）或式（2.3-3）来计算，不同的是计算中型钢混凝土组合连梁的预期抗剪强度限值 V_{comp} 要乘以一个增大系数 1.1，以反映应变强化的影响，采用式（2.3-6）或式（2.3-7）来计算：

$$V_{comp} = 1.1R_y V_p + 1.56\left(2\sqrt{f_c^r} b_{wc} d_c + \frac{A_s F_{ysr} d_c}{s} \right)$$ (2.3-6)

$$V_{comp} = 1.1R_y V_p + 1.56\left(0.166\sqrt{f_c^r} b_{wc} d_c + \frac{A_s F_{ysr} d_c}{s} \right) \text{（采用国际单位）}$$ (2.3-7)

联肢墙体系中优先的屈服顺序是连梁的屈服先于墙体的屈服。为了保证连梁能够先于墙垛屈服，墙的内力设计时引入超强系数 ω_0。超强系数取总的连梁名义抗剪强度值 V_n 乘以放大系数 $1.1R_y$ 之后，与根据分项水平荷载求得的连梁要求抗剪强度的总和 V_u 的比值：

$$\omega_0 = \sum 1.1R_y V_n / \sum V_u$$ (2.3-8)

由于目前对组合结构的梁墙节点研究较少，并未形成规范性的条文，实际 AISC 341-10 规范中只是给出了连梁埋入墙内长度的计算方法，并未给出梁墙节点具体的计算公式。

（2）欧洲规范关于梁墙节点的规定

欧洲规范 Eurocode8（EC8）中规定梁墙节点按照该规范 7.5.4 条规定设计，即按照耗能区梁柱节点的设计方法设计。这一设计要保证地震作用中受压混凝土的完整性，并且屈服只发生在钢骨部分。当满足以下两个条件时，节点区的抗力可以按混凝土和受剪型钢腹板的贡献之和计算：

1）节点区的长宽比满足：$0.6 < h_b/h_c < 1.4$；

2）腹板区剪力满足：$V_{Mp,Ed} < 0.8V_{Mp,Rd}$。

其中，$V_{Mp,Ed}$ 是荷载效应产生的腹板区的设计剪力，考虑了梁或者节点附近耗能区的塑性抗弯强度，$V_{Mp,Rd}$ 是根据 EC4 规范计算的型钢混凝土腹板节点区的抗剪承载力，h_b 和 h_c 的定义如图 2.2-2（a）所示。

（3）YB 9082 规程关于梁墙节点的规定

在 YB 9082 规程中，将钢骨混凝土结构中梁与墙的连接分为下列几种形式：

1）钢骨混凝土梁与钢骨混凝土墙中钢骨柱连接；

2）钢筋混凝土梁与钢骨混凝土墙中钢骨柱连接；

3）钢梁与钢骨混凝土墙中钢骨柱连接；

4）钢骨混凝土梁与钢筋混凝土墙连接；

5）钢梁与钢筋混凝土墙连接。

前 3 种梁墙连接计算方法，可采用 YB 9082 规程中梁与柱的连接方法进行设计。墙内竖向筋应避开钢梁翼缘，水平筋可穿过梁腹板。钢骨混凝土梁中的钢骨以及钢梁与钢筋混凝土墙的连接，均宜做成铰接。钢骨混凝土梁或钢梁需要与钢筋混凝土墙刚接时，可采用钢筋混凝土墙中设置钢骨，形成钢骨混凝土墙的方法。

第3章　钢-混凝土粘结性能试验研究

在型钢混凝土组合结构中，型钢与混凝土之间的粘结滑移直接影响构件的刚度、承载力、破坏形态、裂缝和变形计算等。研究表明，与光圆钢筋和混凝土之间的粘结相类似，混凝土中水泥胶体与型钢表面的化学胶结力、型钢与混凝土接触面上的摩擦阻力和型钢表面粗糙不平的机械咬合力是构成型钢与混凝土之间的粘结滑移的三个主要部分。

为了更好地研究混合结构梁柱节点和梁墙节点性能，探讨型钢与混凝土间粘结性能及抗剪连接方式的有效性，进行了五组 10 个试件的单轴推出试验，研究采用墩头栓钉、钢丝网、短钢筋等不同抗剪连接件时，型钢与混凝土间粘结性能的差异，得出优化的抗剪连接构造方式，指导后续的研究、设计与工程应用。

3.1　试件制作

3.1.1　试件设计

验证型钢与混凝土间粘结性能及抗剪连接方式的效果，进行了五组（每组 2 个）共 10 个试件的单轴推出试验，对焊接短钢筋、焊接墩头栓钉（疏密两种间距）、焊接钢丝网和型钢表面不做处理 5 种情况进行研究，试件一览表见表 3.1-1。试件尺寸：柱截面 300mm×300mm、混凝土长 500mm、型钢长 700mm，如图 3.1-1 所示。试件材料：混凝土采用 C40 混凝土，柱四角纵筋 4Φ12、箍筋φ8@100，型钢采用 Q235B 级宽翼缘 H 热轧型钢 175mm×175mm×7.5mm×11mm。

试件一览表 表 3.1-1

试件编号		类　　型	型钢与混凝土粘结加强措施(mm)
A	1A	对比试件 1	普通型钢混凝土
	2A	对比试件 2	
B	1B	表面焊接钢丝网 1	钢筋直径 8,间距 50,纵向 4 道,横向 9 道
	2B	表面焊接钢丝网 2	
C	1C	焊接短钢筋 1	钢筋直径 10,间距 50,长度 50
	2C	焊接短钢筋 2	
D	1D	焊接墩头栓钉 1(疏焊)	栓钉直径 16,间距 100,长度 50
	2D	焊接墩头栓钉 2(疏焊)	
E	1E	焊接墩头栓钉 1(密焊)	栓钉直径 16,间距 50,长度 50
	2E	焊接墩头栓钉 2(密焊)	

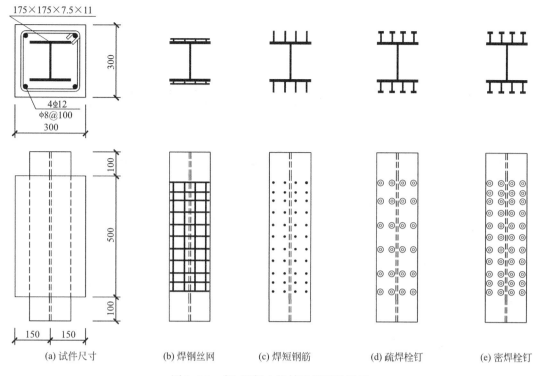

| (a) 试件尺寸 | (b) 焊钢丝网 | (c) 焊短钢筋 | (d) 疏焊栓钉 | (e) 密焊栓钉 |

图 3.1-1　钢-混凝土粘结性能试件详图

3.1.2　试件加工

试件加工前先对型钢表面进行处理，型钢表面加工处理照片如图 3.1-2 所示；混凝土保护层最小厚度为 25mm。

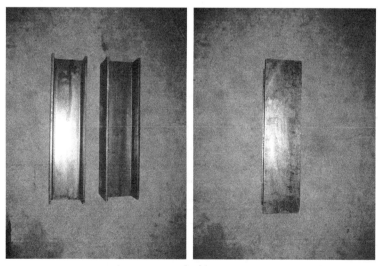

(a) 对比试件中型钢表面未做处理

图 3.1-2　型钢表面加工处理照片（一）

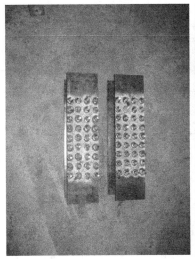

(b) 焊短钢筋试件的型钢

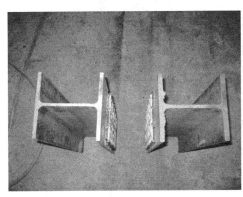

(c) 焊钢丝网试件的型钢

图 3.1-2　型钢表面加工处理照片（二）

3.1.3　材料力学性能

（1）混凝土

混凝土的立方体抗压强度试验采用标准立方体试块 150mm×150mm×150mm，分三组，每组 3 个试件，所有试块的养护条件与试验现场相同，养护 28d 后进行试块的力学性能试验，各指标见表 3.1-2。

表 3.1-2

混凝土材料力学性能

设计强度	立方体抗压强度实测值 $\overline{f}_{cu,k}$(MPa)	轴心抗压强度推导值 f_{ck}(MPa)	劈拉强度实测值 $\overline{f}_{tk}$(MPa)
C40	58.2	37.1	3.7

（2）钢筋与型钢

钢筋和钢材的力学性能试验遵照金属拉力试验法，试件中纵向受力钢筋采用 HRB335

级，箍筋采用 HPB235 级，见表 3.1-3。

型钢材料力学性能 表 3.1-3

钢筋直径 （mm）	钢筋等级	屈服强度 （MPa）	极限抗拉强度 （MPa）	弹性模量 （$\times 10^5$ MPa）	延伸率（%）
8	φ	265.60	446.70	2.12	22.5
12	Φ	382.8	569.14	2.03	24.0

型钢材性试验中，试件的尺寸选取如图 3.1-3 所示，型钢材性试件名义尺寸见表 3.1-4，测得型钢力学性能见表 3.1-5。

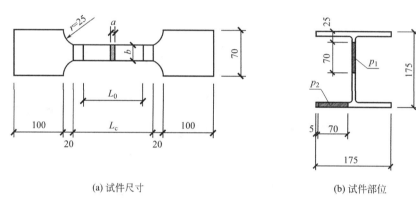

(a) 试件尺寸   (b) 试件部位

图 3.1-3　型钢材性试件尺寸及部位

a—板试样原始厚度；b—板试样平行长度的原始宽度；L_0—原始标距；L_c—平行长度

型钢材性试件名义尺寸 （mm） 表 3.1-4

试件编号	试件数量	a	b	L_0	L_c	总长度	备注
p_1	3	7.5	30	85	100	340	腹板
p_2	3	11	30	105	120	360	翼缘

注：符号释义参见图 3.1-3。

型钢力学性能 表 3.1-5

试件 编号	横截面面积 （mm²）	弹性模量 （$\times 10^5$ MPa）	屈服点 （MPa）	屈服应变 （με）	抗拉强度 （MPa）	强屈比	伸长率 （%）	颈缩率 （%）
翼缘	309.73	2.07	276.9	1337.83	445.1	1.61	40.0%	47.0%
腹板	215.52	2.02	304.3	1506.44	462.0	1.52	35.0%	45.0%
纵筋	102.43	2.05	403.0	1966.05	613.0	1.52	34.0%	67.0%

上述材料各项试验在万能压力机上实现，如图 3.1-4 所示。

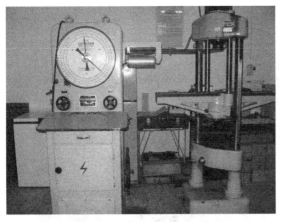

(a) 混凝土立方体试验　　　　　　　(b) 混凝土劈拉和钢材材性试验

图 3.1-4　钢材及混凝土力学性能试验设备

3.2　试验加载及测量

3.2.1　试验装置

试验在 2000kN 的液压长柱试验机上进行，试验时采用几何对中，试验数据的采集主要有 TDS602 静态应变数字采集仪、传感器及计算机终端处理系统，试验装置如图 3.2-1 所示。所有千斤顶、应变采集仪、位移计和百分表等设备在每次试验前都进行标定。

(a) 试验加载设备

图 3.2-1　试验装置图（一）

(a) 试验加载设备

(b) 试验数据终端采集

图 3.2-1　试验装置图（二）

3.2.2　加载方式

试验采用单轴单调分级施加荷载。每级荷载取计算预估的 5％极限荷载值，每级加载后，采集数据和观察裂缝发展，缓慢加载直至破坏。

3.2.3　测量内容及测点布置

在每个试件的型钢内表面翼缘和腹板上布置应变片（图 3.2-2），共 8 层，测验在推出过程中钢与混凝土之间粘结强度的分布情况，总结不同粘结方式对粘结强度的影响。

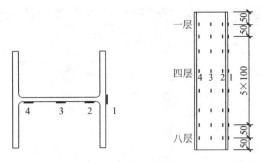

图 3.2-2　应变片及测量仪器布置

3.3　试验结果分析

3.3.1　破坏形态

1）对比试件 1A、2A。由于型钢表面未做抗剪处理，型钢与混凝土间粘结强度较低，试件破坏形式主要为一条纵向贯通发展的裂缝，1A、2A 极限荷载分别为 596kN、587kN，如图 3.3-1 所示。

2）焊接钢丝网试件 1B、2B。型钢表面焊接间距为 50mm、直径为 6mm 的钢筋网。因型钢表面钢筋网的作用使其与混凝土间粘结强度增大，破坏时，裂缝呈斜向较密集分布，1B、2B 极限荷载分别为 872kN、614kN，最大荷载平均值比 A 试件提高 26%，如图 3.3-2 所示。

3）焊接短钢筋试件 1C、2C。型钢表面焊接间距 50mm、直径为 10mm 的短钢筋，1C 极限荷载为 1118kN，2C 因数据通道损坏未测得，破坏时，裂缝呈斜向均匀密集分布，试验结束后部分混凝土保护层脱落，最大荷载值比 A 试件提高 89%，如图 3.3-3 所示。

4）栓钉疏焊试件 1D、2D。型钢表面焊接间距 100mm、直径 16mm 的栓钉，破坏时裂缝呈斜向均匀密集分布，1D、2D 极限荷载分别为 983kN、1051kN，最大荷载平均值比 A 试件提高 72%，如图 3.3-4 所示。

5）栓钉密焊试件 1E、2E。型钢表面焊接间距 50mm、直径 16mm 的栓钉，破坏时，裂缝呈斜向均匀密集分布，试验结束后混凝土保护层脱落，1E、2E 极限荷载分别为 1519kN、12601kN，最大荷载平均值比 A 试件提高 135%，如图 3.3-5 所示。

从试验中可以看出，对比试件 A 的破坏是沿着混凝土中压应力的方向产生一条主劈裂裂缝，裂缝由型钢表面发生后，穿越受压混凝土骨料与砂浆界面，将混凝土分割成短柱。产生此类现象的原因是型钢与混凝土间粘结强度较小，当加载端型钢与混凝土间发生滑移时，粘结强度达到峰值，钢与混凝土间粘结应力峰点快速向自由端移动，随着粘结面的减小，荷载缓慢下降，直到最后推出破坏。

而型钢表面进行抗剪处理的试件表现出一定程度的塑性破坏特点。由于采取了不同抗剪连接方式，型钢与混凝土间的粘结应力加大且分布均匀，有效阻止粘结应力峰点向自由端漂移的速度，同时阻止了劈裂裂缝的发展，使其不再形成贯通的竖向裂缝，随着荷载的加大，滑移段加长；极限时，试件位移曲线会出现一个平稳段，之后荷载缓慢下降，直到最后推出破坏。

(a) 试件加载中

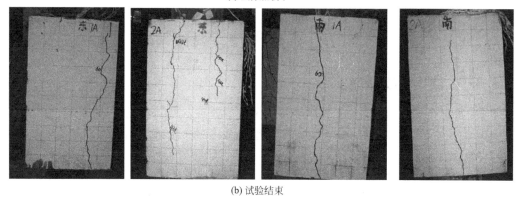

(b) 试验结束

图 3.3-1　A组对比试件裂缝图

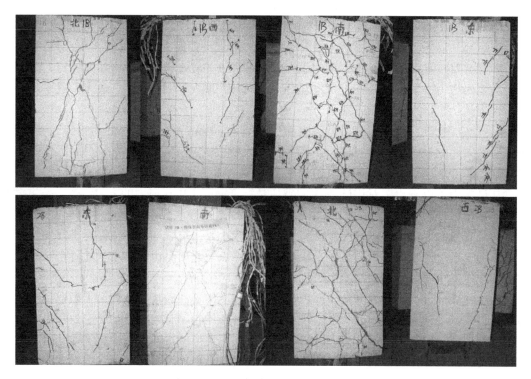

图 3.3-2　B组焊接钢丝网试件裂缝图

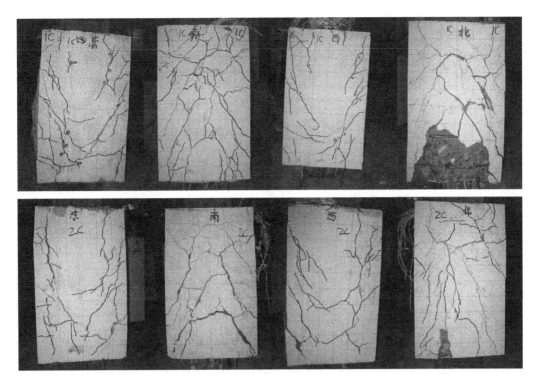

图 3.3-3 C组焊接短钢筋试件裂缝图

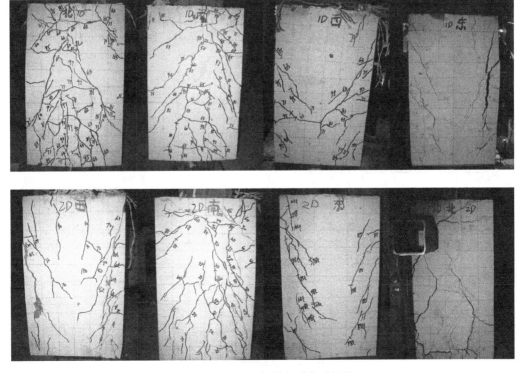

图 3.3-4 D组疏焊栓钉试件裂缝图

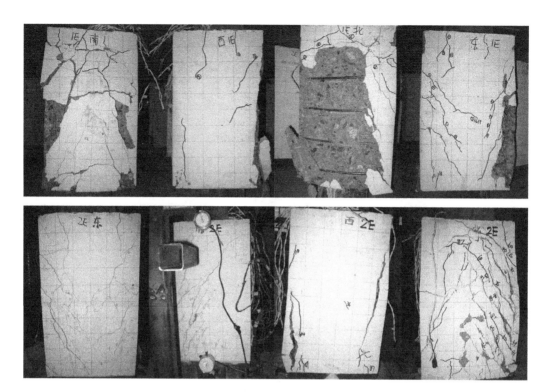

图 3.3-5　E组密焊栓钉试件裂缝图

3.3.2　粘结强度与滑移分析

根据推出试验得到的加载端荷载-位移曲线和相应峰值，如图 3.3-6 所示，试验结果一览表见表 3.3-1。

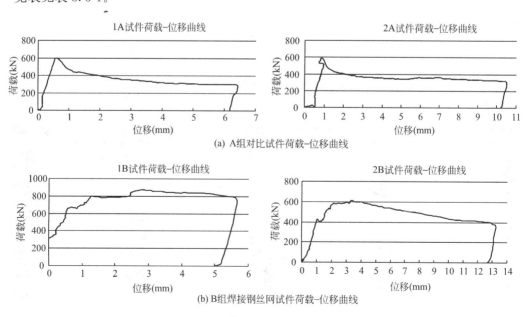

(a) A组对比试件荷载-位移曲线

(b) B组焊接钢丝网试件荷载-位移曲线

图 3.3-6　试件荷载-位移曲线图（一）

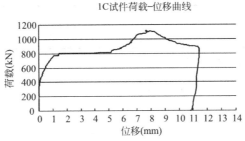

(c) C组焊接短钢筋试件荷载-位移曲线

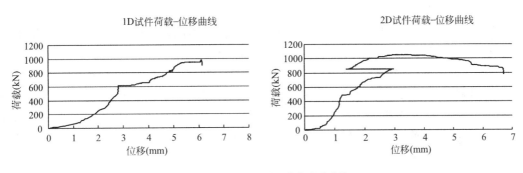

(d) D组疏焊栓钉试件荷载-位移曲线

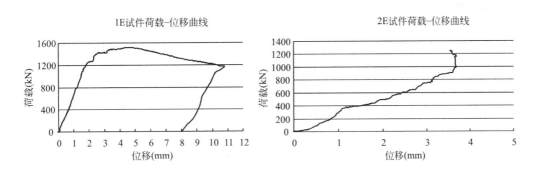

(e) E组密焊栓钉试件荷载-位移曲线

图 3.3-6 试件荷载-位移曲线图（二）

试验结果一览表　　　　　　　　　　　　　　　　　　表 3.3-1

试件编号		极限荷载 （kN）	各试件与对比件 A 的荷载提高	最大位移 （mm）
A	1A	595.96	—	0.62
	2A	586.60		0.91
B	1B	872.51	26%	2.88
	2B	613.62		3.36
C	1C	1117.78	89%	7.70
	2C	无		—

试件编号		极限荷载 （kN）	各试件与对比件 A 的荷载提高	最大位移 （mm）
D	1D	982.56	72％	5.27
	2D	1051.38		4.84
E	1E	1519.17	135％	4.54
	2E	1260.16		3.67

对比件 A 的荷载峰值滑移量小，之后变形加大，荷载迅速下降，峰值区域曲线呈现陡峭的凸角，表现为脆性破坏。

焊接抗剪件试件表现出一定的延性性能，峰值荷载和位移值均比试件 A 有较大增长，说明抗剪件能够提供有效的粘结强度，保证了混凝土与型钢共同作用。焊接栓钉试件提高幅度较大，密焊和疏焊试件分别比 A 试件提高 135％和 72％，焊接短钢筋试件提高 89％，焊接钢筋网试件提高 26％。需要说明的是焊接钢筋网最为简单、经济，当对抗剪要求不高时，可以采用；焊接短钢筋（间距 50mm）与焊接栓钉（间距 100mm）试件的抗剪效果相似，而焊接短钢筋比焊接栓钉要经济方便，设计时可以根据具体情况选择采用；密焊栓钉试件的抗剪效果最佳，可用于抗剪要求较高的部位。

3.4 结论

（1）型钢混凝土结构中型钢与混凝土之间的有效粘结是其整体共同工作的基础，不同粘结构造形式直接影响到型钢混凝土构件的承载力、破坏形态、裂缝开展和变形能力等。

（2）普通构件中型钢与混凝土间的粘结强度较低，承载力较低，构件表现为脆性破坏；设置剪力连接件的构件，呈现出一定的塑性破坏特点，裂缝分布均匀。

（3）从四种不同剪力连接方式来看，焊接钢筋网效果最小，但最为经济；焊接短钢筋与栓钉等随间距加密，效果逐渐加强，但施工难度也相应加大；设计时，可以根据实际情况选择采用。

第4章　混合结构中梁柱节点的性能研究与分析

为了研究框架节点区抗震性能，对于框架结构梁柱节点进行低周反复静力荷载试验，是目前国内外常用的一种试验方法。通过前期模型设计和有限元模拟结果，选取了型钢混凝土结构"强柱弱梁"节点（中间层梁柱边节点）、"强梁弱柱"节点（采用箍板的型钢混凝土梁柱 T 形节点）、带隔板型钢混凝土梁柱节点及其柱的抗剪性能等多种类型的节点，进行了 53 个低周反复静力荷载的构件试验。

4.1 "强柱弱梁"的梁柱节点试验与分析

4.1.1 试验研究

1. 试验目的

分析型钢混凝土框架中间层梁柱边节点在低周反复荷载作用下的基本性能、承载能力及破坏特征，塑性铰出现的位置。

1）观察节点区域混凝土的裂缝分布及其开展规律；

2）实测 P-Δ 滞回曲线、节点核心区剪切变形和塑性铰区转动值，探讨型钢混凝土框架中间层梁柱边节点的延性、耗能能力和刚度退化等参数；

3）根据应变值的变化，分析梁型钢翼缘的抗弯性能，节点核心区柱型钢腹板和箍筋的抗剪性能；

4）提出在实际工程中应用的指导意见。

2. 试件设计

（1）设计原则

在实际工程中，节点设计在安全可靠、经济合理的前提下，尽量做到传力路径明确、构造简单，使整个框架具有必要的承载能力、良好的变形与耗能能力，需要严格遵守"强柱弱梁、强剪弱弯、强节点弱构件"的原则。鉴于此，节点试验最理想的效果是让框架梁首先屈服，在梁端形成塑性铰，以吸收和耗散地震能量；梁端塑性铰出现后，在裂缝发展一段时间后柱端塑性铰出现，最后节点核心区发生破坏。

（2）试验节点选择

根据普通框架结构在水平荷载作用下的弯矩分布情况，试件柱的长度可大致取上下反弯点间的柱长，即节点上下柱的各 1/2 柱高；梁的长度应根据试验条件及试件制作条件尽量选取梁跨中反弯点处，即按照梁跨中反弯点的位置选取，采用 T 形试件，具体选取如图 4.1-1 所示。

（3）试件构造及尺寸

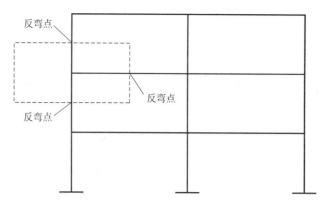

图 4.1-1　中间层梁柱边节点试件选取位置

试验中共选取了 4 种型钢混凝土梁柱节点形式和 1 个具有相同截面尺寸的钢筋混凝土梁柱节点，共 5 个试件。为了能够较好地反映节点的真实工作情况，以便能将试验结果应用于工程实际，采用了接近实际结构的大尺寸试件。

型钢混凝土的试件编号为 SRCJ-01～04，钢筋混凝土试件 RCJ。其中，试件 SRCJ-01～03 和 RCJ 为梁柱正交的节点形式，SRCJ-04 为梁与柱以 45°角斜交。编号及节点构造形式见表 4.1-1。

试件编号　　　　　　　　　　　　　　　　　　　　　　　　　表 4.1-1

节点编号	节点构造
SRCJ-01	梁型钢腹板开孔，柱箍筋从孔中穿过(实际工程中普遍采用的形式)
SRCJ-02	节点区箍筋采用 U 形箍筋代替封闭箍筋
SRCJ-03	梁型钢腹板开矩形大孔，并在上下翼缘处焊接三角形加劲肋补强
SRCJ-04	梁柱以 45°角斜交，并在梁型钢腹板开孔穿过柱箍筋
RCJ	普通钢筋混凝土梁柱节点

试验中，全部节点试件中型钢的配置形式完全一致。柱中型钢为焊接十字形型钢，尺寸为 H300×150×12×14，含钢率为 4.11%；梁中型钢为焊接 H 型钢，尺寸为 H300×150×10×12，含钢率为 4.24%，梁、柱中含钢率均满足相关规范要求。同时，为了保证型钢与混凝土能够共同受力工作，在梁型钢上翼缘处布置单排抗剪栓钉，栓钉间距 200mm，共 10 个。

《钢骨混凝土结构技术规程》YB 9082—2006 中规定：型钢混凝土柱受压侧纵向钢筋的配筋率不应小于 0.2%，全部纵向钢筋的配筋率不应小于 0.6%，且必须在四角各配置一根直径不小于 16mm 的纵向钢筋；型钢混凝土梁受拉纵向钢筋配筋率不应小于 0.2%，受压侧角部必须各配置一根直径不小于 16mm 的纵向钢筋；一、二级抗震等级的两种箍筋直径不小于 10mm，间距不大于 200mm，最小面积配箍率不应小于 0.25%。

按照上述要求，设计出各试件的配筋形式，为了便于比较各节点的性能差异，所有试件均采用相同的配筋形式。各节点形式试件钢筋配置情况见表 4.1-2、表 4.1-3。

纵筋	纵筋配筋率	箍筋	箍筋配筋率
		试件梁配筋	表 4.1-2
4Φ16	0.536%	ϕ12@70/120	1.08%/0.628%

纵筋	纵筋配筋率	箍筋	箍筋配筋率
		试件柱配筋	表 4.1-3
4Φ28	0.684%	ϕ12@100	0.653%

试件详细尺寸如图 4.1-2～图 4.1-9 所示。

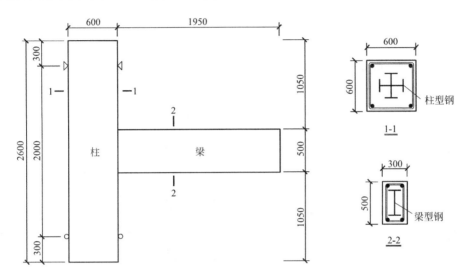

图 4.1-2　SRCJ-01、SRCJ-02、SRCJ-03 和 RCJ 试件尺寸

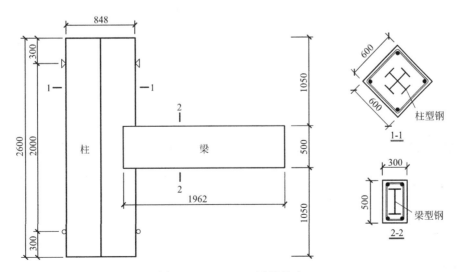

图 4.1-3　SRCJ-04 试件尺寸

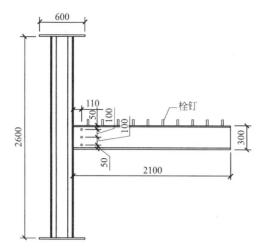

图 4.1-4　试件 SRCJ-01 钢结构部分尺寸

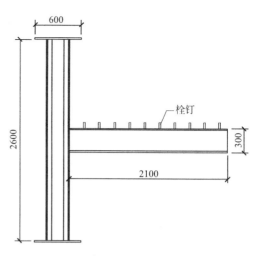

图 4.1-5　试件 SRCJ-02 钢结构部分尺寸

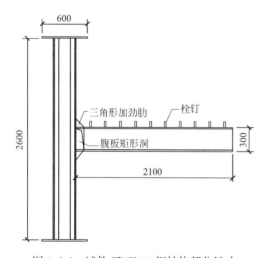

图 4.1-6　试件 SRCJ-03 钢结构部分尺寸

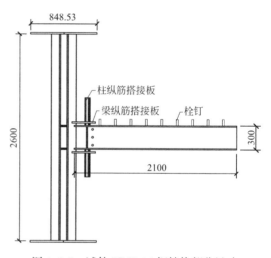

图 4.1-7　试件 SRCJ-04 钢结构部分尺寸

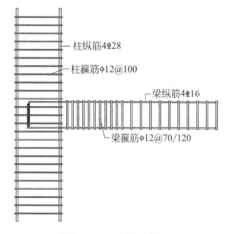

图 4.1-8　试件配筋图

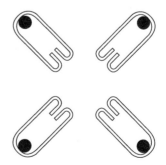

图 4.1-9　SRCJ-02 中 U 形箍筋配置图

（4）试件制作

在试件的制作过程中，混凝土及钢筋分项工程应按照《混凝土结构工程施工质量验收规范》GB 50204—2015 中相关要求完成，钢结构分项工程应按照《钢结构工程施工质量验收标准》GB 50205—2020 中相关要求完成。试件制作过程如图 4.1-10～图 4.1-13 所示。

图 4.1-10　试件钢结构部分

图 4.1-11　绑扎钢筋

图 4.1-12　浇筑混凝土

图 4.1-13　混凝土试块

（5）材料力学性能

试验中采用钢板均为 Q345B，梁、柱中全部纵向受力钢筋选用 HRB400 级钢筋，所有箍筋选用 HPB235 级钢筋。钢材及钢筋的力学性能指标见表 4.1-4。

钢材及钢筋的力学性能　　　　　　　　　　表 4.1-4

钢筋、钢板规格	屈服强度 f_y （N/mm²）	极限强度 f_u （N/mm²）	弹性模量 E_s （×10⁵N/mm²）
10mm 钢板	438	513	2.04
12mm 钢板	415	509	2.15
14mm 钢板	457	533	2.08
φ12 箍筋	287	427	2.16
Φ16 纵筋	426	603	1.96
Φ28 纵筋	485	650	2.01

混凝土强度等级为 C30，采用商品混凝土。按照《普通混凝土配合比设计规程》JGJ 55—2011 配制混凝土。在试验当天对混凝土立方体试块进行抗压强度试验，试验方法及数据处理按照《混凝土物理力学性能试验方法标准》GB/T 50081—2019。混凝土力学性能见表 4.1-5。

混凝土力学性能

表 4.1-5

试件编号	立方体抗压强度 $f_{cu,k}$ （N/mm²）	轴心抗拉强度 f_{tk} （N/mm²）	弹性模量 E_c （×10⁴ N/mm²）
SRCJ-01	50.91	3.16	3.47
SRCJ-02	51.42	3.18	3.48
SRCJ-03	51.41	3.18	3.48
SRCJ-04	52.45	3.22	3.49
RCJ	51.93	3.20	3.49

（6）柱顶轴压力的确定

根据《钢骨混凝土结构技术规程》YB 9082—2006 中的规定：抗震设计时，抗震等级为一级的框架结构中的框架柱在重力荷载代表值作用下的轴压力系数 n 不应超过 0.65。n 按下式计算：

$$n = \frac{N}{f_c A_c + f_{ssy} A_{ss}} \tag{4.1-1}$$

式中：N——地震作用组合下框架柱承受的最大轴压力设计值；

f_c——混凝土轴心抗压强度设计值；

A_c——框架柱混凝土部分的截面面积；

f_{ssy}——型钢抗拉、抗压、抗弯强度设计值；

A_{ss}——框架柱型钢部分的截面面积。

试验中，$A_c = 345216\text{mm}^2$，$A_{ss} = 14784\text{mm}^2$，$f_c = 14.3\text{N/mm}^2$，$f_{ssy} = 310\text{N/mm}^2$。为了能够使试件工况更接近于工程实际，应尽量采用较大的轴压比。但由于试验室实际条件的限制，故本次试验的轴压比选定为 $n = 0.36$，所需轴压力为：

$$N = n(f_c A_c + f_{ssy} A_{ss}) = 0.36 \times (14.3 \times 345216 + 310 \times 14784) = 3427\text{kN}$$

$$\tag{4.1-2}$$

在试验过程中，施加在各型钢混凝土试件柱端的轴压力为 3352kN，为了便于比对，钢筋混凝土试件轴压比也定为 0.36，在其柱顶施加 1853kN 的轴向力在试验过程中，使用 500t 的油压千斤顶在柱顶分别施加 3500kN 与 1890kN 的轴向力。

3. 试验方案

（1）加载装置

参照《建筑抗震试验规程》JGJ/T 101—2015，节点拟静力加载方式通常有两种：柱端加载方式和梁端加载方式。以梁端塑性铰区或节点核心区为主要试验对象的试件，宜采用梁端加载；以柱端塑性铰区或柱连接处为主要试验对象时，宜采用柱端加载，但应计入 P-Δ 效应。试验中主要研究节点梁端出现塑性铰及节点区剪切变形等，故采用梁端加载方式。

试验中采用承载力为 5000kN 的自反力架，将试件的柱通过小梁和拉杆与自反力架的柱相连，在柱底布置球铰，模拟实际的结构中柱的反弯点；在柱顶布置 5000kN 的油压千斤顶，以施加轴向力；在梁端安装电液伺服程控结构试验机（MTS），施加竖向的反复荷载。

试验在沈阳建筑大学结构试验室进行。由于试件在试验加载过程中不可避免地会发生变形，这将导致柱端轴压力可能增大或减小，所以应在试验进行过程中及时增大或减小油压，以使柱端轴压力保持恒定。试验全过程由计算机控制，各种测试仪器均采用电子读数，可以保证数据的可靠性和适时性。

试验加载装置如图 4.1-14 所示。

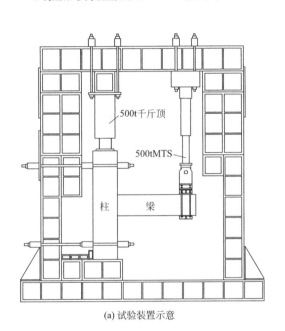

(a) 试验装置示意

(b) 试验照片

图 4.1-14　试验加载装置

（2）加载制度

根据《建筑抗震试验规程》JGJ/T 101—2015 中的规定，在正式试验前，应先进行预加反复荷载试验两次；拟静力试验的加载程序应采用荷载-变形双控制的方法；试件屈服前，应采用荷载控制并分级加载；接近开裂和屈服荷载前宜减小级差进行加载。试件屈服后应采用变形控制，变形值应取屈服时试件的最大位移值，并以该位移值的倍数为级差进行控制加载。施加反复荷载的次数应根据试验目的确定，屈服前每级荷载可反复一次，屈服后宜重复三次。

在实际进行试验时，首先预加载至 ±20kN，然后分别加载至 ±50kN、±100kN，之后减小加载极差，为 20kN；当试件屈服后，采用位移加载，每级荷载循环两次。试验加载制度如图 4.1-15 所示。

（3）采用的节点屈服理论

当节点的骨架曲线上不易找到明显的拐点时，在试验过程中难以确定屈服点，只有等到试验结束时，再对 P-Δ 曲线进行分析，用间接的方法确定精确的屈服点。常用间接方

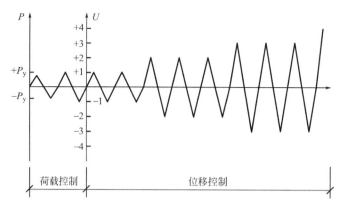

图 4.1-15 试验加载制度

法如下：

1）等能量法

用一个变形相等的二折线代替实际的 P-Δ 曲线。当 $S_1 = S_2$ 时，即认为斜线与 P-Δ 曲线的交点对应的荷载为屈服荷载 P_y，对应的变形作为屈服位移 Δ_y。用该方法确定屈服位移具有相当的精度且计算较为简单，但由该方法确定的屈服荷载偏高，如图 4.1-16 所示。

2）修正的等能量法

此法是等能量法的改进方法，仍用二折线代替实际曲线，该折线必须同时满足等能量法的条件和 S_1、S_2、S_3 之和为最小两个条件。相对于等能量法，此方法更为精确，且计算屈服荷载不会产生比实际荷载高的情况，具体算法如图 4.1-17 所示。

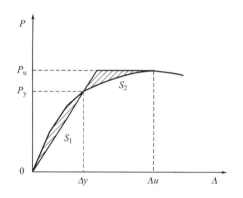

图 4.1-16　等能量法　　　　　　　　　图 4.1-17　修正的等能量法

P_u—极限荷载；S_1—等能量法中屈服点以下二折线与曲线围成的耗能面积；S_2—等能量法中屈服点以上二折线与曲线围成的耗能面积，修正的等能量法中屈服点以上二折线与曲线围成的外侧耗能面积；S_3—等能量法中屈服点以上二折线与曲线围成的耗能面积，修正的等能量法中屈服点以上二折线与曲线围成的内侧耗能面积。

S_1、S_2、S_3 详见图 4.1-16 和 4.1-17 阴影部分所示。

3）派克法

根据新西兰康伯里大学派克教授进行的节点试验得出的方法，P_{max} 采用如下方法确定屈服，如图 4.1-18 所示。根据试件的材料实际强度，计算出试件的理论极限强度 P_{max}，然后根据以下步骤计算屈服荷载：

取 $0.75P_{max}$ 作水平线与试验的荷载-变形曲线相交于 A 点，作直线 OA。

用 OA 作为试件的实际刚度，反映使用阶段的情况。

延长 OA 与理论极限强度 P_{max} 的水平线相交于 B，过 B 点作垂直线与 P-Δ 曲线相交于 E，E 点对应的荷载作为屈服荷载 P_y，对应的变形作为屈服位移 Δ_y。

考虑到使用简便等因素，试验中采用修正的等能量法确定屈服荷载和屈服位移。

（4）极限位移的确定

通常采用两种方法来确定极限位移，一种方法是通过临界截面上某些点的破坏确定，另一种方法是根据构件的承载能力变化确定。具体有以下几种规定：

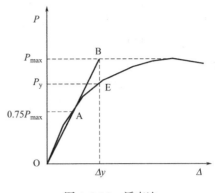

图 4.1-18　派克法

1）是临界截面受压混凝土边缘压应变达到极限值 ε_u 时的位移。ε_u 根据混凝土所受的约束及混凝土种类（如普通混凝土、高强混凝土、轻骨料混凝土）确定；

2）是临界截面受压混凝土开始剥落时的位移；

3）是构件荷载-位移曲线开始下降时那一点的位移；

4）是构件荷载-位移曲线上荷载下降到屈服荷载时的位移；

5）是构件荷载-位移曲线上荷载下降到峰值荷载 80％～90％时所对应的位移；

6）是构件抗弯能力开始下降时所对应的位移，或不低于屈服弯矩时的位移。

从结构安全及整体承载能力的角度来看，按照构件的承载能力确定极限位移是比较合理的，采用荷载下降到峰值荷载的 90％时，所对应的位移为极限位移。

（5）试验量测内容

试验中需要量测的主要内容包括：

1）试件梁端加载点处的位移和每次循环中各级反复荷载的大小；

2）柱端荷载的大小；

3）节点核心区剪切变形；

4）节点区梁端混凝土的应变；

5）节点区梁端纵筋、箍筋的应变；

6）节点核心区箍筋的应变；

7）节点区梁端型钢翼缘、腹板的应变；

8）节点区柱型钢腹板的应变。

（6）试验量测方法

1）在梁端加载点处连接 MTS，通过动态应变仪接入 X-Y 记录仪，并将 MTS 施加的力的大小由应变值表示出来；在梁端连接大量程位移计，位移计通过信号源与 X-Y 记录仪相连，由此得到梁端荷载-位移曲线。

2）柱顶轴压力的大小由置于柱顶和油压千斤顶之间的压力传感器量测。在试验过程中，由于试件会产生变形，柱顶轴压力会随之发生变化，为了保持轴压力恒定，采用稳压器自动控制千斤顶压力大小。

3）在试件节点核心区对角线四个点安装膨胀螺栓，在膨胀螺栓头安装位移计。试验时，将位移计的数据线连接至数据采集板，通过计算机及软件采集加载过程中位移计伸长值或缩短值，这样可以计算出节点核心区的剪切变形。

节点核心区剪切变形的计算原理及过程如下：节点在水平剪力作用下，其斜拉力使核心区混凝土开裂，故节点核心区将产生剪切变形。随着低周反复荷载不断施加，节点核心区的混凝土经历着由矩形到菱形再到矩形再到菱形的变形过程。在此期间，菱形的方向是交替变换的，于是可以通过测量节点核心区对角线长度的变化，并通过下列经验公式计算出核心区的剪切角 γ，如图 4.1-19 所示。

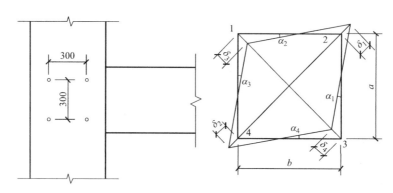

图 4.1-19　节点核心区剪切变形量测

矩形 1234 所围成的图形为节点核心区，在荷载作用下，沿 2-4 方向的对角线伸长了 $\delta_1 + \delta_2$，沿 1-3 方向的对角线缩短了 $\delta_3 + \delta_4$，变形后的夹角分别为 α_1、α_2、α_3、α_4。假设对角线的平均变形为 $\overline{X}$，则

$$\overline{X} = \frac{|\delta_1 + \delta_2| + |\delta_3 + \delta_4|}{2} \tag{4.1-3}$$

又有：

$$\alpha_1 = \frac{\delta_1 \sin\beta + \delta_4 \sin\beta}{a} \tag{4.1-4}$$

$$\alpha_2 = \frac{\delta_2 \sin\beta + \delta_3 \sin\beta}{b} \tag{4.1-5}$$

$$\alpha_3 = \frac{\delta_2 \sin\beta + \delta_3 \sin\beta}{a} \tag{4.1-6}$$

$$\alpha_4 = \frac{\delta_2 \sin\beta + \delta_4 \sin\beta}{b} \tag{4.1-7}$$

$$\sin\beta = \frac{b}{\sqrt{a^2 + b^2}} \tag{4.1-8}$$

$$\cos\beta = \frac{a}{\sqrt{a^2 + b^2}} \tag{4.1-9}$$

$$\gamma = \alpha_1 + \alpha_2 = \alpha_3 + \alpha_4 = \frac{\alpha_1 + \alpha_2 + \alpha_3 + \alpha_4}{2} \tag{4.1-10}$$

可得剪切角 γ：

$$\gamma = \frac{\overline{X}\sin\beta}{a} + \frac{\overline{X}\cos\beta}{b} = \frac{\overline{X}}{ab}\left(\frac{a^2+b^2}{\sqrt{a^2+b^2}}\right) = \frac{\sqrt{a^2+b^2}}{ab} \cdot \overline{X} \qquad (4.1\text{-}11)$$

由上式可知，$\overline{X}$ 越大，则节点核心区的剪切变形也越大，对整个结构产生的侧移影响也越大。

4）在节点区梁端粘贴混凝土应变片，测量梁端混凝土的应变。

5）在节点区梁端纵筋、箍筋粘贴应变片，测量梁端纵筋、箍筋的应变。

6）在节点核心区箍筋沿柱轴线方向粘贴应变片，量测沿柱轴线方向垂直截面上的箍筋应力分布规律。

7）在节点区梁端型钢翼缘粘贴应变片，腹板处粘贴应变花，测量腹板三个方向的应力。

8）在柱型钢腹板上粘贴应变花，量测三个方向的应变。

（7）测点布置

各试件测点的布置如图 4.1-20～图 4.1-23 所示。

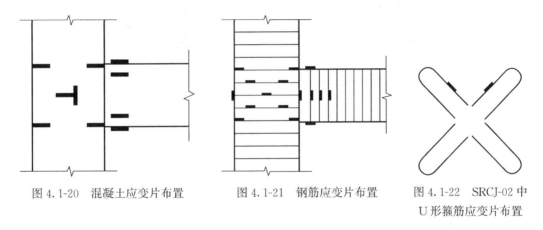

图 4.1-20　混凝土应变片布置　　图 4.1-21　钢筋应变片布置　　图 4.1-22　SRCJ-02 中 U 形箍筋应变片布置

4. 钢筋混凝土梁柱节点试验的一般规律

通过对以往震害及试验结果分析得出，节点具有如下四种破坏形式：

1）梁端受弯破坏。主要形式为受拉钢筋屈服，受压区混凝土被压碎，混凝土保护层脱落，梁上出现严重的交叉斜裂缝，梁端形成塑性铰，主要为弯剪破坏。

2）柱端压弯破坏。在弯矩与轴力的共同作用下，柱端混凝土被压碎，柱纵筋被压曲，箍筋外鼓或绷断，柱端形成塑性铰，主要为压弯剪破坏。

3）锚固破坏。梁纵筋锚固长度不足，在反复荷载作用下，钢筋与混凝土之间的粘结力消失，钢筋发生滑移或混凝土压碎，钢筋拔出，梁纵筋并未达到屈服。

4）节点核心区剪切破坏。节点核心区抗剪强度不足，在水平力作用下产生斜向对角裂缝或交叉斜裂缝。

四种破坏形式中，梁端受弯破坏属于延性破坏，其他三种破坏形式属于脆性破坏，在设计中应避免。本次试验节点源于实际工程，故所有试件均按"强柱弱梁强节点"设计原则进行设计，预计将发生梁端受弯破坏形式。

（1）试件 SRCJ-01 的破坏过程

在加载第一循环中，正向加载至 50.62kN 时，节点处梁端上部混凝土出现第一条竖

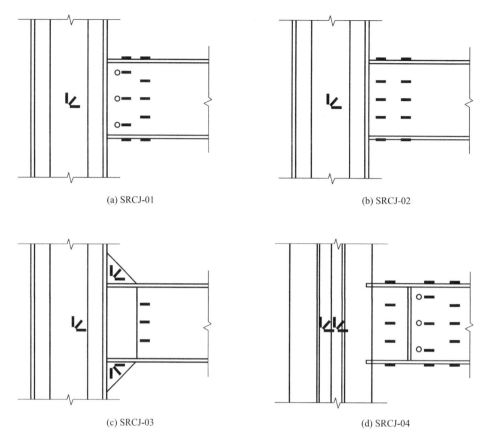

(a) SRCJ-01 (b) SRCJ-02

(c) SRCJ-03 (d) SRCJ-04

图 4.1-23　SRCJ 型钢应变片布置

向裂缝，宽度约为 0.1mm；卸载至零。接着反向加载至 55.08kN 时，梁端下部出现第一条垂直梁长度方向的裂缝，宽度约为 0.1mm；卸载至零。第二循环加载至 100kN，此时裂缝较少，宽度很小。当荷载加至反向时，之前混凝土受拉区出现的裂缝重新闭合。此后为了准确确定试件屈服，故减小加载级差至 20kN。在第三至第六加载循环中，节点区梁端不断有新的裂缝出现，宽度仍然很小。

当加载至第七循环时，荷载-位移滞回曲线的上升段有平缓的趋势，可以认为试件此时达到屈服，屈服荷载 $P_y=192.35$kN，加载点处的屈服位移 $\Delta_y=19.47$mm。

接下来，采用位移控制方式继续加载。随着循环次数的不断增加，梁端及节点核心区受到的反复荷载作用不断增大，在此过程中，节点核心区混凝土始终保持完好，未出现剪切斜裂缝，梁上没有新的竖向裂缝出现，梁柱交界面处的竖向裂缝及梁上原有裂缝不断发展，此时裂缝最大宽度约为 1mm。进入第八循环时，梁端塑性铰区范围内的梁纵筋已经全部屈服，受压区混凝土保护层脱落；荷载加至第九循环时，梁柱交界处的混凝土已经被压碎，梁端竖向裂缝迅速增加，试件承载力已经达到了极限，$P_u=242.31$kN，此时梁端混凝土已经通裂，裂缝宽度约为 3mm，混凝土退出工作，由梁中型钢继续承受变形，梁端出现塑性铰，节点核心区水平箍筋的最大应变值低于箍筋的屈服应变，说明此时节点核心区水平箍筋未屈服，仍能够承担节点区的剪力。之后，由于梁端塑性铰的存在，梁端竖向位移增加的同时试件的承载力下降。当进入第十一循环时，试件的承载力下降至

215.07kN，约为极限荷载的 88％，梁端受压区混凝土被严重压碎，混凝土保护层不断剥落，裂缝宽度约为 7mm，可以认为试件已经破坏，加载过程结束。

试件 SRCJ-01 破坏过程如图 4.1-24 所示，各主要测量结果见 4.1.2 节中表 4.1-6。

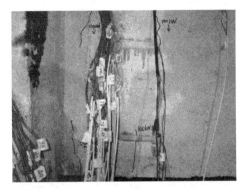

(a) 初裂

(b) 屈服

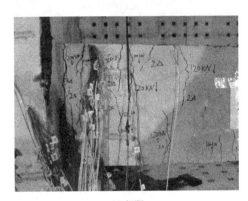

(c) 极限

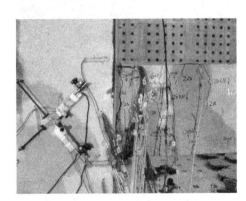

(d) 破坏

图 4.1-24　试件 SRCJ-01 试验各阶段裂缝分布

（2）试件 SRCJ-02 的破坏过程

在加载第一循环中，正向加载至 49.75kN 时，节点处梁端上部混凝土出现第一条竖向裂缝，宽度约为 0.1mm，卸载至零。接着反向加载至 53.02kN 时，梁端下部出现第一条垂直梁长度方向的裂缝，宽度约为 0.1mm，卸载至零。第二循环加载至 100kN，此时裂缝较少，宽度很小。当荷载加至反向时，之前混凝土受拉区出现的裂缝重新闭合。此后，减小加载级差至 20kN。在第三至第五加载循环中，节点区梁端不断有新的裂缝出现，宽度很小。

当加载至第六循环时，荷载-位移滞回曲线的上升段有平缓的趋势，可以认为试件此时达到屈服，屈服荷载 $P_y = 197.48kN$，屈服位移 $\Delta_y = 18.27mm$。

采用位移控制方式继续加载到第七循环时，梁端塑性铰区范围内的梁纵筋已经全部屈服，受压区混凝土保护层脱落；荷载加至第八循环时，梁柱交界处的混凝土被压碎，梁端竖向裂缝迅速增加，试件承载力达到了极限，$P_u = 253.90kN$，此时梁端混凝土通裂，裂缝宽度约为 3mm，混凝土退出工作，由梁中型钢继续承受变形，梁端出现塑性铰，节点核心区水平箍筋的最大应变值低于箍筋的屈服应变，说明此时节点核心区水平箍筋未屈服，仍能够承担节点区的剪力。之后，由于梁端塑性铰的存在，梁端竖向位移增加的同时试件的承载力下降。当进入第十二循环时，试件的承载力下降至 228.3kN，约为极限荷载的 89%，此时梁端受压区混凝土被严重压碎，混凝土保护层不断剥落，裂缝宽度约为7mm。可以认为试件已经破坏，加载过程结束。

试件 SRCJ-02 的破坏形态如图 4.1-25 所示，各主要测量结果见 4.1.2 节中表 4.1-6。

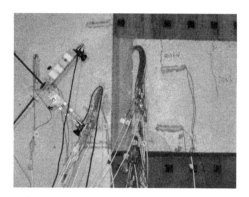

(a) 初裂

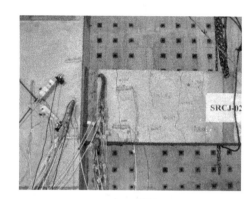

(b) 屈服

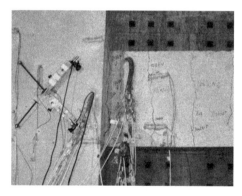

(c) 极限

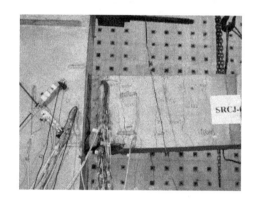

(d) 破坏

图 4.1-25　试件 SRCJ-02 试验各阶段裂缝分布

（3）试件 SRCJ-03 的破坏过程

在加载第一循环中，正向加载至 35.11kN 时，节点处梁端上部混凝土出现第一条竖向裂缝，宽度约为 0.1mm；卸载至零。接着，反向加载至 35.36kN 时，梁端下部出现第一条垂直梁长度方向的裂缝，宽度约为 0.1mm；卸载至零。第二循环加载至 100kN，此时裂缝较少，宽度很小。当荷载加至反向时，之前混凝土受拉区出现的裂缝重新闭合。此后，减小加载级差至 20kN。在第三、第四加载循环中，节点区梁端不断有新的裂缝出现，宽度很小。

当加载至第五循环时，荷载-位移滞回曲线的上升段有平缓的趋势，可以认为试件此时达到屈服，记为屈服荷载 $P_y=156.70kN$，屈服位移 $\Delta_y=15.67mm$。

用位移控制方式继续加载至第六循环时，梁柱交界处的混凝土已经被压碎，梁端竖向裂缝迅速增加，试件承载力已经达到了极限，$P_u=177.59kN$。此时，梁端混凝土通裂，裂缝宽度约为 3mm，混凝土退出工作，由梁中型钢继续承受变形，梁端出现塑性铰，节点核心区水平箍筋未屈服，仍能够承担节点区的剪力。之后，由于梁端塑性铰的存在，梁端竖向位移增加的同时试件的承载力下降。当进入第八循环时，试件的承载力迅速下降至109.97kN，约为极限荷载的62%。此时，梁端受压区混凝土被严重压碎，混凝土保护层不断剥落，裂缝宽度约为7mm，可以认为试件已经破坏，加载过程结束。

试件 SRCJ-03 的破坏形态如图 4.1-26 所示，各主要测量结果见 4.1.2 节中表 4.1-6。

(a) 初裂

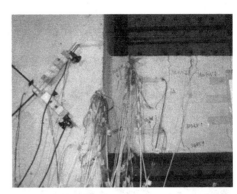

(b) 屈服

(c) 极限

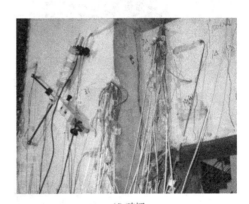

(d) 破坏

图 4.1-26 试件 SRCJ-03 试验各阶段裂缝分布

（4）试件 SRCJ-04 的破坏过程

在加载第一循环中，正向加载至 51.26kN 时，节点处梁端上部混凝土出现第一条竖向裂缝，宽度约为 0.1mm；卸载至零。接着，反向加载至 49.62kN 时，梁端下部出现第一条垂直梁长度方向的裂缝，宽度约为 0.1mm；卸载至零。第二循环加载至 100kN，此时裂缝较少，宽度很小。当荷载加至反向时，之前混凝土受拉区出现的裂缝重新闭合。此后，减小加载级差至 20kN。在第三至第五加载循环中，节点区梁端不断有新的裂缝出现，宽度很小。

当加载至第七循环时，荷载-位移滞回曲线的上升段有平缓的趋势，可以认为试件此时达到屈服，屈服荷载 $P_y = 201.46$kN，屈服位移 $\Delta_y = 18.17$mm。

采用位移控制方式继续加载到第八循环时，梁端塑性铰区范围内的梁纵筋已经全部屈服，受压区混凝土保护层脱落；荷载加至第九循环时，梁柱交界处的混凝土被压碎，梁端竖向裂缝迅速增加，试件承载力达到了极限，$P_u = 259.14$kN，此时梁端混凝土已经通裂，裂缝宽度约为 3mm，混凝土退出工作，由梁中型钢继续承受变形，梁端出现塑性铰，节点核心区水平箍筋未屈服，仍能够承担节点区的剪力。之后，由于梁端塑性铰的存在，梁端竖向位移增加的同时试件的承载力下降。当进入第十一循环时，试件的承载力迅速下降至 157.99kN，约为极限荷载的 61%，此时梁端受压区混凝土被严重压碎，混凝土保护层不断剥落，裂缝宽度约为 10mm，可以认为试件已经破坏，加载过程结束。

试件 SRCJ-04 的破坏形态如图 4.1-27 所示，各主要测量结果见 4.1.2 节中表 4.1-6。

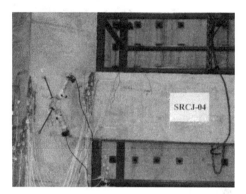

(a) 初裂

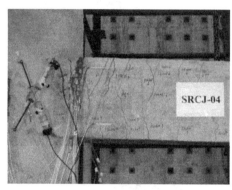

(b) 屈服

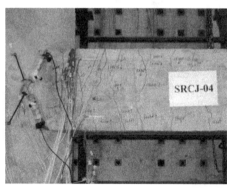

(c) 极限

(d) 破坏

图 4.1-27　试件 SRCJ-04 试验各阶段裂缝分布

（5）试件 RCJ 的破坏过程

在加载第一循环中，正向加载至 10.89kN 时，节点处梁端上部混凝土出现第一条竖向裂缝，宽度约为 0.1mm；反向加载至 9.12kN 时，梁端下部出现第一条垂直梁长度方向的裂缝，宽度约为 0.1mm。第二循环加载至 20kN，此时裂缝较少，宽度很小，当荷载加至反向时，之前混凝土受拉区出现的裂缝重新闭合。此后减小加载级差至 5kN。

当加载至第三循环时，荷载-位移滞回曲线的上升段有平缓的趋势，可以认为试件此时达到屈服，屈服荷载 $P_y = 35.54$kN，屈服位移 $\Delta_y = 5.65$mm。

采用位移控制方式继续加载到第五循环时，梁端塑性铰区范围内的梁纵筋已经全部屈服，受压区混凝土保护层脱落；荷载加至第六循环时，梁柱交界处的混凝土已经被压碎，梁端竖向裂缝迅速增加，试件承载力达到了极限，$P_u = 43.74$kN，此时梁端混凝土通裂，裂缝宽度约为 3mm，混凝土退出工作，由梁中型钢继续承受变形，梁端出现塑性铰，节点核心区水平箍筋未屈服，仍能够承担节点区的剪力。之后，由于梁端塑性铰的存在，梁端竖向位移增加的同时试件的承载力下降。当进入第七循环时，试件的承载力迅速下降至 36.57kN，约为极限荷载的 84%，此时梁端受压区混凝土被严重压碎，混凝土保护层不断剥落，裂缝宽度约为 10mm，可以认为试件已经破坏，加载过程结束。

试件 RCJ 的破坏形态如图 4.1-28 所示，各主要测量结果见 4.1.2 节中表 4.1-6。

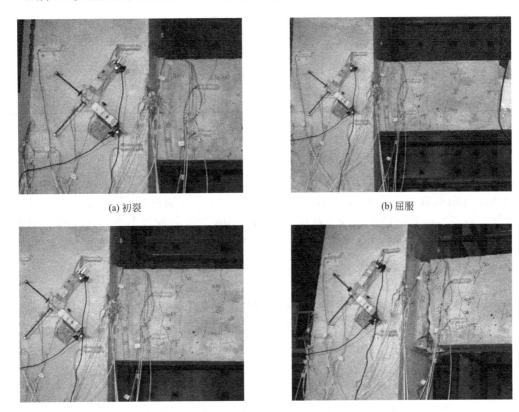

(a) 初裂   (b) 屈服

(c) 极限   (d) 破坏

图 4.1-28　试件 RCJ 试验各阶段裂缝分布

4.1.2　型钢混凝土结构中间层梁柱边节点的抗震性能分析

以目前的科学技术手段还无法准确地预测地震的发生时间和强度，但是可以采取预防和减轻地震灾害的有效措施。早期，人们由于对地震和结构的动力特性认识不足，结构设计时简单地把地震作用当作一种静力荷载，认为只要结构的强度能够承受规定的荷载组合值，就能够满足结构抗震设计的要求。后来，在对大量震害分析后发现，单方面采用结构强度作为评价抗震性能好坏的指标，证明不是最合理，也不是最经济的方法。在罕遇地震作用下，结构进入弹塑性变形阶段，结构的刚度及自振特性发生了变化，结构的破坏往往不是由作用力大小来决定的，而是取决于结构的塑性变形能力和耗能性能，因此，在进行结构的抗震设计时，不能一味地强调结构的强度，还应重视结构中产生塑性变形部位以及是否具有足够的延性。

1. 承载力分析

（1）试件承载力

表 4.1-6 列出了各试件在各阶段的荷载值、位移值。

试件在各阶段的荷载值、位移值 表 4.1-6

试件编号	屈服荷载(kN)	屈服位移(mm)	极限荷载(kN)	破坏位移(mm)	塑性极限转角
SRCJ-01	192.35	19.47	242.31	97.37	0.057
SRCJ-02	197.48	18.27	253.90	111.30	0.065
SRCJ-03	156.70	15.67	177.59	65.62	0.039
SRCJ-04	201.46	18.17	259.14	88.20	0.052
RCJ	35.54	5.65	43.74	12.47	0.0073

由表 4.1-6 可以看出，配置型钢试件的屈服荷载为普通钢筋混凝土试件的 4.4～5.7 倍，极限荷载为普通钢筋混凝土试件的 4.1～5.9 倍；在四种型钢混凝土节点试件中，由于试件 SRCJ-03 的型钢腹板开孔较大，在加载过程中，梁型钢翼缘率先屈服，这导致其屈服荷载和极限荷载最低，相比于其他型钢混凝土试件分别降低了 13.7%～22.2% 和 26.7%～31.5%；采用 U 形箍筋替代闭合箍筋的 SRCJ-02 的屈服荷载和极限荷载相比于传统的型钢混凝土节点形式均有提高，提高幅度分别为 2.6% 和 4.6%；SRCJ-04 的屈服荷载及极限荷载最高，这说明了梁柱斜交的节点形式在承载力上具有一定的优势。

根据表 4.1-6 可以得出如下结论：

1）型钢混凝土梁柱节点相比于普通钢筋混凝土节点在承载力方面有明显提高；

2）对于强柱弱梁型梁柱节点，节点核心区采用 U 形箍筋代替水平闭合箍筋的构造对节点承载力没有影响，同时由于型钢腹板免去开孔，没有削弱，使得该种节点具有更高的承载力；

3）试件 SRCJ-03 在承载力方面相比于其他试件略有不足；

4）试件 SRCJ-04 所采用的梁柱斜交构造形式是合理的，具有较好的承载能力。

（2）强度衰减

从各个试件的滞回曲线可以看出，型钢混凝土梁柱节点承载力随着荷载循环次数的增加而减小，这种承载力随着荷载循环次数增加而减小的现象称为强度衰减。结构或构件的强度衰减极大地影响其受力性能，强度衰减得越快，表示结构继续抵抗荷载的能力下降得越快，结构或构件在遭受一定地震作用后，其继续抵抗地震作用的能力迅速下降，在之后不大的地震或余震的作用下可能遭到严重的破坏。

在科学研究中通常用某个控制位移下第 n 次循环的峰值荷载与第一次循环时的峰值荷载之比 V_n/V_1 表示强度退化。图 4.1-29 中所示为本次试验中各试件强度退化与荷载循环次数的关系。

由图 4.1-29 可以看出，各型钢混凝土试件的强度衰减情况并不明显，衰减率均不超过 0.84，说明试件的混凝土开裂以后，荷载主要由型钢部分承担，强度衰减不大，试件承载能力良好，屈服后承载力不至于突然下降。

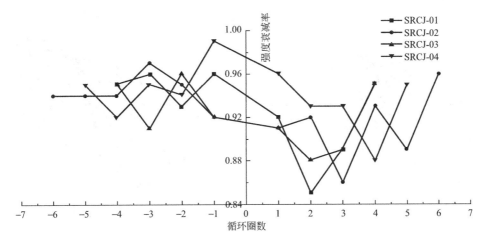

图 4.1-29　各试件的强度衰减

2. 梁端荷载-位移滞回曲线与骨架曲线

（1）滞回曲线

滞回曲线（Hysteretic Curve）是指结构或构件在反复荷载作用下的荷载-位移曲线。它能够反映出结构或构件在反复受力过程中任意时刻的变形特征、刚度退化及能量消耗等，是确定恢复力模型和进行非线性地震反应分析的重要依据。滞回曲线越饱满，表示结构或构件的耗能能力越强。钢结构节点的滞回曲线呈典型的纺锤形，而钢筋混凝土节点的滞回曲线存在明显的捏缩现象，呈倒 S 形。由于 SRC 节点兼具两者的特点，所以，SRC 节点的滞回曲线应介于两者之间。试验中各节点试件的荷载-位移滞回曲线如图 4.1-30 所示。

从图 4.1-30（a）中可以看出，试件 SRCJ-01 在加载初期，刚度变化很小，滞回曲线基本呈直线上升，卸载时的残余变形也很小；随着荷载不断增加直至达到试件屈服（$P = 192.35$kN）时，试件加载点处梁端位移增幅明显大于荷载的增幅，试件的刚度明显减小，此时滞回曲线呈梭形；当荷载达到最大承载力（$P = 242.31$kN）时，梁端位移达到 59.12mm。在之后的几个循环中，试件的刚度迅速降低，梁端位移较大，承载力降低较缓，此时节点区梁端混凝土裂缝宽度不断加大，混凝土基本退出工作，主要由型钢继续承受荷载，滞回环非常饱满，滞回曲线形状接近于纯钢节点，耗能性能良好。

图 4.1-30（b）、（c）、（d）所示分别为试件 SRCJ-02、SRCJ-03 及 SRCJ-04 的荷载-位移滞回曲线。这三种试件在滞回曲线形式上与试件 SRCJ-01 相似，只是由于构造形式不同而略有差异。从图中可以看出，这 3 个试件的滞回环均比较饱满，说明这三种节点形式具有良好的耗能性能。

图 4.1-30（e）所示为试件 RCJ 的滞回曲线，其滞回曲线捏缩明显，滞回环面积非常小，耗能能力较差。

纵观四种型钢混凝土节点试件的滞回曲线，可以看出型钢混凝土节点相比于普通钢筋混凝土节点具有良好的耗能能力及承载力。

（2）骨架曲线

在低周反复荷载作用下，把滞回曲线中每个滞回环的顶点（开始卸载点）连接起来，即可得到节点的骨架曲线。骨架曲线在形状上与单调加载曲线大体相似，但极限荷载略

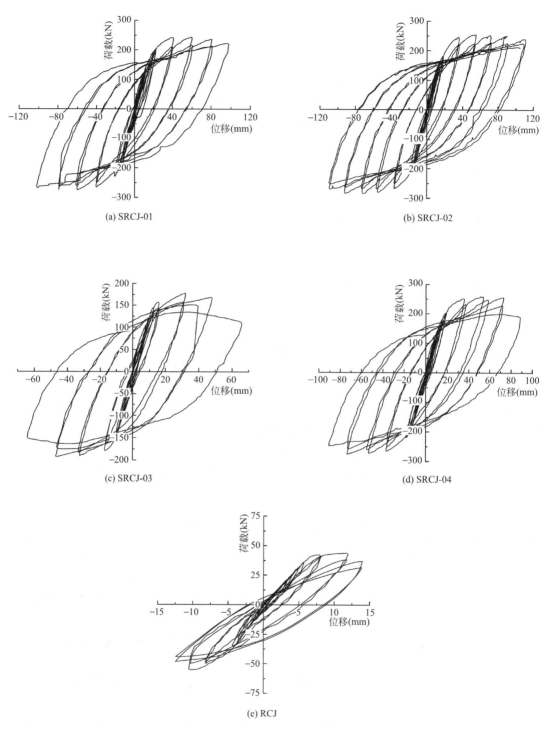

(a) SRCJ-01

(b) SRCJ-02

(c) SRCJ-03

(d) SRCJ-04

(e) RCJ

图 4.1-30 试件的滞回曲线

低。骨架曲线是研究结构或构件非弹性地震反应的重要依据，能够揭示结构或构件在反复荷载作用下不同阶段的力学特征（强度、刚度、延性、耗能能力等）。骨架曲线也是确定结构或构件恢复力模型中特征点（屈服荷载和位移、极限荷载和位移）的重要依据。

图 4.1-31 所示为试验中各试件骨架曲线。从图中可以看出，承载力达到极限后，试件 SRCJ-01、SRCJ-02 曲线下降较平缓。其中，试件 SRCJ-02 的极限位移大于 SRCJ-01，这说明了采用 U 形箍筋的节点在承载力及延性方面可能优于闭合箍筋的节点；试件 SRCJ-03 由于梁型钢过早屈服，导致其承载力较低，并且在延性方面相比于其他 SRC 试件略有不足；SRCJ-04 的承载力较高，延性较好，说明梁柱斜交的节点形式与正交的节点在抗震性能上接近，该节点试件构造合理。

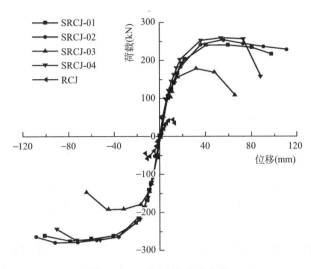

图 4.1-31　各试件骨架曲线

（3）节点核心区剪切变形

影响节点核心区剪切变形的主要因素包括节点核心区的约束程度（核心区的水平箍筋、纵筋、柱的轴压比）、梁纵筋在节点内的锚固情况以及节点名义剪应力的大小。当节点核心区出现初始裂缝之后，节点约束变小，变形发展加剧，变形发展增快，裂缝集中。节点对混凝土约束强，限制了节点核心区剪切变形的发展，剪切破坏较轻。剪切变形对整个结构位移和节点刚度有很大的影响。剪切变形会使荷载-位移滞回环变窄，吸能和耗能能力减小，结构位移加大，故此应控制节点核心区的剪切变形。

试验中，各试件节点核心区荷载-剪切变形曲线对比如图 4.1-32 所示。

由试验结果可以看出，全部 SRC 节点试件的核心区剪切变形始终都很小（梁端破坏时的核心区剪切角一般都大于 2×10^{-3} rad），均不超过 0.06×10^{-2} rad，即节点核心区几乎没有剪切变形，这从试件破坏时的节点核心区没有剪切裂缝的现象也可以看出来。主要原因是柱内的配钢形式为十字形，对核心区混凝土的约束作用非常明显。试验中，4 个 SRC 节点试件的破坏均集中在梁端处，而节点核心区只吸收了非常少的能量，其变形对整个试件的塑性变形影响可以忽略，显示出了"强柱弱梁强节点"的设计原则的合理性。

（4）刚度退化

刚度退化系数是评价结构或构件抗震性能的一个重要指标。在试件开裂前，刚度基本无退化；从裂缝出现到试件屈服，刚度有退化现象；当试件屈服后，其刚度明显退化；之后，随着加载循环次数的增加，试件的刚度退化现象越来越严重。从试验所得的 P-Δ 滞回曲线中可以发现，试件的刚度与位移及循环次数有关，并且不断变化。为了研究结构构

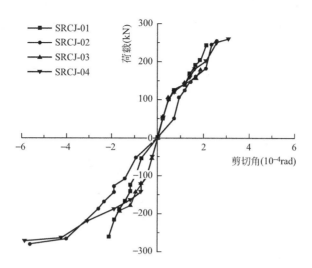

图 4.1-32　节点核心区剪切变形对比

件的地震反应，通常采用割线刚度来代替切线刚度。在拟静力试验中，由于试件不断地重复加载→卸载→反向加载→再卸载这一过程，再加上刚度的退化问题，要比单调加载复杂很多。

通过计算试件各滞回环的刚度，可以得到试件刚度曲线，并分析试件的刚度退化规律。由图 4.1-33 可以看出，在全部 SRCJ 节点试件刚到达屈服后的一段时间内，曲线斜率较大，刚度退化情况较严重；之后，随着位移的不断增加，曲线的斜率越来越小，这表示试件刚度退化速度越来越慢，这使得节点不会因严重的刚度退化而导致梁柱退出工作，能够保证框架结构中塑性铰的产生。图中 4 个 SRCJ 节点试件刚度退化曲线变化趋势相似。其中，试件 SRCJ-02 与 SRCJ-04 的刚度退化曲线始终保持在 SRCJ-01 的曲线之上，这说明采用 U 形箍筋的节点试件在刚度上高于传统型钢混凝土梁柱节点。

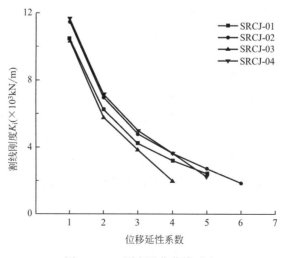

图 4.1-33　刚度退化曲线对比

3. 耗能能力分析

评价结构构件抗震性能优劣的一个重要依据就是耗能性能。假设结构构件在保证一定强度的条件下，具有良好的耗能性能，那么其在地震作用下能够消耗掉作用于结构上的很大一部分能量，可以保证整个结构在地震作用下不至于产生严重的破坏。

（1）等效黏滞阻尼系数

各试件的等效黏滞阻尼系数对比如图 4.1-34 所示。

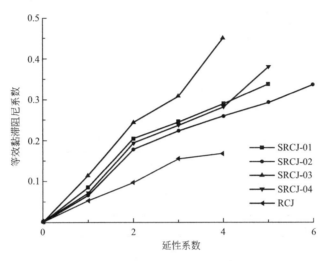

图 4.1-34   等效黏滞阻尼系数对比

由图中可以得到如下结论：

1）全部型钢混凝土试件的等效黏滞阻尼系数均在 0.3 以上，试件 SRCJ-03 最大达到了 0.45，而普通钢筋混凝土梁柱节点的等效黏滞阻尼系数仅为 0.17，型钢混凝土梁柱节点为普通钢筋混凝土节点的 2～3 倍，表明型钢混凝土梁柱节点具有优越的耗能性能，当梁端位移较大、混凝土保护层剥落以后，型钢及其内部核心混凝土仍旧处于良好的工作状态，还能继续消耗地震能量；

2）在试件屈服初期，等效黏滞阻尼系数较小，梁端塑性铰吸收能量较少，试件产生较少的残余变形；随着荷载增加与位移加大，试件的等效黏滞阻尼系数不断增加，此时梁端塑性铰吸收了较多的地震能量；

3）试件 SRCJ-01 相比于 SRCJ-02 在梁型钢腹板有一定的削弱，故 SRCJ-01 梁端的塑性铰较 SRCJ-02 提前形成，在试件屈服以后，SRCJ-01 能够吸收较多能量，但是在延性上相比于 SRCJ-02 略有不足；

4）试件 SRCJ-03 的梁型钢腹板削弱最严重，其塑性铰最先出现，耗能性能在全部型钢混凝土节点中最好。

（2）延性系数

延性是指结构、构件、材料在初始强度没有明显下降情况下的非弹性变形（或反复弹塑性变形）的能力。将所有结构均设计为依靠强度来抵抗当地的基本抗震设防烈度或罕遇地震的作用，显然是不经济的，因此结构的抗震应主要利用结构屈服后的塑性变形来消耗地震能量。反映结构或构件在屈服后的变形能力的方法有很多种，如位移延性系数

Δ_u/Δ_y、曲率延性系数 φ_u/φ_y 或转角延性系数 θ_u/θ_y 等。

梁柱节点的研究一般只考虑构件的延性，构件的延性是指构件在承载力没有显著下降的情况下承受变形的能力，通常用位移延性系数来表示。

试验中全部试件的位移延性系数 μ 列于表 4.1-7。

表 4.1-7

试件的位移延性系数

试件编号		屈服位移 Δ_y(mm)	破坏位移 Δ_u(mm)	位移延性系数 μ	位移延性系数平均值
SRCJ-01	下	22.14	97.37	4.40	4.65
	上	20.78	101.89	4.90	
SRCJ-02	下	18.27	111.30	6.09	6.93
	上	14.05	109.20	7.77	
SRCJ-03	下	12.34	65.62	5.32	5.93
	上	9.79	63.91	6.53	
SRCJ-04	下	18.17	88.20	4.85	4.96
	上	17.84	90.51	5.07	
RCJ	下	4.86	13.71	2.82	2.87
	上	4.25	12.43	2.92	

从表 4.1-7 中可以看出，型钢混凝土节点试件的位移延性系数平均值均超过了 4.5，试件 SRCJ-02 最大，为 6.93，最小的 SRCJ-01 也达到了 4.65。这说明在试件屈服以后，型钢混凝土梁柱节点具有良好的变形能力，其主要原因是当试件屈服以后，梁端混凝土开裂加剧，受拉钢筋屈服，此时变形主要由梁内型钢承担，型钢良好的塑性变形能力得到了充分的发挥，可以避免结构发生脆性破坏，保证构件维持在塑性工作状态。

4. 关键位置应变分析

（1）梁端纵筋应变

图 4.1-35 所示为各试件梁端纵筋荷载-应变关系曲线。其中，由于试验中的一些偶然因素导致 SRCJ-02 与 SRCJ-04 的梁端纵筋应变片损坏，故只列出了其他 3 个试件的梁端纵筋荷载-应变关系曲线。

从图中可以看出，各试件在加载过程中节点处梁端纵筋的应变值均超过了材料力学性能试验中所测得的梁纵筋屈服应变值（$2000\mu\varepsilon$），说明各试件梁端纵筋均已屈服；在加载初期，所测得的应变值均很小，当荷载达到屈服荷载时，梁端纵筋的应变值迅速增加，均超过了屈服应变；之后，荷载继续增加，梁纵筋的变形不断加大，使得大部分应变片超过了量程，此时的读数已失效。

（2）试件 SRCJ-02 中 U 形箍筋应变

图 4.1-36 所示为试件 SRCJ-02 中节点核心区 U 形箍筋的荷载-应变关系曲线。

从图中可以看出，在加载初期，试件 SRCJ-02 中节点核心区 U 形箍筋的应变变化很小；随着荷载不断加大至试件屈服，箍筋的应变始终保持很小的变化；试件的位移越来越大，传递至节点核心区的剪力也不断增大，但是箍筋的应变最大值仅为 $307\mu\varepsilon$，远小于箍筋的屈服应变，这表明 U 形箍筋在整个加载过程中始终处于弹性工作阶段，节点区大部

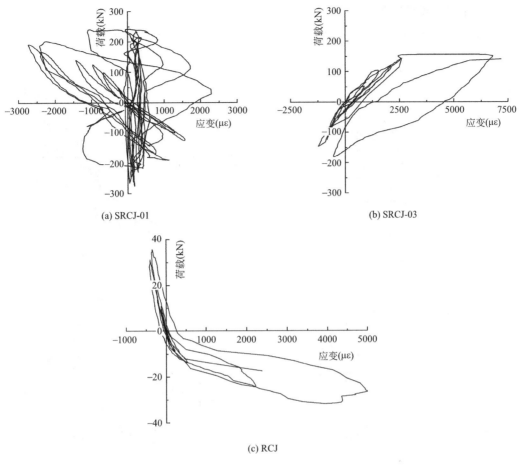

(a) SRCJ-01

(b) SRCJ-03

(c) RCJ

图 4.1-35　梁端纵筋荷载-应变关系曲线

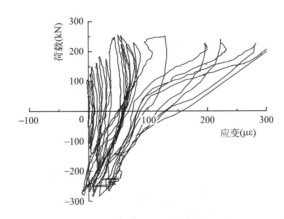

图 4.1-36　SRCJ-02 中 U 形箍筋荷载-应变关系曲线

分剪力由柱内型钢腹板承担。由于试件在破坏时，节点核心区并没有剪切斜裂缝出现，说明此时节点核心区的 U 形箍筋仍可以较好地约束核心区的混凝土，能够有效抑制节点核心区斜裂缝的产生，减小了混凝土的剪切变形，可知核心区采用 U 形箍筋替代水平闭合箍筋的构造是合理、可行的。

（3）梁型钢翼缘应变

图 4.1-37 所示为各型钢混凝土试件梁端处型钢翼缘的荷载-应变关系曲线。

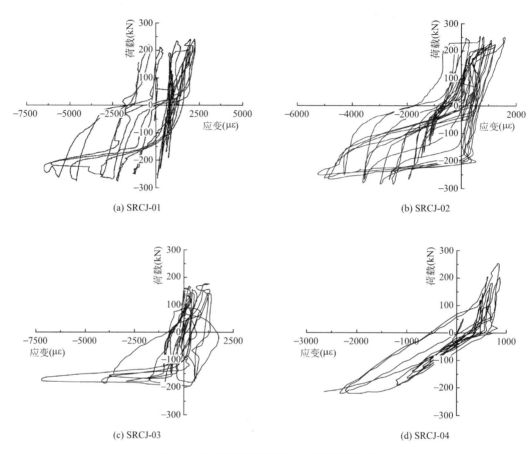

(a) SRCJ-01

(b) SRCJ-02

(c) SRCJ-03

(d) SRCJ-04

图 4.1-37　梁型钢翼缘荷载-应变关系曲线

从图中可以看出，当各试件处于弹性工作阶段时，梁型钢翼缘应变值均较小，发展趋势大体相同；随着荷载的不断增加，应变值也有所变化；当试件屈服后，在荷载增加较小的情况下应变迅速发展，此时每个试件的梁端型钢翼缘处的应变均超过了 12mm 厚钢板材料力学性能试验中所测得的屈服应变，表明型钢翼缘屈服，梁端出现塑性铰。

（4）试件 SRCJ-03 三角形加劲肋应变

图 4.1-38 所示为 SRCJ-03 三角形加劲肋荷载-应变关系曲线。

从图中可以看出，当试件 SRCJ-03 处于弹性工作阶段时，三角形加劲肋的应变始终保持在一个较小的变化范围，处于弹性范围；当荷载达到试件的屈服荷载时，三角形加劲肋的应变急剧增长，应变超过了 $2000\mu\varepsilon$，已经屈服；继续施加荷载至试件破坏，此时三角形加劲肋已经完全屈服，已经丧失承载能力。可以得出结论，试件 SRCJ-03 的三角形加劲肋在加载过程中完全发挥了其材料性能，可以通过增加其钢板厚度来进一步提高试件 SRCJ-03 节点形式的承载能力及延性。

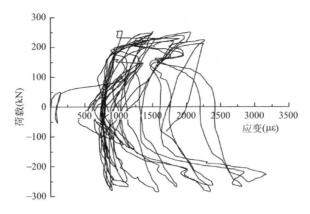

图 4.1-38 SRCJ-03 三角形加劲肋荷载-应变关系曲线

4.1.3 型钢混凝土梁柱边节点的非线性有限元分析

采用 ABAQUS 对所进行试验的五种节点形式建立数值模型，进行有限元分析。以 SRCJ-02 和 SRCJ-03 为原型，通过改变参数，研究梁型钢翼缘宽厚比、腹板高厚比及 SRCJ-03 中三角形加劲肋对节点抗震性能的影响，并将试验结果与有限元计算结果对比分析。

1. 模型的建立

建立的有限元模型与试验的节点试件在尺寸、配筋、配钢等方面保持一致。有限元模型的建立过程主要包括：单元类型的选择、材料本构模型、边界条件、加载方式等。

（1）单元类型选择

1）混凝土。采用 8 节点六面体线性减缩积分单元（C3D8R）来模拟混凝土单元，C3D8R 单元有 8 个节点，每个节点有 3 个平动自由度，如图 4.1-39 所示。采用该种单元类型具有下列优点：能够以较小的代价得到理想的结果；对位移的求解结果较精确；网格存在扭曲变形时，分析精度不会受到大的影响；在弯曲荷载下不容易发生剪切自锁。

2）型钢。采用 4 节点四边形有限薄膜应变线性减缩积分壳单元（S4R）。单元有 4 个节点，在每一节点处有 6 个自由度（3 个平动自由度和 3 个转动自由度），壳单元的横截面特性可以由沿厚度方向的数值积分确定。单元几何模型如图 4.1-40 所示。

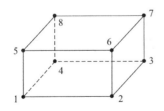

图 4.1-39　C3D8R 单元几何模型

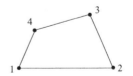

图 4.1-40　S4R 单元几何模型

3）钢筋。采用了 2 节点线性三维桁架单元（T3D2）。

（2）材料本构模型

ABAQUS 的材料库允许模拟绝大多数的工程材料，包括金属、塑料、橡胶、泡沫塑料、复合材料、颗粒状土壤、岩石以及素混凝土和钢筋混凝土。

1）混凝土。混凝土的本构模型采用损伤塑性模型（Concrete damaged plasticity）。损伤塑性模型可用于单向加载、循环加载以及动态加载等情况，具有较好的收敛性。图 4.1-41 所示为混凝土损伤塑性模型示意图。

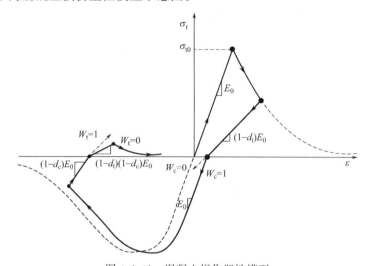

图 4.1-41　混凝土损伤塑性模型

E_0—初始弹性模量；d_t—受拉损伤因子；d_c—受压损伤因子；W_c—受压刚度恢复因子；
W_t—受拉刚度恢复因子；σ_{t0}—弹性极限拉应力

混凝土损伤塑性模型的材料参数可以通过对实测混凝土立方体试块的应力-应变曲线数据进行处理而得到。

2）型钢及钢筋。型钢及钢筋的本构模型采用金属塑性材料本构模型，如图 4.1-42 所示。该模型包括弹性斜率和塑性斜率，拉压采用相同的本构关系，采用 Von-Mises 屈服准则，硬化法则为等强硬化。参数输入时需要将根据型钢及钢筋拉伸试验所测得的应力-应变关系曲线进行处理，将总应变转换成为塑性应变。

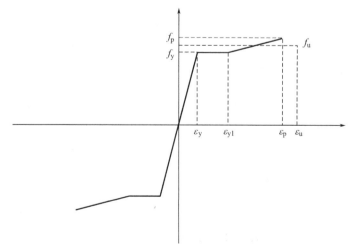

图 4.1-42　钢材的本构模型

f_y—钢材屈服应力；ε_y—钢材屈服应变；ε_{y1}—钢材平直段结束时应变；ε_p—钢材塑性应变；
f_p—钢材塑性应变为 ε_p 时对应的应力；ε_u—钢材极限应变；f_u—钢材达到极限应变时的应力

（3）创建分析步

在 ABAQUS 软件的 Step 模块中创建两个分析步：Step-Pressure 和 Step-Load。Step-Pressure 用来模拟柱顶轴压力的施加，Step-Load 用来模拟在梁端施加的荷载。

（4）相互作用

由于试验中的型钢混凝土柱处于中低轴压比的工作状态下，并且钢材的泊松比大于混凝土的泊松比，导致混凝土受到型钢的挤压而不易与之产生相对滑动，同时节点区的型钢翼缘框对混凝土有较强的约束作用，根据国内外的试验研究结果，直至破坏，节点区混凝土与型钢仍能够较好地共同工作，忽略节点区混凝土与型钢之间的粘结滑移。在建模过程中，将钢筋部分及型钢部分通过 Embedded Region 命令嵌入混凝土中，使其共同受力变形。

（5）荷载及边界条件

在 Step-Pressure 分析步中，通过 Pressure 在柱顶施加单位面积荷载，并延伸至第二分析步 Step-Load 中。在 Step-Load 分析步中，采用位移控制的加载方式在梁端施加反复荷载。

有限元模型的边界条件应与试验中保持一致。在有限元模型中，首先在 Step-Pressure 分析步中约束柱顶两个水平方向的平移自由度及绕柱轴线、梁轴线的转动自由度；同时，约束柱底三个方向的平移自由度及绕柱轴线、梁轴线的转动自由度，并且延伸至 Step-Load 分析步中。试件模型边界条件及加载方式如图 4.1-43 所示。

图 4.1-43　试件模型边界条件及加载方式

（6）网格划分

根据现有的研究成果，当单元形状采用 Quad（二维区域）和 Hex（三维区域）时，可以用较小的计算代价得到较高的精度。

1）混凝土。由于混凝土几何形状较整齐，故采用 Hex（完全六面体）单元，通过 Structured（结构化网格）的划分技术划分网格，网格尺寸为 50mm。

2）型钢。由于箍筋孔洞的存在，导致型钢无法采用 Quad 单元，故将有孔洞区域分割出去，将其他部分采用 Quad 单元，在箍筋孔洞处采用 Tri（三角形）单元，网格尺寸为 50mm。

3）钢筋。网格尺寸 100mm。

网格划分如图 4.1-44 所示。

（7）求解控制

ABAQUS 由两个主要的分析模块组成：ABAQUS/Standard 和 ABAQUS/Explicit。

ABAQUS/Standard 是一个通用分析模块，它能够求解广泛领域的线性和非线性问题，包括静力、动力、构件的热和电响应等问题。在每一个求解增量步（increment）中，ABAQUS/Standard 隐式地求解方程组。ABAQUS/Standard 提供并行的稀疏矩阵求解器，对各种大规模计算问题都能十分可靠地快速求解。

ABAQUS/Explicit 是一个具有专门用途的分析模块，采用显式动力学有限元格式。

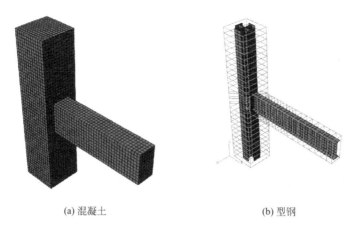

(a) 混凝土   (b) 型钢

图 4.1-44　网格划分

它适用于模拟短暂、瞬时的动态事件，如冲击和爆炸问题；此外，它对处理改变接触条件的高度非线性问题也非常有效，例如，模拟成型问题。它的求解方法是在时间域中以很小的时间增量步向前推出结果，而无需在每一个增量步求解耦合的方程系统，或者生成总体刚度矩阵。

由于试验的梁端往复加载的周期远远小于试件的基本自振周期，故分析采用ABAQUS/Standard 隐式求解器进行求解。

2. 有限元计算结果与试验结果的对比分析

（1）梁端荷载-位移曲线

图 4.1-45 所示为试验结果与有限元计算结果对比，表 4.1-8 为试验与模拟极限承载力对比。可以看出试验骨架曲线与有限元计算的骨架曲线在加载初期能够较好吻合，模拟的试件刚度值略大于试验值；随着荷载的不断加大，在屈服荷载前后误差较大。总体来说，除 RCJ 外，其他型钢混凝土节点模拟与试验结果较吻合，模拟出的荷载值与刚度均大于试验值，并且试件屈服及荷载达到峰值的位移也有所不同。

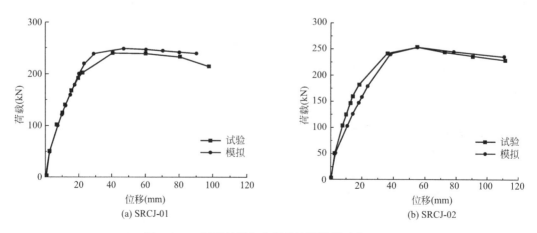

(a) SRCJ-01   (b) SRCJ-02

图 4.1-45　试验结果与有限元计算结果对比（一）

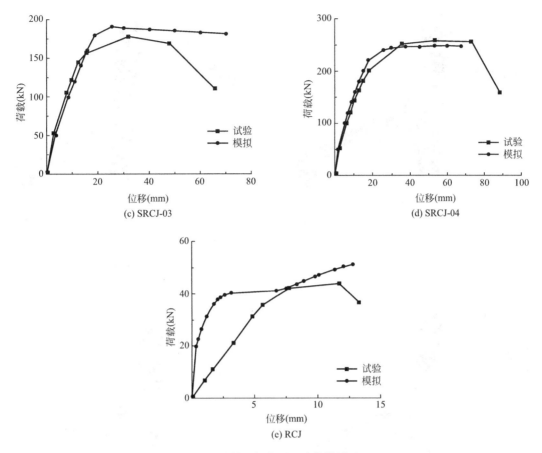

图 4.1-45　试验结果与有限元计算结果对比（二）

试验与模拟极限承载力对比　　　　　　表 4.1-8

试件编号	试验值(kN)	模拟值(kN)	误差
SRCJ-01	242.31	249.37	2.91%
SRCJ-02	253.90	253.10	0.32%
SRCJ-03	177.59	190.33	7.17%
SRCJ-04	258.73	247.50	4.34%
RCJ	43.74	51.04	16.69%

现将可能导致上述结果的原因总结如下：

1）试验中试件的边界条件不可避免地会与模拟中的边界条件存在差异；

2）混凝土与型钢、钢筋之间存在粘结滑移，而模拟中无法定量考虑粘结滑移的存在；

3）试件存在初始缺陷，导致加载点与试件中心线无法保持在同一平面内，导致试验时梁发生了轻微的扭转，对试验结果产生了一定的影响；

4）混凝土的非均质性导致了其在模拟中本构模型选取上存在较大的困难。

（2）型钢应力分布

图 4.1-46 为模拟出的各试件型钢部分 Mises 应力云图。

(a) SRCJ-01

(b) SRCJ-02

(c) SRCJ-03

(d) SRCJ-04

图 4.1-46　试件型钢部分 Mises 应力云图

可以看出，各试件梁型钢端部的应力最大，达到并超过了钢材的屈服强度，柱型钢腹板处的应力仍处于弹性工作状态，仍能承受剪力。上述结果与试验结果基本保持一致，节点区均保持完好，试件均发生了梁端塑性铰破坏形式。

（3）混凝土开裂

ABAQUS 中无法直接查看混凝土裂缝的开展状态，只能够通过如图 4.1-47 所示的方式表示裂缝的方向，裂缝的法向矢量与其最大主塑性应变方向平行，可以通过后处理显示塑性应变矢量图的方法来查看裂缝。

从图中可以看出，模拟结果中的混凝土开裂位置主要集中在节点区的梁根部混凝土处，这与试验结果相吻合，能够证明有限元模拟可以较准确地确定混凝土开裂位置。

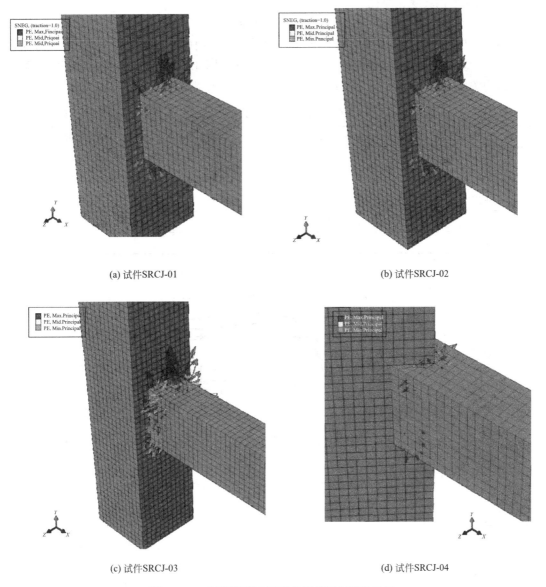

(a) 试件SRCJ-01　　　　　　　　　　　　　(b) 试件SRCJ-02

(c) 试件SRCJ-03　　　　　　　　　　　　　(d) 试件SRCJ-04

图 4.1-47　试件混凝土开裂位置模拟与试验比较

（4）分析总结

通过以上分析，可以看出有限元软件进行模拟计算的结果与试验结果基本吻合，除普通钢筋混凝土试件外，其他型钢混凝土试件的承载力误差均可控制在10%以内，准确性较好。故可以认为使用ABAQUS软件对型钢混凝土梁柱节点进行有限元分析具有可靠性与可行性，可以在后续分析中进行更深层次的研究。

3. 抗震性能影响因素的分析

（1）SRCJ-02抗震性能影响因素的分析

由试验结果可以看出，SRCJ-02的破坏形式为梁端出现塑性铰。因此，通过改变梁型钢翼缘宽厚比及腹板高厚比，来分析讨论这两个因素对SRCJ-02抗震性能的影响。

1）梁的型钢翼缘宽厚比

在有限元中，通过设置不同梁型钢翼缘的宽厚比，考察 SRCJ-02 试件的承载力性能及抗震性能的变化。不同翼缘宽厚比的各试件编号及梁型钢尺寸见表 4.1-9，图 4.1-48 所示为不同翼缘宽厚比的试件 SRCJ-02 的骨架曲线对比，图 4.1-49 为 SRCJ-02 型钢翼缘宽度与承载力关系，图 4.1-50 为 SRCJ-02 型钢翼缘厚度与承载力关系。

试件编号	梁型钢(mm)	翼缘宽厚比	含钢率
SRCJ-02	H300×150×10×12	12.5	4.24%
SRCJ-02-01	H300×120×10×12	10	3.76%
SRCJ-02-02	H300×180×10×12	15	4.72%
SRCJ-02-03	H300×150×10×10	15	3.84%
SRCJ-02-04	H300×150×10×20	7.5	5.84%

SRCJ-02 变换翼缘宽厚比试件参数   表 4.1-9

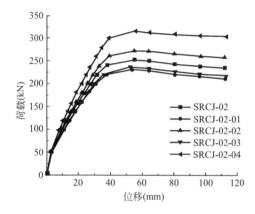

图 4.1-48 不同翼缘宽厚比的试件 SRCJ-02 的骨架曲线对比

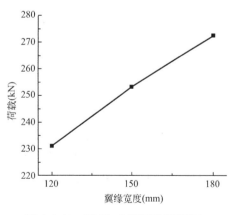

图 4.1-49 SRCJ-02 型钢翼缘宽度与
承载力关系

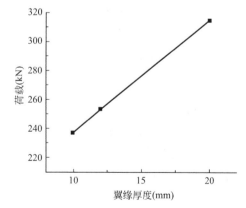

图 4.1-50 SRCJ-02 型钢翼缘厚度与
承载力关系

从图可以看出，具有不同翼缘宽厚比的试件 SRCJ-02 节点形式在荷载达到峰值后，下降段较平缓，显示出了良好的延性性能及变形能力。在承载力方面，翼缘宽度和厚度都可以有效提高试件的极限承载力及刚度。

2）梁型钢腹板高厚比

在有限元中，通过设置不同梁型钢腹板的高厚比，考察 SRCJ-02 试件的承载力性能及抗震性能的变化。不同腹板高厚比的各试件编号及梁型钢尺寸见表 4.1-10，图 4.1-51 所示为不同腹板高厚比 SRCJ-02 的骨架曲线对比，图 4.1-52 为试件 SRCJ-02 腹板厚度与承载力关系，图 4.1-53 为试件 SRCJ-02 含钢率与承载力关系。

			表 4.1-10
SRCJ-02 腹板高厚比试件参数			
试件编号	梁型钢（mm）	腹板高厚比	含钢率
SRCJ-02	H300×150×10×12	27.6	4.24%
SRCJ-02-05	H300×150×08×12	34.5	3.87%
SRCJ-02-06	H300×150×14×12	19.7	4.98%
SRCJ-02-07	H369×150×10×12	34.5	4.71%
SRCJ-02-08	H369×150×14×12	24.6	5.63%

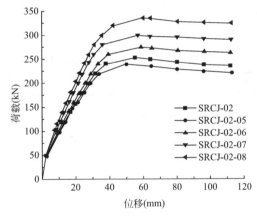

图 4.1-51　不同腹板高厚比 SRCJ-02 的骨架曲线对比

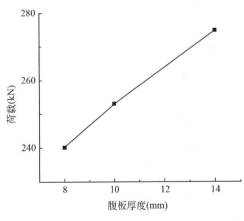

图 4.1-52　试件 SRCJ-02 腹板厚度与承载力关系

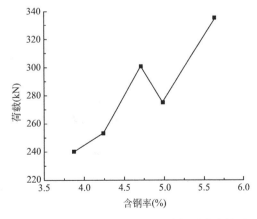

图 4.1-53　试件 SRCJ-02 含钢率与承载力关系

从图中可以看出，在腹板高度保持不变的情况下，腹板厚度的增加能够提高试件的极限承载力。本组试件的型钢翼缘完全相同，翼缘的含钢率是相等的，故整个试件的含钢率可以反映出梁型钢腹板的含钢率，从图 4.1-53 中可以看出，试件的极限承载力并不是随着腹板含钢率的增加而提高的，试件 SRCJ-02-06 的含钢率（4.98%）要高于试件 SRCJ-02-07（4.71%），但是 06 号试件的极限承载力（274.8kN）要低于 07 号试件的极限承载力（300.8kN），由此可以得到并不是型钢腹板的面积越大承载力越高，而是与其高度和厚度有关。

（2）SRCJ-03 抗震性能影响因素的分析

通过改变试件 SRCJ-03 三角形加劲肋的厚度及梁型钢翼缘的宽厚比，建立数值模型，通过分析有限元软件计算的结果，讨论上述两个参数对 SRCJ-03 节点抗震性能的影响。

1）三角形加劲肋厚度

由于试件 SRCJ-03 在梁型钢腹板开了矩形孔洞，需要通过在梁上下翼缘两侧设置三角形加劲肋对其补强。试验结果表明，三角形加劲肋均已屈服，说明三角形加劲肋的厚度对该种节点构造形式的承载力及抗震性能上有一定的影响。通过变换三角形加劲肋的厚度，建立模型，模拟计算，讨论其对节点性能的影响。

不同三角形加劲肋厚度的 SRCJ-03 各试件编号见表 4.1-11。

试件 SRCJ-03 三角形加劲肋厚度 表 4.1-11

试件编号	三角形加劲肋厚度（mm）
SRCJ-03	10
SRCJ-03-01	15
SRCJ-03-02	20
SRCJ-03-03	25
SRCJ-03-04	30

图 4.1-54 所示为不同三角形加劲肋厚度试件 SRCJ-03 骨架曲线对比，图 4.1-55 所示为 SRCJ-03 三角形加劲肋厚度与荷载关系曲线。

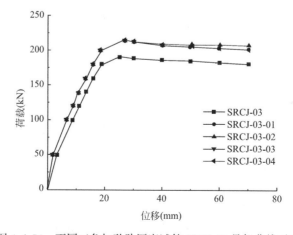

图 4.1-54 不同三角加劲肋厚度试件 SRCJ-03 骨架曲线对比

从图中可以看出，试件 SRCJ-03-01～SRCJ-03-04 的骨架曲线基本重合，说明此时三角形加劲肋厚度对试件的承载力几乎没有影响，相比于加劲肋厚度为 10mm 的 SRCJ-03，其余 3 个试件在承载力上确有提高，建议在采用试件 SRCJ-03 节点构造形式时，加劲肋的厚度宜取为梁型钢腹板厚度的 1.5 倍。

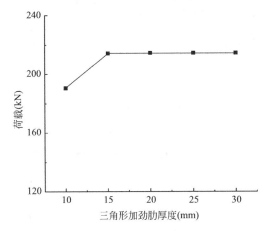

图 4.1-55　SRCJ-03 三角形加劲肋厚度与荷载关系曲线

2）梁型钢翼缘宽厚比

由于梁试验中的梁型钢翼缘均已达到屈服，故更改翼缘的宽度或厚度能够对节点极限承载力和抗震性能产生影响。设计了一组不同翼缘参数试件，通过有限元分析，讨论翼缘宽厚比对节点性能的影响。

不同翼缘宽厚比的 SRCJ-03 各试件编号及梁型钢尺寸见表 4.1-12。

SRCJ-03 变换翼缘宽厚比试件参数　　　　　　　　　　　　表 4.1-12

试件编号	梁型钢(mm)	翼缘宽厚比	含钢率
SRCJ-03	H300×150×10×12	12.5	4.24%
SRCJ-03-05	H300×120×10×12	10	3.76%
SRCJ-03-06	H300×180×10×12	15	4.72%
SRCJ-03-07	H300×150×10×10	15	3.84%
SRCJ-03-08	H300×150×10×20	7.5	5.84%

图 4.1-56 所示为不同翼缘宽厚比试件 SRCJ-03 骨架曲线对比，图 4.1-57 所示为 SRCJ-03 梁型钢翼缘宽度与荷载关系曲线，图 4.1-58 所示为梁型钢翼缘厚度与荷载关系曲线。

从图中可以看出，提高梁型钢翼缘的厚度能够有效提高试件 SRCJ-03 的极限承载力及刚度，08 号试件的翼缘厚度比原始试件的厚度提升了 66.7%，极限承载力提升了 49.3%；同时增加翼缘宽度也能够起到增加试件极限承载力的作用，06 号试件翼缘宽度比原始试件提升了 20%，极限承载力提升了 20.7%。上述结果说明，在设计试件 SRCJ-03 构造形式的节点时，可以通过提升翼缘宽度和厚度来提高节点承载力，同时从经济方面考虑，提升翼缘宽度更能有效地提高节点承载力。

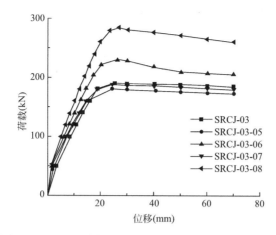

图 4.1-56　不同翼缘宽厚比试件 SRCJ-03 骨架曲线对比

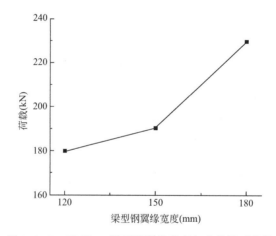

图 4.1-57　SRCJ-03 梁型钢翼缘宽度与荷载关系曲线

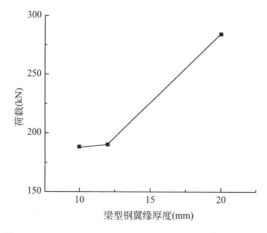

图 4.1-58　SRCJ-03 梁型钢翼缘厚度与荷载关系曲线

混合结构体系梁柱和梁墙节点抗震性能研究与应用

4.1.4 小结

通过对 4 个型钢混凝土梁柱节点以及 1 个普通钢筋混凝土梁柱节点进行低周反复荷载作用下的试验，得到了型钢混凝土梁柱节点的破坏形态、P-Δ 滞回曲线以及骨架曲线等，分析了型钢混凝土梁柱节点的承载能力、刚度退化、耗能性能、延性系数等特性，并且通过有限元软件对 5 个节点试件进行了模拟计算，同时通过变换试件参数研究了梁型钢配置情况对 SRCJ-02 和 SRCJ-03 的力学性能的影响。通过上述研究，得出如下结论：

（1）试验中全部 4 个型钢混凝土试件均为梁端出现塑性铰破坏，而节点区在整个试验过程中始终保持完好，混凝土没有开裂，剪切变形很小，能够满足"强柱弱梁强节点"的抗震设计原则。

（2）相比于普通钢筋混凝土，型钢混凝土梁柱节点的滞回曲线非常饱满，没有明显的捏缩现象，显示出了型钢混凝土梁柱节点具有良好的延性性能及耗能能力；与普通钢筋混凝土节点相比，型钢混凝土梁柱节点的骨架曲线具有较长且平缓的下降段，当位移较大时具有良好的延性。

（3）试验中，型钢混凝土梁柱节点的等效黏滞阻尼系数均超过了 0.3，而普通钢筋混凝土梁柱节点仅为 0.17，由此可以证明型钢混凝土梁柱节点具有优越的耗能能力。

（4）全部型钢混凝土梁柱节点试件在屈服后的刚度退化速度呈下降趋势，强度衰减情况并不明显，没有出现承载力迅速下降的情况。

（5）全部型钢混凝土梁柱节点试件在达到屈服状态后，转角明显加大，能够产生很大的转角，表明梁端出现了塑性铰，并且能够通过塑性铰的产生和转动来消耗地震作用带来的能量，充分发挥了材料的延性，保证了试件具有很好的塑性及转动性能，避免了节点区遭到破坏。

（6）试验中全部试件的节点核心区剪切角都很小，节点核心区几乎没有剪切变形，而变形主要集中在梁端，说明了节点核心区只吸收了较少部分的能量，其变形对整个试件的塑性变形影响很小，实现了"强节点"的设计原则，有利于结构抗震。

（7）试件 SRCJ-02 在节点核心区采用了 4 个 U 形箍筋代替闭合箍筋，这使得梁型钢腹板免去开孔，避免了削弱。试验结果证明，在节点核心区采用 U 形箍筋代替闭合箍筋的构造是合理可行的，使得梁柱节点具有优于传统型钢筋混凝土节点形式的抗震性能并且能够简化施工工序、保证工程质量，能够应用于实际工程；试件 SRCJ-03 在承载力方面略有不足，但是等效黏滞阻尼系数高于其他节点形式，同时也解决了箍筋穿腹板的难题，在此建议，可以通过适当改进该节点构造，提高其承载力，使其可以应用于工程实际；试件 SRCJ-04 采用了梁柱斜交的节点形式，延性及耗能能力等方面与 SRCJ-01 相近，证明了该种节点形式构造合理，可以应用于实际工程。

（8）通过有限元的模拟计算，改变梁型钢翼缘高厚比对节点性能能够产生影响，在翼缘宽度保持不变的情况下，试件的承载力及刚度随着宽厚比的增加而降低；当翼缘厚度保持不变，试件的承载力及刚度随着翼缘宽度的增加而提高；当翼缘宽厚比相同时，翼缘宽度越大，其抗弯刚度越大，承载力越高。根据有限元模拟的结果，建议在设计中采用该种形式的节点时，三角形加劲肋的厚度宜取为梁型钢腹板厚度的 1.5 倍。

4.2 "弱柱强梁"的梁柱节点试验与分析

4.2.1 试验研究

1. 试验目的

在地震灾区中，很多框架结构建筑物的破坏都是梁柱节点破坏，节点部分一般都承载着很大的轴向力，所以一旦节点破坏很可能导致结构整体的倒塌。节点除了竖向轴向力外，还有梁传来的弯矩与剪力，处于压、弯、剪的复合应力状态，受力很复杂，一般来说，节点核心区的破坏属于脆性的剪切破坏。

为了研究框架节点的破坏形态，国内外的大量试验均采用了柱端加往复荷载和梁端加往复荷载两种试验方法，结合试验室的具体情况，采用了柱端施加固定荷载（轴压力）、梁端施加往复荷载的试验方案。试验从以下几个方面进行研究：

1）研究型钢混凝土框架中间层边节点试件在低周往复荷载作用下的破坏模式、承载能力及抗震性能。

2）测量混凝土的裂缝分布、型钢的应变、箍板的应变及箍筋的应变，进而分析在试件的加载过程中的弹性阶段、弹塑性阶段和塑性阶段混凝土、型钢、箍板及钢筋对节点抗剪的贡献。

3）通过测量梁端 P-Δ 滞回曲线，进而得到试件的刚度退化规律、延性及骨架曲线等一系列参数。

2. 试验方案

（1）试件设计原则

在实际工程中框架的设计原则是"强柱弱梁、强剪弱弯、强节点、强锚固"，这样就会产生梁端的延性破坏。但本次试验是研究、分析节点核心区的破坏机理、受力性能，破坏位置选择在节点核心区，所以构件的设计原则为"强梁弱柱"。

（2）试件的形式和尺寸

根据节点形式的不同，共设计型钢混凝土梁柱节点五组，试件编号为 SRCJ-01～SRCJ-05，每组 3 个（编号用后缀 A、B、C 区分）。具体形式见表 4.2-1。

试件编号 表 4.2-1

节点编号	节点构造
SRCJ-01	梁型钢腹板开孔,柱箍筋从孔中穿过
SRCJ-02	节点核心区用箍板代替箍筋,箍板位于型钢梁上下翼缘中间
SRCJ-03	节点核心区及上、下的一小部分由箍板代替箍筋
SRCJ-04	节点区上下有箍板,核心区没有箍筋
SRCJ-05	节点区箍筋采用 U 形箍筋代替封闭

《高层建筑钢-混凝土混合结构设计规程》CECS 230—2008 中规定：型钢混凝土构件中的板件厚度不应小于 6mm。试件采用"强梁弱柱"原则制作，各试件中配置的型

钢尺寸相同，柱中型钢为焊接十字形，尺寸为 350mm×150mm×6mm×14mm，含钢率为 4.70%，梁中型钢尺寸为 300mm×150mm×25mm×30mm，含钢率为 8.74%。因为试验采用梁端加载的试验方案，故混凝土梁和型钢梁之间的滑移趋势会很大，所以在型钢梁的上翼缘布置栓钉，间距 200mm。试验在箍板上开矩形孔，主要原因是做到与对比件节点核心区等含钢率并使箍板内外混凝土共同工作。按规范要求，结合实际设计出各试件的配筋形式，见表 4.2-2。

试件配筋 表 4.2-2

	纵筋	纵筋配筋率	箍筋	箍筋配筋率
梁	4Φ20	0.732%	Φ14@60/120	1.55%/0.777%
柱	4Φ20	0.612%	Φ14@60/120	0.986%/0.493%

试件 SRCJ-01、SRCJ-02、SRCJ-03 的尺寸如图 4.2-1 所示，试件型钢尺寸及试件配筋图如图 4.2-2 所示，试件型钢及构造三维 BIM 效果图如图 4.2-3 所示。

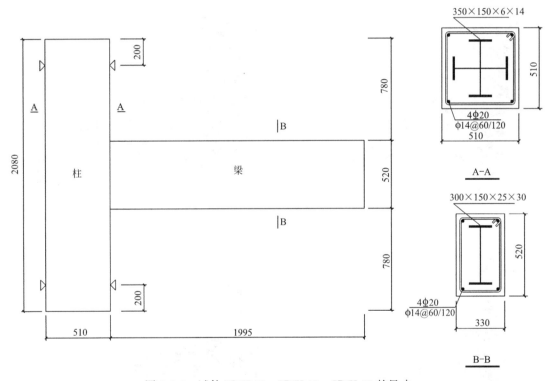

图 4.2-1　试件 SRCJ-01、SRCJ-02、SRCJ-03 的尺寸

（3）试件制作

试件制作的详细过程如图 4.2-4～图 4.2-7 所示。

（4）材料力学性能

试验型钢选用的钢板为 Q345 级钢，梁、柱中全部受力纵筋及箍筋选用 HRB335 级钢筋。钢板及钢筋力学性能指标见表 4.2-3。

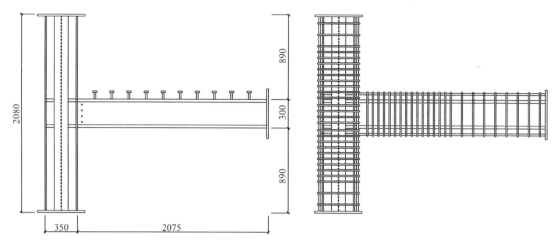

图 4.2-2 试件型钢尺寸及试件配筋图

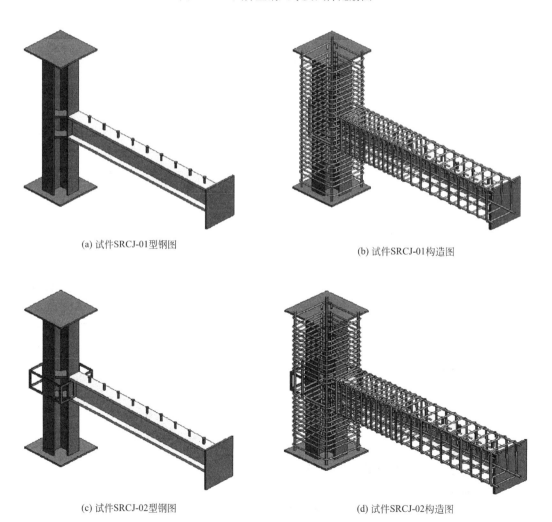

(a) 试件SRCJ-01型钢图

(b) 试件SRCJ-01构造图

(c) 试件SRCJ-02型钢图

(d) 试件SRCJ-02构造图

图 4.2-3 试件型钢及构造三维 BIM 效果图（一）

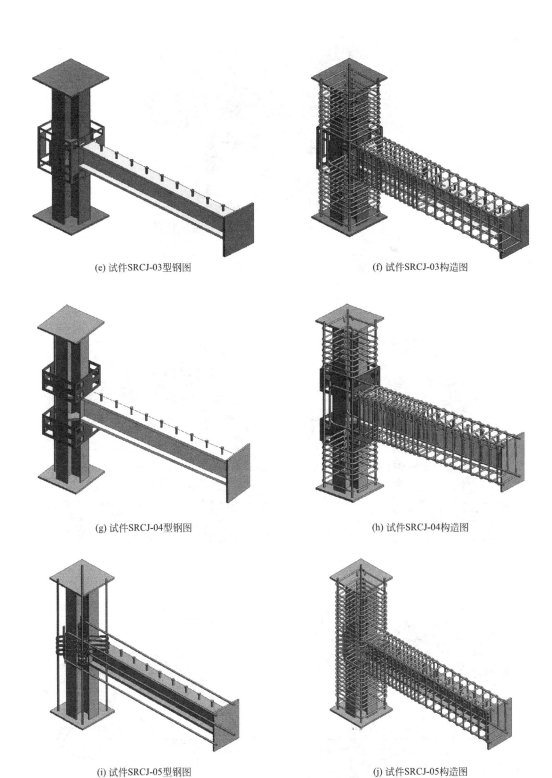

(e) 试件SRCJ-03型钢图

(f) 试件SRCJ-03构造图

(g) 试件SRCJ-04型钢图

(h) 试件SRCJ-04构造图

(i) 试件SRCJ-05型钢图

(j) 试件SRCJ-05构造图

图 4.2-3　试件型钢及构造三维 BIM 效果图（二）

图 4.2-4　试件型钢部分

图 4.2-5　试件钢筋绑扎

图 4.2-6　试件成型

图 4.2-7　混凝土试块

| | | | 钢板及钢筋力学性能指标 | | | 表 4.2-3 |

钢板及钢筋力学性能指标   表 4.2-3

钢筋、钢板规格	屈服强度 f_y (N/mm²)	极限强度 f_u (N/mm²)	弹性模量 E_s ($\times 10^5$ N/mm²)
6mm 钢板	425	490	2.02
14mm 钢板	340	500	2.04
25mm 钢板	325	510	2.05
30mm 钢板	325	525	2.08
φ14 箍筋	375	595	1.94
φ20 纵筋	435	610	1.96

混凝土强度等级为 C30，商品混凝土，混凝土力学性能见表 4.2-4。

混凝土力学性能表   表 4.2-4

试件编号	立方体抗压强度 $f_{cu,k}$ (N/mm²)	轴心抗压强度 f_{ck} (N/mm²)	轴心抗拉强度 f_{tk} (N/mm²)	弹性模量 E_c ($\times 10^4$ N/mm²)
SRCJ-01	50.91	32.94	3.16	3.47
SRCJ-02	51.42	33.27	3.18	3.48
SRCJ-03	51.41	33.27	3.18	3.48
SRCJ-04	51.42	33.27	3.18	3.48
SRCJ-05	51.41	33.27	3.18	3.48

（5）柱轴压力的确定

本次试验中，试件 $A_c = 247872\text{mm}^2$，$A_{ss} = 12228\text{mm}^2$，$f_c = 14.3\text{N/mm}^2$，$f_{ssy} = 310\text{N/mm}^2$。为了能够使试验更接近工程实际，应尽量采用较大的轴压比。但由于试验室的实际条件的限制，故试验的轴压比选定为 $n = 0.32$，根据式（4.1-1）和式（4.1-2），所需轴压力为：

$$N = n \times (f_c A_c + f_{ssy} A_{ss}) = 0.32 \times (14.3 \times 247872 + 310 \times 12228) = 2347279\text{N}$$

（6）试验量测内容及测点布置

试验量测内容如下：

1）梁端的荷载及位移；

2）节点核心区在往复荷载作用下的剪切变形；

3）型钢上布置应变花来测量复杂应力下的型钢的应变；

4）型钢上布置应变片来测量在单向拉压作用下的型钢的应变值；

5）箍板上布置应变花来测量箍板在复杂应力下的应变；

6）纵筋和箍筋上布置应变片来测量钢筋的应变值；

7）混凝土上布置应变片来测量混凝土的应变；

8）记录混凝土的开裂荷载及裂缝的发展方向。

测点布置如图 4.2-8～图 4.2-15 所示。

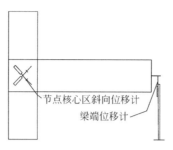

图 4.2-8 位移计布置图

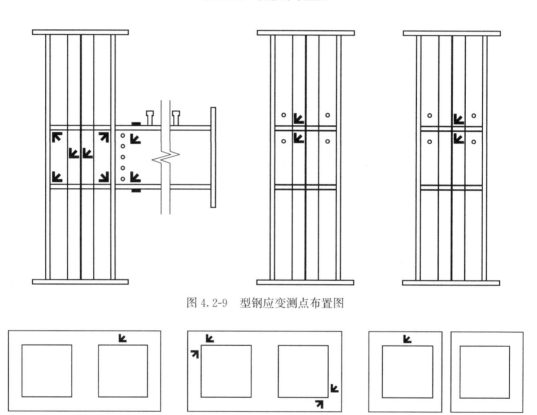

图 4.2-9 型钢应变测点布置图

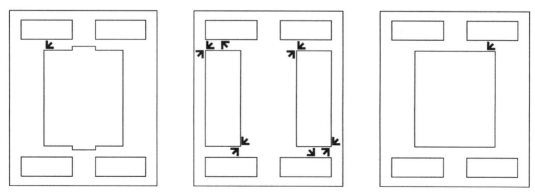

图 4.2-10 试件 SRCJ-02 箍板应变测点布置图

图 4.2-11 试件 SRCJ-03 箍板应变测点布置图

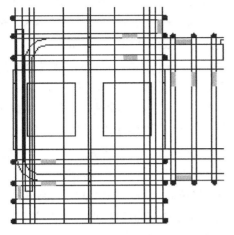

图 4.2-12　试件 SRCJ-02 钢筋应变测点布置图

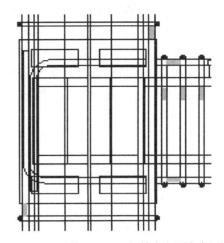

图 4.2-13　试件 SRCJ-03 钢筋应变测点布置图

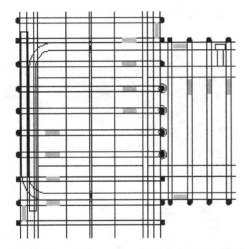

图 4.2-14　试件 SRCJ-01 钢筋应变测点布置图

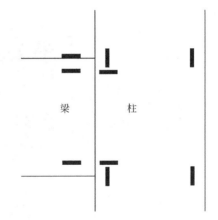

图 4.2-15　试件混凝土应变测点布置图

3. 试验现象

SRCJ-01～SRCJ-05 每组 3 个试件的试验现象大体类似，为了节省篇幅，每组取其 3 个试件中的 1 个详细描述试验现象。

（1）试件 SRCJ-01 的破坏过程

试件 SRCJ-01 的轴压力加载完毕，开始施加梁端往复荷载，第一次循环为±50kN，此时梁固端根部无明显变化。继续加载到约 100kN 时，梁固端有细微的混凝土劈裂声，当加载到 100.2kN 时，梁固端出现两条极细的混凝土竖向裂缝，反向加载到－100kN 时混凝土出现细微的劈裂声，当加载到－100.8kN 时在梁固端发现两条极细的混凝土竖向裂缝。进入第三次循环（±150kN），梁固端出现新的裂缝，梁固端根部裂缝变长，并且在节点核心区首先观察到一条水平裂缝。进入第四次循环（±200kN），梁上出现新的弯曲裂缝，旧的裂缝不断加宽变长。进入第五次循环（±250kN），节点核心区中部出现斜向的细裂缝，梁上不断出现新裂缝，旧裂缝不断发展。进入第六次循环（±300kN），节点核心区出现大量交叉斜裂缝，梁不断出现新裂缝，以梁固端根部最宽。进入第七次循环

（±350kN），梁固端根部竖向裂缝达到 5mm 左右，加载至 350.1kN 时，试件的滞回曲线上升趋势平缓，出现明显的拐点，试件屈服，位移为 35mm。反向加载至 350.9kN，试件在反方向也出现了屈服，此时位移为 34mm。此试件的屈服位移为 $\Delta_y = 35$mm。

试件屈服以后，梁端加载按照位移控制，每级位移荷载为两个循环。梁端荷载进入 $\pm 1\Delta_y$ 的循环，梁固端根部混凝土剥落，裂缝宽度以梁固端根部最大，达 5mm 左右，而试件的其他位置裂缝宽度均在 1mm 左右，节点核心区的斜裂缝继续延长。继续加载至正方向 $1.5\Delta_y$ 时梁端出现三条裂缝，但以梁固端根部的竖向裂缝最为明显，反向加载至 $-1.5\Delta_y$ 过程中始终有很大的钢筋拉伸强化的声音，梁端出现两条裂缝，达 7mm 左右，承载力明显下降。继续加载至正向 $2\Delta_y$ 时，梁端承载力并无下降，反向加载至 $-2\Delta_y$ 时钢筋断裂，承载力下降。加载至正向 $2.5\Delta_y$，节点核心区靠近梁的一侧出现竖向裂缝，宽度约为 2cm。继续加载，进入 $\pm 3\Delta_y$ 的循环，梁固端混凝土破坏非常严重，试件完全破坏，结束试验。

试件 SRCJ-01 的破坏过程如图 4.2-16 所示，SRCJ-01 的其他两个试件破坏过程大体类似，在这里不赘述，屈服荷载、最大荷载、屈服位移、破坏位移、塑性极限转角见 4.2.2 节中表 4.2-5。

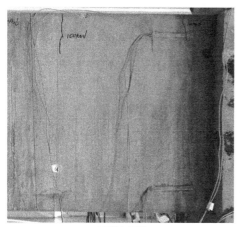

(a) 梁上初裂

(b) 节点核心区初裂

(c) 试件正向屈服

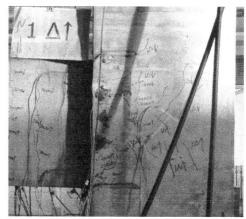

(d) 试件反向屈服

图 4.2-16　试件 SRCJ-01 的破坏过程图（一）

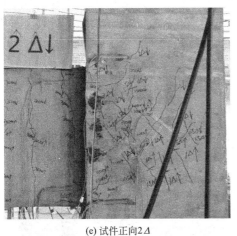
(e) 试件正向2Δ

(f) 试件反向2Δ

(g) 试件正向3Δ

(h) 试件反向3Δ

图 4.2-16   试件 SRCJ-01 的破坏过程图（二）

（2）试件 SRCJ-02 的破坏过程

加载至第七次循环之前，试件 SRCJ-02 的试验现象跟 SRCJ-01 相似。进入第七次循环（±350kN），节点核心区不断出现新的斜向裂缝，旧的裂缝不断发展，布满了节点核心区，但宽度均不大，梁固端根部的竖向裂缝达 5mm 左右。进入八次循环（±400kN），加载至 400kN 时，试件的滞回曲线上升趋势平缓，出现明显的拐点，试件在正方向屈服，位移为 39mm。反向加载至 400.9kN，试件在反方向屈服，此时位移为 39mm。此试件的屈服位移为 $\Delta_y = 39mm$。

试件屈服以后，梁端荷载进入 ±1Δ$_y$ 循环，梁固端根部混凝土轻微剥落，裂缝宽度以梁固端根部最大，达到 5mm 左右，而试件的其他位置裂缝宽度均在 1mm 左右，节点核心区的斜裂缝继续延长。加载至正方向 1.5Δ$_y$ 时，梁端出现三条裂缝，出现很大的钢筋拉伸强化声音，反向加载 1.5Δ$_y$，梁端出现两条裂缝，仍然以梁根部裂缝最为明显，达到 7mm 左右，并伴随着承载力的明显下降。加载至正向 2Δ$_y$ 时，混凝土小块剥落，梁固端根部裂缝达到 1cm 左右，反向加载至 −2Δ$_y$ 钢筋断裂，混凝土大块剥落。继续加载，至

$3\Delta_y$ 时，梁固端混凝土破坏非常严重，此时试件完全破坏，结束试验。试件 SRCJ-02 的破坏过程如图 4.2-17 所示，屈服荷载、最大荷载、屈服位移、破坏位移、塑性极限转角见 4.2.2 节中表 4.2-5。

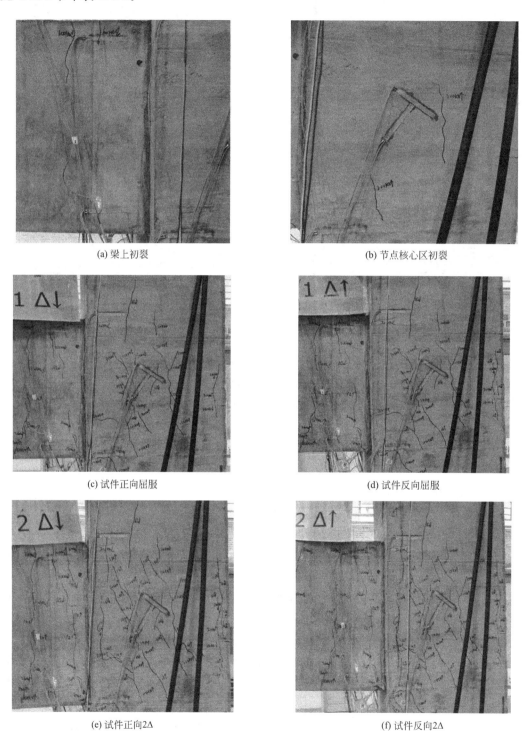

(a) 梁上初裂

(b) 节点核心区初裂

(c) 试件正向屈服

(d) 试件反向屈服

(e) 试件正向2Δ

(f) 试件反向2Δ

图 4.2-17　试件 SRCJ-02 的破坏过程图（一）

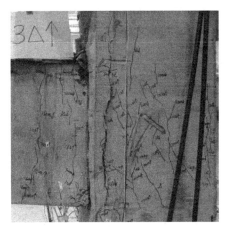

(g) 试件正向3Δ   (h) 试件反向3Δ

图 4.2-17   试件 SRCJ-02 的破坏过程图（二）

（3）试件 SRCJ-03 的破坏过程

加载至第七次循环之前，试件 SRCJ-03 的试验现象跟 SRCJ-01 相似。进入第七次循环（±350kN），节点核心区不断出现新的斜向裂缝，旧的裂缝不断发展，布满了节点核心区，但宽度均不大，梁固端根部的竖向裂缝达 5mm 左右。进入八次循环（±400kN），试件屈服，屈服位移为 $\Delta_y=35mm$。

试件屈服以后，梁端荷载进入±1Δ_y 循环，此时梁固端根部的混凝土轻微剥落，裂缝以梁固端根部最大，宽度达 3mm 左右，而试件的其他位置裂缝宽度均在 1mm 左右，节点核心区的斜裂缝交叉贯通。进入±1.5Δ_y 的循环，梁固端根部竖向裂缝宽度约为 7mm，承载力明显下降。反向加载至−2Δ_y，钢筋断裂，承载力下降。加载至 3Δ_y 时，梁固端混凝土破坏非常严重，裂缝以梁根部及节点核心区斜向裂缝最为明显，此时试件破坏，结束试验。试件 SRCJ-03 的破坏过程如图 4.2-18 所示，屈服荷载、最大荷载、屈服位移、破坏位移、塑性极限转角见 4.2.2 节中表 4.2-5。

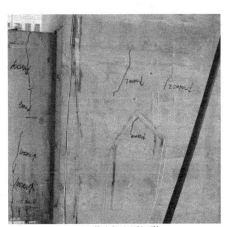

(a) 梁上初裂   (b) 节点核心区初裂

图 4.2-18   试件 SRCJ-03 的破坏过程图（一）

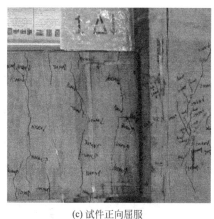

(c) 试件正向屈服　　　　　　　　　　　　　　　　(d) 试件反向屈服

(e) 试件正向2Δ　　　　　　　　　　　　　　　　　(f) 试件反向2Δ

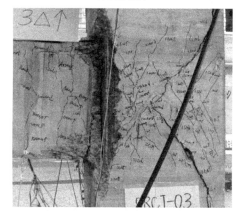

(g) 试件正向3Δ　　　　　　　　　　　　　　　　　(h) 试件反向3Δ

图 4.2-18　试件 SRCJ-03 的破坏过程图（二）

（4）试件 SRCJ-04 的破坏过程

第三循环加载至正向 150.64kN 时，梁上出现新的细小裂缝，节点核心区与梁端齐平处出现一条细小的水平裂缝，长度约为 10cm，宽度约为 0.1mm，反向加载至 154.32kN 时，梁上先前出现的裂缝闭合，核心区没有出现新的裂缝。加载至第四循环（±200kN），梁上不断出现新的弯曲裂缝，原有裂缝也在加宽、变长。

第五循环中，正向加载至253.31kN时，梁上不断有新的裂缝出现，并且第一条竖向裂缝贯通，节点处柱子上出现第一条沿着对角线方向的裂缝，裂缝宽度约为0.1mm。反向加载至254.62kN时，柱子上出现第二条裂缝，与第一条裂缝垂直，宽度约为0.1mm。

加载至第七循环时，荷载-位移滞回曲线的上升段有平缓的趋势，认为此时试件达到屈服，正向加载时，屈服荷载$P_y=384.23$kN，屈服位移$\Delta_y=37.64$mm，反向加载时，屈服荷载$P_y=377.58$kN，屈服位移$\Delta_y=35.75$mm。此时，梁上多条弯曲裂缝已经贯通，梁固端裂缝宽度大约为5mm，节点核心区柱子上出现多条斜裂缝并不断向两端延伸。

位移加载至±36mm，节点处梁端根部的裂缝宽度不断加大，节点区柱子上不断有沿着对角线方向的裂缝出现，原有裂缝也在继续加宽。在节点核心区上下20cm范围内，即箍板所在区域内，柱子上出现放射状的裂缝，说明混凝土被压碎。第二级位移加载为±54mm，节点区柱子上的斜裂缝与竖向裂缝贯通，裂缝宽度不断加大，宽度约为3mm，梁柱连接处的混凝土出现起皮。第三级位移加载为±72mm，梁柱交界处的混凝土出现脱落，裂缝宽度继续加大，第四级位移为±90mm，节点区的混凝土大块脱落，柱子的箍筋与纵筋外露，柱子的上下箍板出现明显的外鼓，试件的承载力出现明显的下降，可以认为试件已经破坏，试验结束。试件的破坏形式为节点区剪切斜压破坏，破坏过程迅速，属于脆性破坏，延性较差。

SRCJ-04的主要测量数据见4.2.2节中表4.2-5，试件SRCJ-04的破坏形态如图4.2-19所示。

(a) 梁端破坏形态

(b) 节点核心区破坏形态

图4.2-19　试件SRCJ-04的破坏形态

（5）试件SRCJ-05的破坏过程

加载第一循环中，加载至50kN时，试件没有出现裂缝，卸载至零。第二循环中，正向加载至105.43kN时，节点处梁端上部的混凝土出现第一条竖向裂缝，裂缝宽度约为0.1mm，卸载至零，然后反向加载至106.52kN时，梁端下部混凝土出现第一条竖向裂缝，裂缝宽度约为0.1mm，卸载至零。第三循环加载至正向150.64kN时，梁上出现新的细小裂缝，节点核心区与梁端齐平处出现一条细小的水平裂缝，长度约为10cm，宽度约为

0.1mm，反向加载至154.32kN时，梁上先前出现的裂缝闭合，核心区没有出现新的裂缝。加载至第四循环（±200kN），梁上不断出现新的弯曲裂缝，原有裂缝也在加宽、变长。

第五循环中，正向加载至250.31kN时，梁上不断有新的裂缝出现，并且第一条竖向裂缝已经贯通，节点处柱子上出现第一条沿着对角线方向的裂缝，裂缝宽度约为0.1mm。反向加载至256.62kN时，柱子上出现第二条裂缝，大体与第一条裂缝垂直，宽度约为0.1mm。

加载至第七循环时，荷载-位移滞回曲线的上升段有平缓的趋势，可以认为此时试件已经达到屈服，正向加载时屈服荷载 $P_y=403.36$kN，屈服位移 $\Delta_y=37.64$mm，反向加载时，屈服荷载 $P_y=390.58$kN，屈服位移 $\Delta_y=36.75$mm。此时，梁上多条裂缝已经贯通，裂缝宽度加大，节点核心区柱子上出现多条斜裂缝并不断向两端延伸。

接下来采用位移控制的方式继续加载。第一级位移加载为±36mm，节点处梁端根部的裂缝宽度不断加大，节点区柱子上不断有沿着对角线方向的裂缝出现，原有裂缝也在继续加宽。第二级位移加载为±54mm，节点区柱子上的斜裂缝与竖向裂缝贯通，裂缝宽度不断加大，宽度约为3mm，第三级位移加载为±72mm，梁柱交界处的混凝土出现脱落，裂缝宽度继续加大，整个试验过程中都有响声。第四级位移为±90mm，节点区的混凝土大块脱落，核心区柱子的U形筋与纵筋外露，试件的承载力出现明显的下降，可以认为试件已经破坏，试验结束。试件的破坏形式为节点核心区剪切斜压破坏，破坏过程迅速，属于脆性破坏，延性较差。

SRCJ-05的主要测量数据见4.2.2节中表4.2-5，试件SRCJ-05的破坏形态如图4.2-20所示。

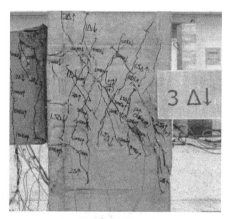

(a) 梁端破坏形态　　　　　　　　　　　　　　(b) 节点核心区破坏形态

图4.2-20　试件SRCJ-05的破坏形态

由各试件的破坏现象得出，试验大体经历了四个阶段，弹性阶段、带裂缝工作阶段、极限阶段和破坏阶段。试件的破坏形态为节点核心区剪切斜压破坏，属于脆性破坏。

4.2.2 型钢混凝土梁柱节点抗震性能的理论分析

1. 试件的承载力分析

（1）试件承载力

试件在各阶段的荷载值、位移值见表4.2-5，由表4.2-5可以看出，五种试件的屈服荷载和最大荷载相差不大，可以看出在节点核心区用箍板代替箍筋的措施对梁柱节点的屈服荷载和最大荷载均无明显的影响。

试件在各阶段的荷载值、位移值　　　　　　　　　　　　　表 4.2-5

试件编号	屈服荷载 (kN,平均值)	屈服位移 (mm,平均值)	最大荷载 (kN,平均值)	破坏位移 (mm,平均值)	塑性极限 转角(平均值)
SRCJ-01	383.61	36	441.03	58.40	0.0474
SRCJ-02	394.07	37	438.03	59.26	0.0511
SRCJ-03	403.73	34.67	463.43	55.12	0.0474
SRCJ-04	385.06	35.68	434.5	51.24	—
SRCJ-05	392.06	36.33	471.76	69.21	—

注：表中数值为每组 3 个试件的平均值。

（2）强度衰减

强度衰减也是抗震性能的一个重要体现。通常用在位移控制下第 n 次循环的最大荷载与第一次循环时的最大荷载的比值 $P_{\max n}/P_{\max 1}$ 来表示强度衰减，试件强度衰减曲线如图 4.2-21 所示。

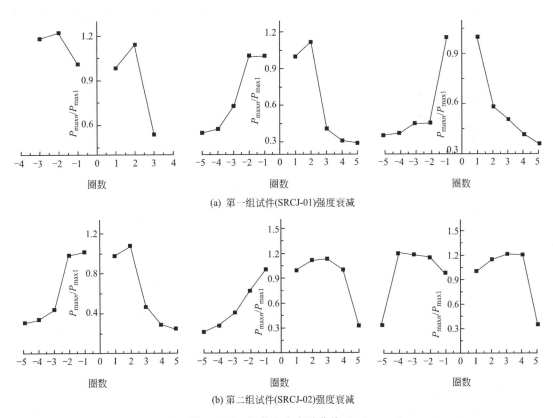

(a) 第一组试件(SRCJ-01)强度衰减

(b) 第二组试件(SRCJ-02)强度衰减

图 4.2-21　试件强度衰减曲线（一）

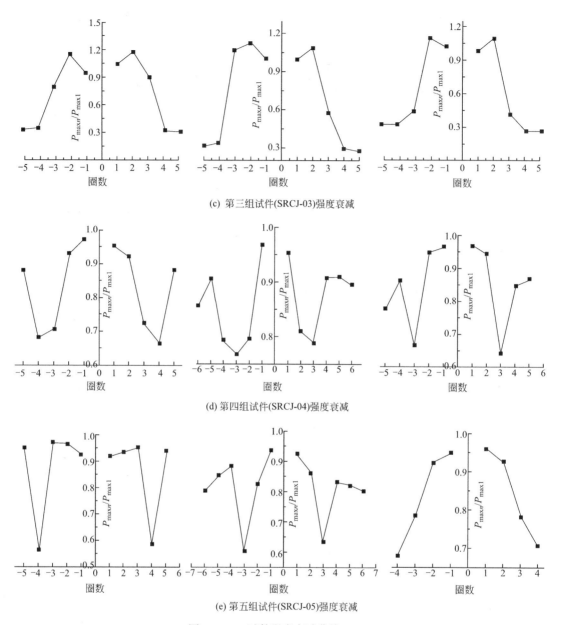

(c) 第三组试件(SRCJ-03)强度衰减

(d) 第四组试件(SRCJ-04)强度衰减

(e) 第五组试件(SRCJ-05)强度衰减

图 4.2-21   试件强度衰减曲线（二）

由图 4.2-21 可知，试件屈服后承载力下降较快，之后强度衰减放缓，主要原因是试件屈服后随着混凝土不断地退出工作，钢筋的拉伸强化，承载力下降很快，之后由于型钢的参与，使得承载力下降放缓。

（3）梁端的 P-Δ 滞回曲线

试件的滞回曲线如图 4.2-22 所示。

1）从各试件的滞回曲线可以看出，因为施加在节点的力为低周反复荷载，所以滞回曲线的形状大体呈对称分布。荷载较小时，力和位移基本呈线性关系，处于弹性工作阶段。

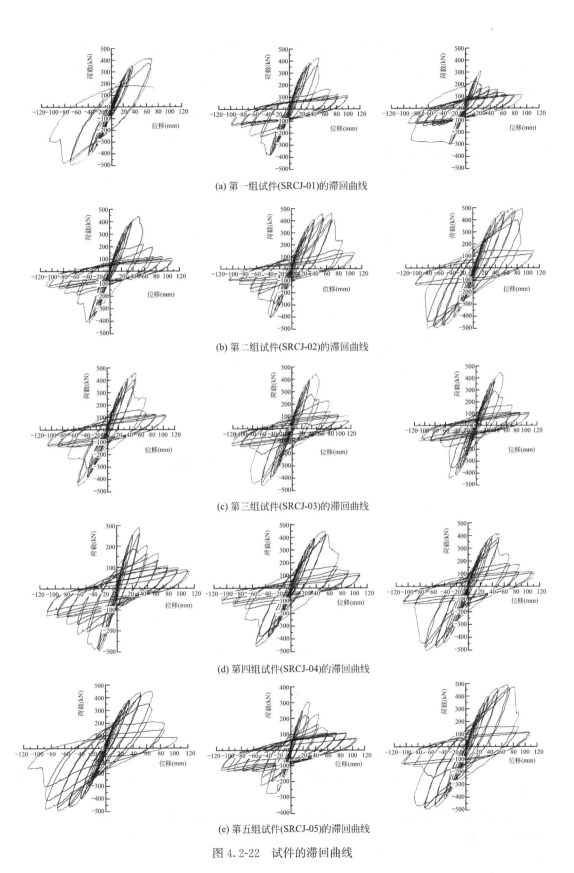

(a) 第一组试件(SRCJ-01)的滞回曲线

(b) 第二组试件(SRCJ-02)的滞回曲线

(c) 第三组试件(SRCJ-03)的滞回曲线

(d) 第四组试件(SRCJ-04)的滞回曲线

(e) 第五组试件(SRCJ-05)的滞回曲线

图 4.2-22　试件的滞回曲线

2）随着荷载的增加和反复，梁上和节点核心区的裂缝也在逐渐增加，滞回曲线不再保持直线而是呈曲线状，并且向位移轴倾斜，随着荷载的继续增加，试件的刚度退化明显，处于弹塑性工作阶段。

3）试件进入位移控制阶段，在同一级位移循环中，第二次位移循环的荷载值比第一次的要低，说明存在强度退化的现象，并且在同一级位移下，滞回曲线包围的面积有所减小，说明试件的耗能能力在逐渐退化。

（4）试件的骨架曲线

试件的骨架曲线如图 4.2-23 所示，由图可知，试件在经过屈服后不久承载力突然下降，经过陡降之后，承载力又趋于平稳，其中第一组试件 SRCJ-01 中的 SRCJ-01-C 由于钢筋性能异常，过早脆断，导致承载力在经过屈服之后陡降，承载力低于其他组的同类试件。

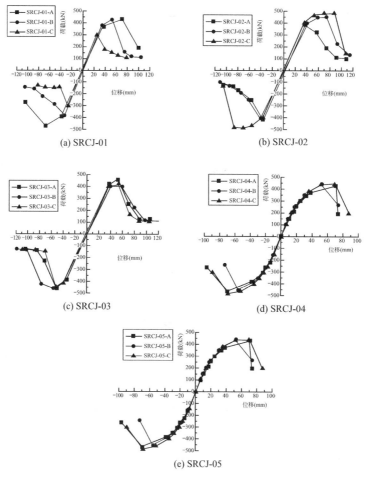

图 4.2-23　试件的骨架曲线

1）型钢混凝土梁柱节点的受力过程大体分为三个阶段：弹性阶段、弹塑性阶段、破坏阶段。

2）试件的骨架曲线达到顶点（极限荷载）以后，出现明显的下降，说明当试件中的型钢达到屈服以后，对节点混凝土的限制作用减弱，导致试件的节点刚度大幅退化，变形能力较差，延性也较差。

（5）试件的刚度退化曲线

试件的刚度退化曲线如图 4.2-24 所示。

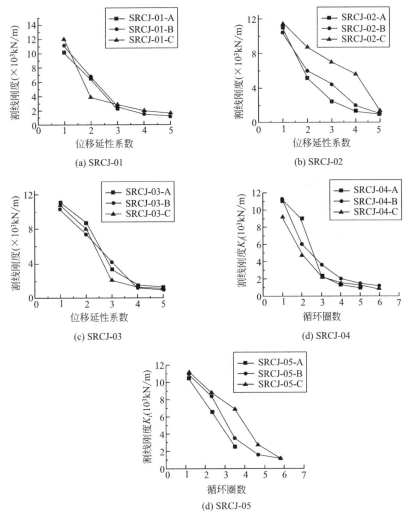

图 4.2-24　试件的刚度退化曲线

由以上各图可以得出，五种节点形式试件的刚度退化曲线走势大体相同，随着位移的增大，试件的刚度出现明显的下降。

试件从屈服阶段到极限阶段的过程中，刚度退化不明显，表明随着位移的增大，试件的承载力也在增大；试件从极限阶段到破坏阶段的过程中，刚度出现明显退化，表明随着位移的增大，试件的承载力出现明显下降，试件达到破坏荷载时，刚度退化最为严重，此时，试件已经不能继续工作。

2. 节点核心区的剪切变形

影响节点核心区剪切变形的主要因素包括节点核心区的约束程度（核心区的水平箍筋、纵筋、柱的轴压比）、梁纵筋在节点内的锚固情况以及节点名义剪应力的大小。当节点核心区出现初始裂缝之后，节点约束变小，变形发展增快，裂缝集中。节点对混凝土约束强，限制了节点核心区剪切变形的发展，剪切破坏较轻。剪切变形对整个结构位移和节点刚度有很大的影响。剪切变形会使荷载-位移滞回环变窄，吸能和耗能能力减小，结构位移加大，故此应控制节点核心区的剪切变形。

本次试验中，第一组～第三组试件节点核心区荷载-剪切变形曲线对比如图 4.2-25 所示。

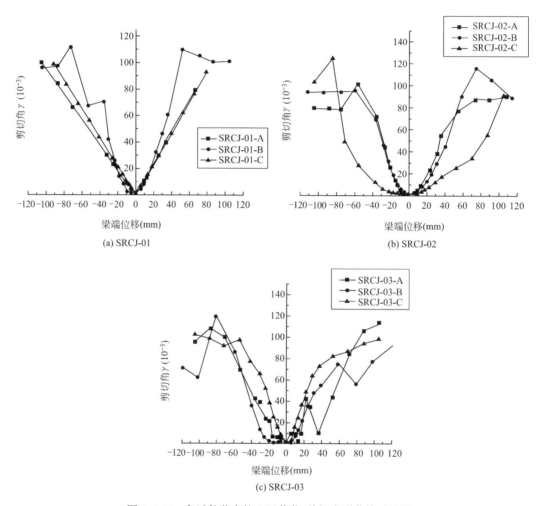

图 4.2-25　各试件节点核心区荷载-剪切变形曲线对比图

由图 4.2-25 可知，在试验的加载初期，随着梁端位移的增加，节点核心区的剪切变形增长很快，但在加载到 2～3Δ 过程中，剪切变形不再增长或降低，主要原因是此时梁端破坏严重，混凝土裂缝很大，而试件的变形主要集中在此处。节点核心区最大剪切角在 5°～6°。

3. 试件的耗能能力

采用等效黏滞阻尼系数（h_e）与延性系数（μ）来评价结构或构件的耗能能力。

（1）延性

本次试验中试件的位移延性系数列于表 4.2-6。

试件编号	屈服位移(平均值) Δ_y(mm)	破坏位移(平均值) Δ_u(mm)	位移延性系数 μ(平均值)
SRCJ-01	36.00	58.40	1.62
SRCJ-02	37.00	59.26	1.60
SRCJ-03	34.67	55.12	1.59

试件的位移延性系数　　　　　　　表 4.2-6

由表可知,前三组试件的位移延性系数相差不多,且延性均很差,说明节点核心区的破坏为脆性破坏。

(2) 等效黏滞阻尼系数

在反复荷载作用下,滞回环的面积受到强度和刚度退化的影响,为表达这一特性,Celebl 和 Penzien 于 1974 年在研究中提出了等效黏滞阻尼系数 (h_e),试件等效黏滞阻尼系数对比如图 4.2-26 所示。

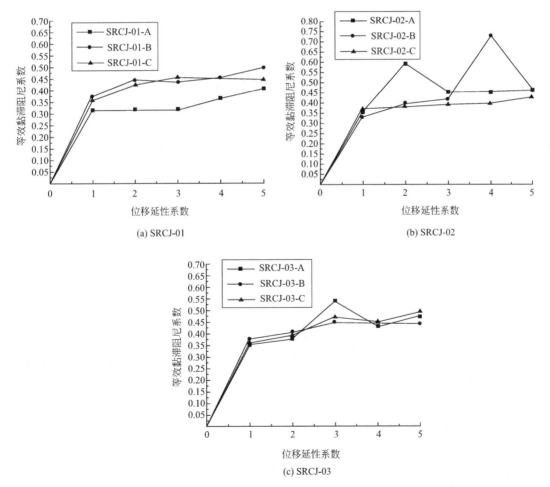

(a) SRCJ-01

(b) SRCJ-02

(c) SRCJ-03

图 4.2-26　试件等效黏滞阻尼系数对比图

由图 4.2-26 可知,三种试件的等效黏滞阻尼系数均在 0.5 以上,而普通钢筋混凝土梁柱节点的等效黏滞阻尼系数为 0.17，说明型钢混凝土梁柱节点均有优良的耗能能力。

4. 关键位置应变分析

（1）梁端纵筋及型钢翼缘应变

试件梁端纵筋、型钢翼缘应变-梁端位移曲线如图 4.2-27 所示。

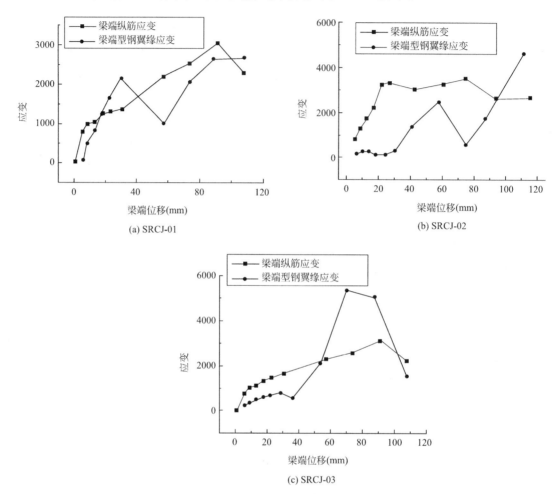

(a) SRCJ-01

(b) SRCJ-02

(c) SRCJ-03

图 4.2-27　试件梁端纵筋、型钢翼缘应变-梁端位移曲线

由以上各图可知，在试验的加载初期，梁端纵筋首先受力，应变急剧增大，随着钢筋的不断拉伸，梁端型钢翼缘的应变也开始增大。随着梁端位移的增大，纵筋进一步拉伸强化，最后达到极限拉应变退出工作，而梁端型钢成为承受梁端弯矩的唯一抗力元件，应变急剧增大，直到试件破坏。

（2）试件 SRCJ-01 节点核心区箍筋和型钢腹板应变

试件 SRCJ-01 节点核心区柱型钢腹板和箍筋应变-梁端位移曲线如图 4.2-28 所示，试件 SRCJ-01 节点核心区柱型钢腹板的主应变及角度如图 4.2-29 所示。

由图 4.2-28 可以看出，试验加载初期，节点核心区柱型钢腹板应变开始增大，而此时节点区箍筋应变很小，可以看出此时节点核心区柱型钢腹板成为节点核心区抗剪的主要元件。随着梁端位移的增加，型钢应变继续增大，并在节点核心区的中部首先达到

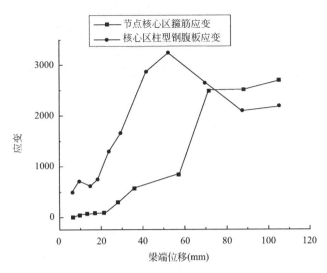

图 4.2-28　试件 SRCJ-01 节点核心区柱型钢腹板和箍筋应变-梁端位移曲线

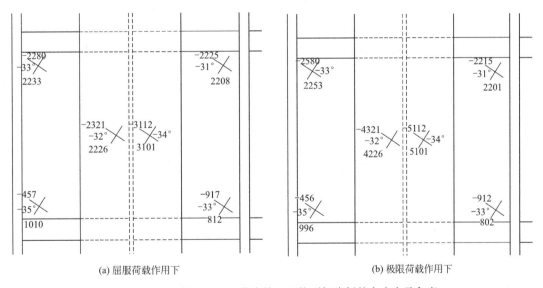

(a) 屈服荷载作用下　　　　　　　　　　(b) 极限荷载作用下

图 4.2-29　试件 SRCJ-01 节点核心区柱型钢腹板的主应变及角度

屈服，之后屈服域向周围扩散。随着试件的进一步破坏，节点核心区混凝土裂缝不断增多，节点核心区箍筋开始对开裂的混凝土产生约束，此时箍筋中的应力也开始不断增大。由此可以看出节点核心区的主要抗剪元件是柱型钢腹板和混凝土，而箍筋只占很少部分，并且只在试件破坏的中后期起到约束混凝土和柱纵筋的作用。节点核心区混凝土产生斜裂缝后被分割为几个"斜压杆"。由图 4.2-29 可以看出在试件达到屈服荷载时，柱型钢腹板的中心位置最小主应变超过钢板单向拉伸的屈服应变（钢板屈服应变为 $2200\mu\varepsilon$），极限荷载时绝大部分柱型钢腹板的最小主应变超过钢板单向拉伸的屈服应变（钢板屈服应变为 $2200\mu\varepsilon$）且节点核心区柱型钢腹板处于二向拉压状态，主应变方向在 $-31°\sim-34°$ 之间。

（3）试件 SRCJ-02 节点核心区箍板和型钢腹板应变

试件 SRCJ-02 节点核心区柱型钢腹板和箍板应变-梁端位移曲线如图 4.2-30 所示，试件 SRCJ-02 屈服荷载作用下核心区柱型钢腹板及箍板的主应变及角度如图 4.2-31 所示，试件 SRCJ-02 极限荷载作用下核心区柱型钢腹板及箍板的主应变及角度如图 4.2-32 所示。

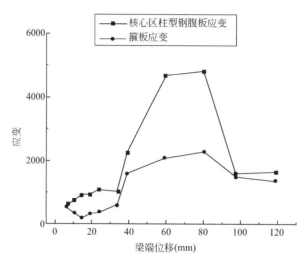

图 4.2-30　试件 SRCJ-02 节点核心区柱型钢腹板和箍板应变-梁端位移曲线

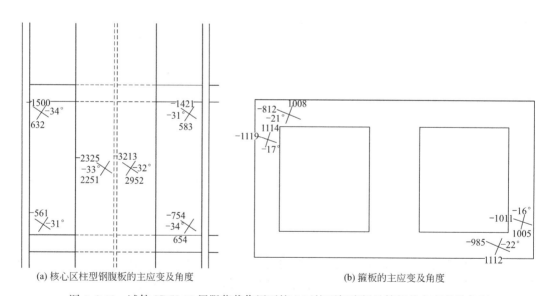

(a) 核心区柱型钢腹板的主应变及角度　　　　　　(b) 箍板的主应变及角度

图 4.2-31　试件 SRCJ-02 屈服荷载作用下核心区柱型钢腹板及箍板的主应变及角度

由以上各图可以看出，SRCJ-02 和 SRCJ-01 类似，在试验加载初期，柱型钢腹板主要承受传至节点核心区的剪力，箍板和箍筋的作用类似，在试验的中后期起到约束核心区混凝土和柱纵筋的作用。当达到屈服荷载时柱型钢腹板的中心位置的最小主应变超过钢板单向拉伸的屈服应变（钢板屈服应变为 $2200\mu\varepsilon$），此时箍板的折算应变未达到屈服。达到极限荷载时节点核心区绝大部分的柱型钢腹板最小主应变超过钢板单向拉伸的屈服应变（钢板屈服应变为 $2200\mu\varepsilon$），箍板的局部最小主应变也超过钢板单向拉伸的屈服应变，柱型钢

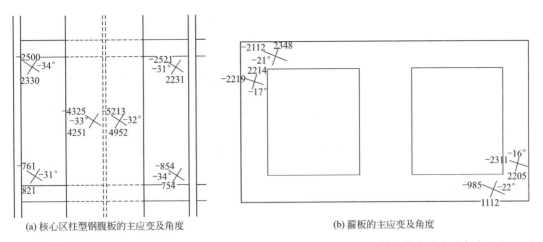

(a) 核心区柱型钢腹板的主应变及角度　　　　　(b) 箍板的主应变及角度

图 4.2-32　试件 SRCJ-02 极限荷载作用下核心区柱型钢腹板及箍板的主应变及角度

腹板承受二向拉压状态，主应变的角度在 $-32°$~$-35°$ 之间。同样在达到极限荷载时箍板也处于二向拉压状态，主应变方向在 $-16°$~$-22°$ 之间。

（4）试件 SRCJ-03 节点核心区箍板和型钢腹板应变

试件 SRCJ-03 节点核心区柱型钢腹板和箍板应变-梁端位移曲线如图 4.2-33 所示，试件 SRCJ-03 屈服荷载作用下核心区柱型钢腹板和箍板的主应变及角度如图 4.2-34 所示，试件 SRCJ-03 极限荷载作用下核心区柱型钢腹板和箍板的主应变及角度如图 4.2-35 所示。

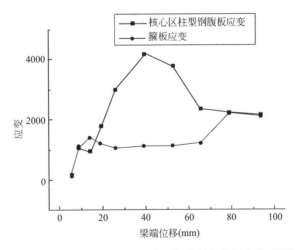

图 4.2-33　试件 SRCJ-03 节点核心区柱型钢腹板和箍板应变-梁端位移曲线

由以上各图可知，SRCJ-03 节点核心区主要的抗剪元件为混凝土和核心区柱型钢腹板，箍板起到约束混凝土和柱钢筋的作用，抗剪贡献不大。当达到屈服荷载时柱型钢腹板的中心位置的最小主应变超过钢板单向拉伸的屈服应变（钢板屈服应变为 $2200\mu\varepsilon$），此时箍板的折算应变未达到屈服。达到极限荷载时节点核心区绝大部分的柱型钢腹板最小主应变超过钢板单向拉伸的屈服应变（钢板屈服应变为 $2200\mu\varepsilon$），箍板局部的最小主应变也超过钢板单向拉伸的屈服应变。极限荷载时节点核心区柱型钢腹板主应变方向为 $-31°$~$-35°$，箍板主应变方向大部分在 $-16°$~$-24°$ 之间。

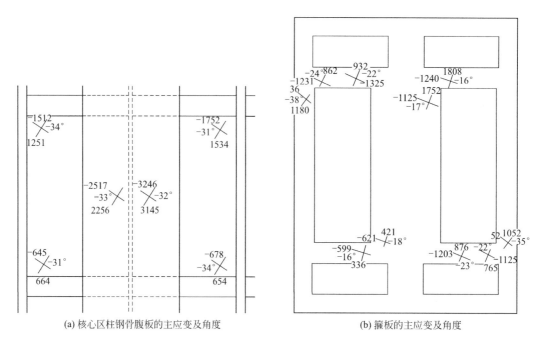

(a) 核心区柱钢骨腹板的主应变及角度　　　　　(b) 箍板的主应变及角度

图 4.2-34　试件 SRCJ-03 屈服荷载作用下核心区柱型钢腹板和箍板的主应变及角度

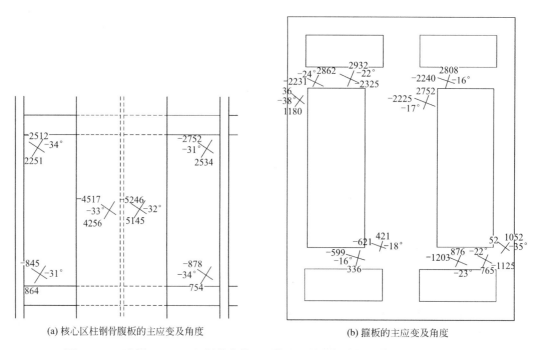

(a) 核心区柱钢骨腹板的主应变及角度　　　　　(b) 箍板的主应变及角度

图 4.2-35　试件 SRCJ-03 极限荷载作用下核心区柱型钢腹板和箍板的主应变及角度

（5）试件 SRCJ-04 节点核心区箍板和型钢腹板应变

试件 SRCJ-04 是在核心区处不布置柱箍筋，在核心区上下各布置高 260mm 的闭合箍板。试件 SRCJ-04 柱型钢腹板和箍板的应变如图 4.2-36 所示。

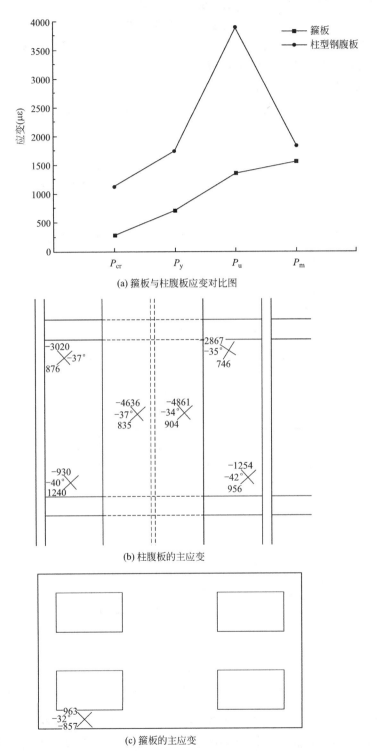

(a) 箍板与柱腹板应变对比图

(b) 柱腹板的主应变

(c) 箍板的主应变

图 4.2-36 试件 SRCJ-04 柱型钢腹板和箍板的应变

P_{cr}—开裂荷载；P_y—屈服荷载；P_u—极限荷载；P_m—最终荷载（试验结束时）

由图 4.2-36 可知，试件 SRCJ-04 与试件 SRCJ-01 基本相似，只是试件 SRCJ-04 的核心区没有布置柱箍筋，因此柱型钢腹板的应变增加速度很快，说明核心区的剪力主要由柱型钢腹板承担。试件达到极限荷载时，柱腹板应变已经超过屈服值。极限荷载时，柱型钢腹板处于二向拉压状态，主应变方向的绝对值在 35°～42°。

（6）试件 SRCJ-05 的核心区应变

试件 SRCJ-05 是在核心区处用 U 形筋代替水平箍筋。试件 SRCJ-05 柱型钢腹板的应变和 U 形筋的应变如图 4.2-37 所示。

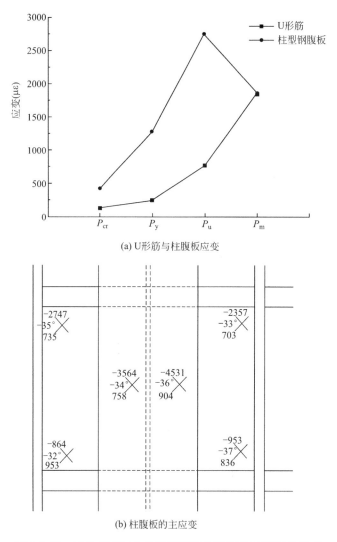

(a) U 形筋与柱腹板应变

(b) 柱腹板的主应变

图 4.2-37　试件 SRCJ-05 柱型钢腹板的应变和 U 形筋的应变

由图 4.2-37 可知，试件 SRCJ-05 与试件 SRCJ-01 大体相似，柱腹板的应变和 U 形筋的应变都随着荷载的增大而增大，核心区的剪力主要由柱型钢腹板承担。达到极限荷载时，柱腹板处于二向拉压状态，主应变的绝对值在 32°～37°。

（7）柱纵筋应变

试件 SRCJ-01、SRCJ-02、SRCJ-03 的柱纵筋应变-梁端位移曲线如图 4.2-38 所示。

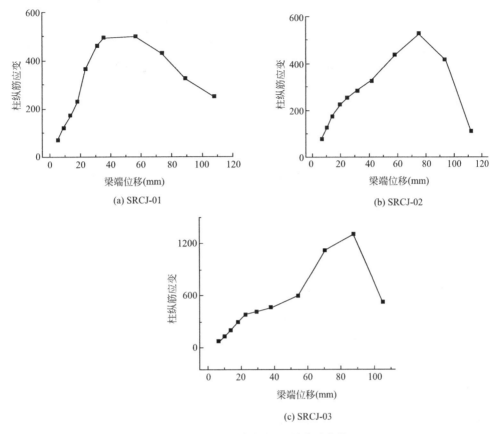

(a) SRCJ-01   (b) SRCJ-02

(c) SRCJ-03

图 4.2-38 柱纵筋应变-梁端位移曲线

由图 4.2-38 可知，柱纵筋在加载的整个过程中均未达到屈服应变（钢筋屈服应变为 $1600\mu\varepsilon$），由此得知柱纵筋对节点核心区的抗剪承载力无明显作用。

4.2.3 "弱柱强梁"节点的非线性有限元分析

1. 有限元计算结果与试验结果的对比分析

（1）梁端荷载-位移曲线

采用 ABAQUS/Standard 运行计算分析，计算完成后，进入 Visualization 模块进行数据提取。通过提取参考点处的 Y 方向的荷载和位移，绘制出荷载-位移曲线，并将该曲线与试验所测得的荷载-位移曲线进行对比，图 4.2-39 所示为试验骨架曲线与有限元计算骨架曲线的对比。

通过图 4.2-39 中骨架曲线及表 4.2-7 中数据的对比，可以发现试验骨架曲线与有限元计算的骨架曲线在加载初期能够较好吻合，模拟的试件刚度值略大于试验值；随着荷载的不断加大，在屈服荷载前后误差较大。试件屈服及荷载达到峰值的位移也有所不同。

现将可能导致上述结果的原因总结如下：

1）试验中试件的边界条件不可避免地会与模拟中的边界条件存在差异；

2）混凝土与型钢、钢筋之间存在粘结滑移，而模拟中无法定量考虑粘结滑移的存在；

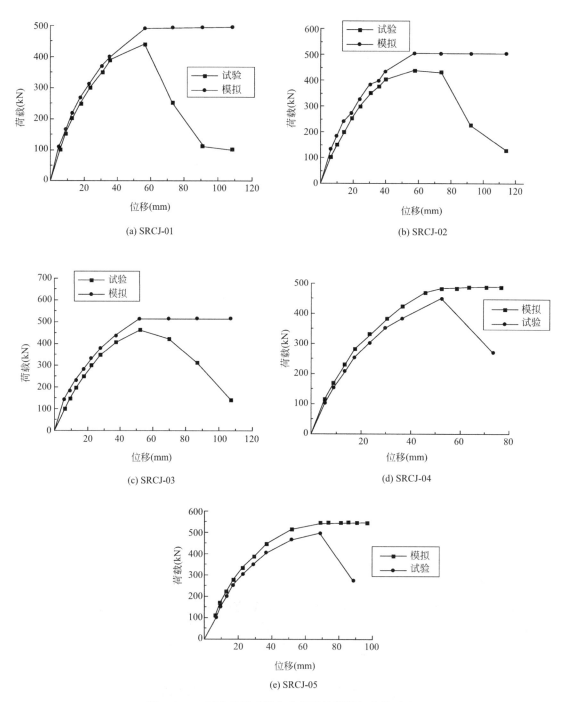

图 4.2-39 试验骨架曲线与有限元计算骨架曲线对比

3）试验试件存在初始缺陷、客观条件的制约，导致加载点与试件中心线无法保持在同一平面内，试验时梁发生了轻微的扭转，对试验结果产生了一定影响；

4）混凝土的非均质性导致其在模拟中本构模型选取上存在较大的困难。

试验与模拟极限承载力对比			表 4.2-7
试件编号	试验值(kN)	模拟值(kN)	误差
SRCJ-01	441.03	495.26	12.29%
SRCJ-02	438.03	503.21	14.88%
SRCJ-03	463.43	514.04	10.92%
SRCJ-04	447.56	487.74	8.98%
SRCJ-05	495.67	545.36	10.02%

（2）型钢应力分布

图 4.2-40 所示为模拟出的前三种试件型钢部分 Mises 应力云图。

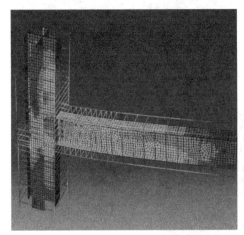
(a) SRCJ-01

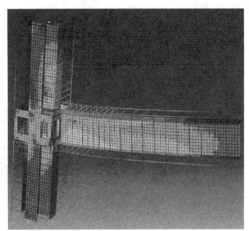
(b) SRCJ-02

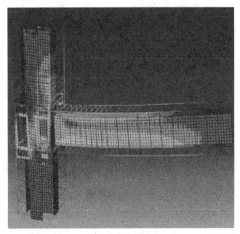
(c) SRCJ-03

图 4.2-40　试件型钢部分 Mises 应力云图

由图 4.2-40 可知，三种试件均在节点核心区柱腹板的 Mises 应力最大，同时也说明三种试件的型钢部分均发生了节点核心区的剪切破坏，并且梁端也存在着破坏。

图 4.2-41 所示为模拟出的各试件混凝土部分 Mises 应力云图。

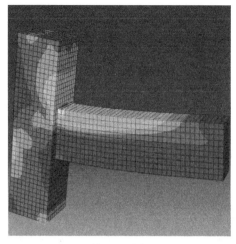
(a) SRCJ-01

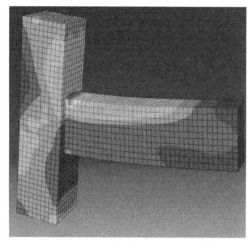
(b) SRCJ-02

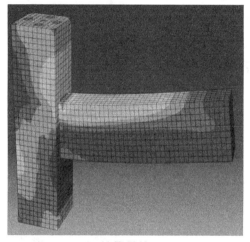
(c) SRCJ-03

图 4.2-41　试件混凝土部分 Mises 应力云图

由图 4.2-41 可知，三种试件的混凝土部分在梁柱交界位置的 Mises 应力最大，这一点在试验中也得到验证，由图可知，三种试件的梁端位置损坏均很严重，节点核心区也出现了剪切斜裂缝，而节点核心区破坏最明显的是 SRCJ-03，节点核心区的混凝土形成了非常明显的剪切斜裂缝。

2. 试件 SRCJ-01 节点核心区抗剪性能的影响因素研究

针对试件 SRCJ-01 的节点核心区的剪切破坏，应用 ABAQUS 有限元软件对变量：柱型钢腹板的高度、柱型钢腹板的厚度、柱型钢翼缘的宽度、柱型钢腹板厚度、混凝土的强度、轴压比及节点的体积配箍率进行控制来研究影响试件 SRCJ-01 的节点核心区抗剪性能的因素。

（1）试件 SRCJ-01 柱型钢腹板的高度和厚度

通过变换柱型钢腹板的高度和厚度，设计出一组新试件，见表4.2-8。

试件柱型钢腹板信息　　　　　　　　　　　　　表 4.2-8

试件编号	柱型钢（mm）
SRCJ-01	H350×150×6×14
SRCJ-01-01	H300×150×6×14
SRCJ-01-02	H400×150×6×14
SRCJ-01-03	H350×150×8×14
SRCJ-01-04	H350×150×10×14
SRCJ-01-05	H350×150×12×14

图 4.2-42 为不同柱型钢腹板高度和厚度试件梁端荷载-位移曲线。

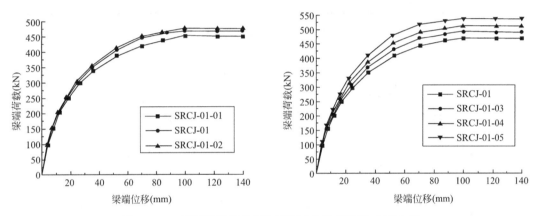

图 4.2-42　不同柱腹板高度和厚度试件梁端荷载-位移曲线

表 4.2-9 和表 4.2-10 显示了不同厚度和高度的柱型钢腹板的极限承载力对比。

不同高度的柱型钢腹板的极限承载力对比　　　　　　表 4.2-9

试件编号	柱型钢腹板高度（mm）	极限承载力（kN）
SRCJ-01	350	469.22
SRCJ-01-01	300	450.51
SRCJ-01-02	400	476.02

不同厚度的柱型钢腹板的极限承载力对比　　　　　　表 4.2-10

试件编号	柱型钢腹板厚度（mm）	极限承载力（kN）
SRCJ-01	6	469.22
SRCJ-01-03	8	491.21
SRCJ-01-04	10	511.11
SRCJ-01-05	12	538.11

由以上图表可知，通过增加柱型钢腹板的厚度可以明显提高试件的极限荷载，但增加

腹板的高度，极限承载力的增幅不大。主要原因是改变柱型钢腹板的厚度可以很大程度上增大节点核心区柱腹板的抗剪承载力，从而提高节点核心区的抗剪承载力，而通过改变柱型钢腹板的高度对节点核心区柱腹板的抗剪承载力提高不大，所以试件节点核心区的抗剪承载力增幅也不大。

（2）试件 SRCJ-01 柱型钢翼缘的宽度和厚度

通过变换柱型钢翼缘宽度和厚度，设计出一组新试件，见表 4.2-11。

试件柱型钢翼缘信息 表 4.2-11

试件编号	柱型钢(mm)
SRCJ-01	H350×150×6×14
SRCJ-01-01	H350×200×6×14
SRCJ-01-02	H350×250×6×14
SRCJ-01-03	H350×150×6×18
SRCJ-01-04	H350×150×6×22

图 4.2-43 为不同柱型钢翼缘宽度试件梁端荷载-位移曲线。

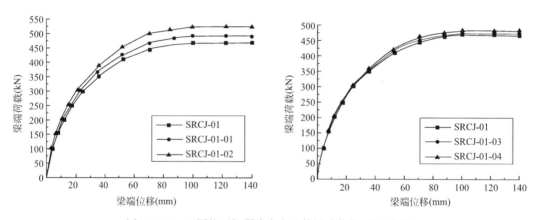

图 4.2-43　不同柱型钢翼缘宽度试件梁端荷载-位移曲线

表 4.2-12、表 4.2-13 显示了不同宽度和厚度柱型钢翼缘的极限承载力对比。

不同宽度的柱型钢翼缘的极限承载力对比 表 4.2-12

试件编号	柱型钢翼缘宽度(mm)	极限承载力(kN)
SRCJ-01	150	469.22
SRCJ-01-01	200	491.21
SRCJ-01-02	250	522.48

不同厚度的柱型钢翼缘的极限承载力对比 表 4.2-13

试件编号	柱型钢翼缘厚度(mm)	极限承载力(kN)
SRCJ-01	14	469.22
SRCJ-01-03	18	475.89
SRCJ-01-04	22	481.55

由以上图表可以看出，改变柱型钢翼缘的宽度可以很明显地提高试件的极限承载力，而改变节点核心区柱型钢翼缘的厚度则几乎对试件的承载力没有影响，主要原因是节点核心区柱型钢翼缘本身对节点核心区的抗剪承载力无太大影响，但增加柱型钢翼缘的宽度可以增加翼缘框的体积，从而使翼缘框束缚的混凝土的体积增大，使节点核心区的抗剪承载力明显提高。

（3）试件 SRCJ-01 混凝土强度等级

通过变换混凝土强度等级，设计出一组新试件，见表 4.2-14。

混凝土信息 表 4.2-14

试件编号	混凝土强度等级
SRCJ-01	C30
SRCJ-01-01	C50
SRCJ-01-02	C70

图 4.2-44 为不同混凝土强度等级的试件梁端荷载-位移曲线。

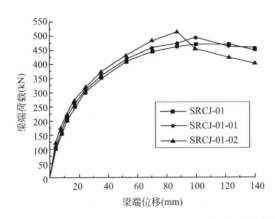

图 4.2-44 不同混凝土强度等级的试件梁端荷载-位移曲线

表 4.2-15 显示了不同混凝土强度等级试件的极限承载力对比。

不同混凝土强度等级试件的极限承载力对比 表 4.2-15

试件编号	混凝土强度等级	极限承载力(kN)
SRCJ-01	C30	469.22
SRCJ-01-01	C50	489.58
SRCJ-01-02	C70	512.31

由以上图表可知，通过改变混凝土的强度等级，对试件的极限荷载改变有很大提高，但随着混凝土强度等级的提高，试件的延性也随之降低，主要原因是混凝土开裂之前，节点核心区的混凝土抵抗剪力占据很大的比例，但随着混凝土的开裂，退出工作，核心区型钢抵抗剪力的比例开始增大，混凝土强度等级越高，承载力下降得越明显。

（4）轴压比

通过变换轴压比，设计出一组新试件，见表4.2-16。

轴压比信息 表 4.2-16

试件编号	轴压比
SRCJ-01	0.3
SRCJ-01-01	0.5
SRCJ-01-02	0.7

图4.2-45为不同轴压比试件梁端荷载-位移曲线。

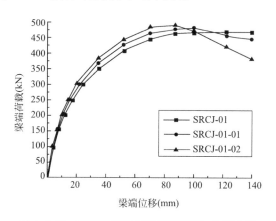

图 4.2-45　不同轴压比试件梁端荷载-位移曲线

表4.2-17显示了不同轴压比试件的极限承载力对比。

不同轴压比试件的极限承载力对比 表 4.2-17

试件编号	轴压比	极限承载力(kN)
SRCJ-01	0.3	469.22
SRCJ-01-01	0.5	482.39
SRCJ-01-02	0.7	490.14

由以上图表可知，随着轴压比的增加，在一定程度上可以增加试件的极限承载力，但随着轴压比的增加，试件的延性也开始下降。

（5）试件 SRCJ-01 的节点核心区配箍率

通过变换试件 SRCJ-01 节点核心区的配箍率，设计出一组新试件，见表4.2-18。

体积配箍率信息 表 4.2-18

试件编号	节点核心区体积配箍率(%)
SRCJ-01	0.434
SRCJ-01-01	0.640
SRCJ-01-02	0.885

图 4.2-46 为不同体积配箍率试件的梁端荷载-位移曲线。

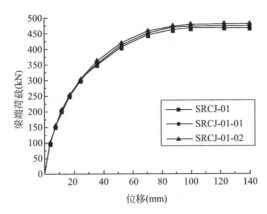

图 4.2-46　不同体积配箍率试件的梁端荷载-位移曲线

表 4.2-19 显示了不同节点核心区体积配箍率试件的极限承载力对比。

不同节点核心区体积配箍率试件的极限承载力对比　　　　表 4.2-19

试件编号	节点核心区体积配箍率(%)	极限承载力(kN)
SRCJ-01	0.434	469.22
SRCJ-01-01	0.640	474.54
SRCJ-01-02	0.885	479.02

由以上图表可知，节点核心区的体积配箍率，对节点核心区的抗剪承载力无明显的影响，节点核心区主要的抗剪元件是混凝土和柱型钢腹板，箍筋只能对节点核心区的混凝土及柱纵筋起到一定约束作用。

3. 箍板对试件 SRCJ-02 抗剪性能影响的研究

通过变换试件 SRCJ-02 的箍板厚度，设计出一组新试件，见表 4.2-20。

箍板信息　　　　表 4.2-20

试件编号	箍板厚度(mm)
SRCJ-02	6
SRCJ-02-01	9
SRCJ-02-02	12

图 4.2-47 为不同箍板厚度试件的梁端荷载-位移曲线。表 4.2-21 为不同箍板厚度试件的极限承载力对比。

不同箍板厚度试件的极限承载力对比　　　　表 4.2-21

试件编号	箍板厚度(mm)	极限承载力(kN)
SRCJ-02	6	472.22
SRCJ-02-01	9	481.54
SRCJ-02-02	12	490.02

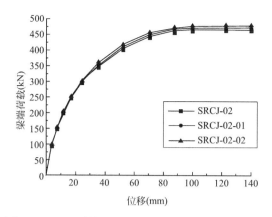

图 4.2-47 不同箍板厚度试件的梁端荷载-位移曲线

由以上图表可知,箍板厚度的改变对节点核心区的抗剪承载力无明显影响,箍板和箍筋的作用类似,用来约束节点核心区的混凝土及柱纵筋,提高试件的延性。

4.2.4 小结

通过五种型钢混凝土梁柱节点(每种 3 个,共 15 个试件)的梁端低周反复荷载试验,得到了各试件的破坏形态、P-Δ 滞回曲线以及骨架曲线等,分析了型钢混凝土梁柱节点的承载能力、刚度退化、耗能性能、延性系数等滞回特性以及试件各测点的微应变,通过有限元软件对节点试件进行了模拟计算,得出如下结论:

(1)试件均发生了明显的节点核心区的剪切破坏,节点核心区的剪切角在 $5°\sim6°$ 之间,说明节点核心区产生了明显的剪切变形。节点核心区的混凝土裂缝为剪切斜裂缝,五种试件以 SRCJ-03 的节点核心区的斜裂缝最为明显,形成了贯通的主斜裂缝。

(2)试件的屈服荷载和最大荷载均无明显差别,说明在节点核心区用箍板代替箍筋不会对承载力产生太大的影响。

(3)在抗震性能方面,试件的延性和等效黏滞阻尼系数相差不大,说明五种试件的抗震性能相差不多。

(4)在节点核心区,混凝土和柱型钢腹板是承受节点核心区剪力的主要元件,箍筋及箍板对节点核心区的抗剪承载力贡献不大,只是在中后期对节点核心区的混凝土及柱纵筋起到约束作用,可以提高混凝土的抗剪承载力,对试件的延性有一定的贡献。

(5)试件达到极限荷载时,节点核心区柱型钢腹板在轴向力及水平剪力的作用下处于二向拉压状态,主应变的角度在 $31°\sim35°$ 之间。

(6)通过有限元模拟得出,改变柱型钢腹板的高度和厚度均能提高试件的抗剪承载力,但增加柱型钢腹板的厚度可以更明显地增加节点核心区的抗剪承载力。

(7)通过有限元模拟得出,提高柱型钢翼缘的宽度可以很明显地提高节点核心区的抗剪承载力,但柱型钢翼缘的厚度对节点核心区的抗剪承载力几乎没有影响。

(8)混凝土的强度等级可以很明显地改变试件的抗剪承载力,但是随着混凝土强度等级的提高,试件的延性也开始下降。

(9)轴压比在一定程度上能影响试件的承载力,但随着轴压比的增加,试件的延性开始降低。

（10）与传统的节点形式试件相比，所提出的四种节点形式都能够避免在梁型钢腹板处开口，给设计和实际施工带来简便，并且承载力方面相差不大，说明所提出的新型的节点形式是可行的。

4.3 带隔板型钢混凝土梁柱节点抗震性能试验研究与分析

4.3.1 试验研究

1. 试验目的

（1）研究十字形型钢混凝土梁柱节点在低周往复荷载作用下的破坏特征、梁端荷载-位移曲线以及骨架曲线；

（2）考察节点核心区混凝土的裂缝开展情况和分布规律；

（3）根据梁端荷载-位移曲线、骨架曲线，分析型钢混凝土梁柱节点承载力、刚度退化及强度衰减、延性系数和耗能能力；

（4）研究节点核心区型钢腹板、箍筋、隔板、混凝土等对节点抗剪性能的影响，各种节点抗剪承载力计算公式；

（5）研究带隔板构造的型钢混凝土梁柱节点的抗裂性能能否满足要求。

2. 试件设计

（1）试件尺寸与配筋

本试验共有三种试件模型，每种模型有 3 个完全相同的试件，试件编号见表 4.3-1。

试件编号   表 4.3-1

节点编号	节点构造
SRCJ-1	节点核心区未配置箍筋及隔板
SRCJ-2	节点核心区配置一块隔板
SRCJ-3	节点核心区正常配置箍筋

三种试件柱截面尺寸为 500mm×500mm，梁截面尺寸 400mm×550mm。除节点核心区外，钢筋配置均一致：梁上下均配置 2Φ25 的纵筋，纵筋单侧配筋率为 0.89%，箍筋配置为Φ10@50/100；柱中配置 12Φ25 的纵筋，纵筋配筋率为 2.35%，箍筋配置为Φ12@50/100。均能满足规范最小配筋率与最小直径的要求。梁柱截面尺寸及配筋如图 4.3-1 所示。SRCJ-2 核心区箍筋布置如图 4.3-2 所示。

三种试件内型钢配置均一致：柱中型钢为焊接十字形型钢，尺寸为＋350×150×6×18，含钢率为 4.70%，梁中型钢为焊接 H 型钢，尺寸为 H350×150×24×30，含钢率为 8.74%。钢板采用 Q345B 级钢，除柱腹板 6mm 钢板采用角焊缝连接外，其余板材间均采用等强破口熔透焊缝。为了保证型钢与混凝土间的协调工作，在型钢上下翼缘均设置抗剪螺栓，间距 200mm。构件 SRCJ-3 核心区与其他试件不同，节点核心区构造详图如图 4.3-3 所示。

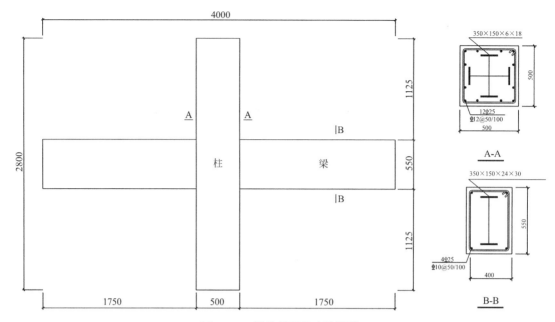

图 4.3-1 梁柱截面尺寸及配筋

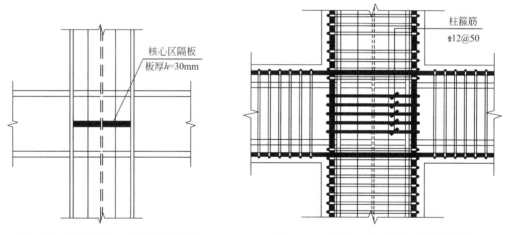

图 4.3-2　SRCJ-2 核心区箍筋布置图　　　图 4.3-3　SRCJ-3 节点核心区构造详图

（2）测点布置

本试验主要研究对象是节点核心区的抗震性能和抗剪性能，所以所有的测点布置均围绕着核心区的性能展开，测量内容包括以下几个方面：

1）节点核心区的剪切变形，采用位移计进行量测，位移计布置如图 4.3-4 所示；

2）节点核心区内型钢的应变测量，型钢上及隔板应变片布置如图 4.3-5、图 4.3-6 所示；

3）节点核心区及梁柱根部钢筋的应变测量，钢筋上应变片布置如图 4.3-7 所示；

4）梁端位移的测量，由 MTS 作动器直接采集；

5）混凝土应变的测量，应变片布置如图 4.3-8 所示。

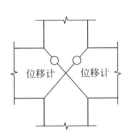

图 4.3-4　位移计布置图

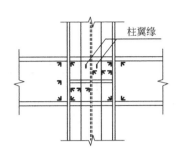

图 4.3-5　型钢上应变片布置图

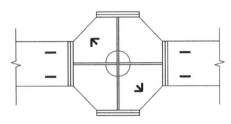

图 4.3-6　隔板应变片布置图

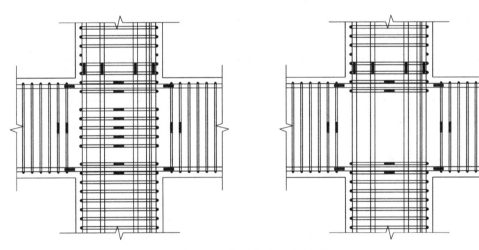

图 4.3-7　钢筋上应变片布置图

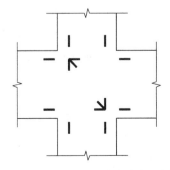

图 4.3-8　混凝土上应变片布置图

（3）材料的力学性能

钢材及钢筋的力学性能见表 4.3-2。

钢材及钢筋的力学性能　　　　　　　表 4.3-2

钢筋、钢板规格	屈服强度 f_y （N/mm²）	极限强度 f_u （N/mm²）	弹性模量 E_s （×10⁵N/mm²）
6mm 钢板	425	490	2.02
18mm 钢板	340	500	2.04
24mm 钢板	325	510	2.05
30mm 钢板	325	525	2.08
⏀10 箍筋	375	595	1.94
⏀12 箍筋	375	595	1.94
⏀25 纵筋	435	610	1.96

型钢混凝土中钢筋较密集，型钢部分又占据了很大空间，因此给混凝土浇筑带来了很大困难。试验采用自密实混凝土，混凝土骨料直径小于 10mm，流动性强，因此能够保证混凝土浇筑的可靠性。浇筑混凝土时采用振捣棒均匀振捣，并且重点振捣节点区，保证节点区混凝土的密实性。试验采用 C40 混凝土。混凝土力学性能见表 4.3-3。

混凝土力学性能　　　　　　　表 4.3-3

试件编号	立方体抗压强度 $f_{cu,k}$(N/mm²)	轴心抗压强度 f_{ck}(N/mm²)	轴心抗拉强度 f_{tk}(N/mm²)	弹性模量 E_c(×10⁴N/mm²)
SRCJ-1	37.70	25.21	2.59	3.20
SRCJ-2	37.74	25.24	2.59	3.20
SRCJ-3	38.05	25.45	2.60	3.21

3. 试验方案

试验在沈阳建筑大学结构工程试验室进行。本试验采用 3000 kN 反力架，柱顶端及底端均采用固定支座，柱顶安装千斤顶施加轴向力，梁端安装作动器，施加往复荷载。在反力架柱侧有效连接三脚架，为反力架提供较大的水平刚度。试验全过程由计算机控制，各种测试仪器均采用电子读数，可以保证数据的准确性。试验装置如图 4.3-9 所示。

试验的测试内容主要包括：梁端的荷载-位移滞回曲线；节点核心区的型钢上布置应变花量测型钢在复杂应力下的应变；节点核心区内梁和柱的纵筋、箍筋的应变；节点核心区混凝土的应变；节点核心区的剪切变形。轴压比的确定及加载制度等参见 4.1 节。

4. 试验现象

（1）试件 SRCJ-1 试验现象

试件 SRCJ-1（A）～（C）3 个试件试验现象基本一致，试验现象表述如下。

加载至第三循环正向 150kN，在核心区首先出现一条贯通的斜向微裂缝，梁根部柱根部未出现裂缝，但梁端荷载-位移曲线仍然基本呈线性关系；第三循环反向到达 150kN 在另一个方向出现一条贯通的斜向微裂缝。第四循环正向 200kN 梁根部开始出现细微裂缝，

图 4.3-9　试验装置

裂缝沿竖向发展，初步判断为弯曲裂缝；第四循环反向 200kN 梁根部在对应位置出现弯曲裂缝。加载至第五循环正向 250kN，梁上裂缝发展较为明显，梁段出现竖向弯曲裂缝，裂缝宽度方向发展不明显，核心区裂缝继续发展，并出现新的斜向裂缝；第五循环反向 250kN，梁段上对应位置出现新的裂缝。加载至第六循环正向 300kN，梁上继续出现新的裂缝，已出现裂缝继续延伸，裂缝宽度方向发展不明显，梁根部裂缝约 0.5mm；核心区出现较多裂缝，裂缝在长度和宽度方向发展均较为明显。第六循环反向 300kN，在梁上核心区裂缝发展与正向循环一致。加载至第七循环正向 350kN，梁上裂缝继续发展，部分裂缝上下贯通，梁段上裂缝宽度约 0.2mm，梁根部裂缝较为明显约 1mm；核心区裂缝发展明显，斜向裂缝交叉贯通，裂缝宽度达到 2mm，此时观察梁段荷载-位移曲线出现拐点，加载进入位移控制阶段。位移加载第一循环 1Δ，核心区混凝土略微鼓起，能听到混凝土劈裂声，有少量混凝土脱落。位移加载第二循环 1.5Δ 正向，核心区混凝土较多脱落，核心区裂缝最大宽度已达到 0.5cm；到达第二循环 1.5Δ 反向，混凝土大量脱落。此时荷载达到极限荷载点，梁端荷载-位移曲线开始下降。位移加载至位移控制第三循环 2Δ 正向，核心区混凝土大量脱落，露出内部型钢及箍筋，但构件依然有一定的承载能力。加载至位移控制第四循环 2.5Δ 正向，核心区混凝土基本全部脱落，承载力下降至极限荷载的 85%，柱纵筋有略微的鼓曲现象，停止加载。试件 SRCJ-1 的破坏如图 4.3-10 所示。

（2）试件 SRCJ-2 试验现象

与 SRCJ-1 相似，加载至第三循环正向 130kN，在核心区首先出现一条贯通的斜向微裂缝；第三循环反向到达 150kN 在另一个方向出现一条贯通的斜向微裂缝，梁根部及柱根部仍未出现裂缝。第四循环正向 200kN 梁根部开始出现细微裂缝，裂缝沿竖向发展，初步判断为弯曲裂缝；核心区斜向裂缝继续延伸；第四循环反向 200kN，梁根部在对应位置出现弯曲裂缝。加载至第五循环正向 250kN，梁上裂缝发展较为明显，梁段出现竖向弯

(a) SRCJ-1(A)

(b) SRCJ-1(B)

(c) SRCJ-1(C)

图 4.3-10　试件 SRCJ-1 的破坏

曲裂缝，裂缝宽度方向发展不明显；第五循环反向 250kN，梁段上对应位置出现新的裂缝，已出现裂缝继续发展，但裂缝宽度没有明显变化，节点核心区斜裂缝宽度达到 0.5mm。加载至第六循环正向 300kN，梁上出现新的裂缝，原有裂缝在长度方向继续发展，梁根部裂缝约 0.5mm；核心区出现较多裂缝，裂缝在长度和宽度方向发展均较为明显。加载至第七循环正向 350kN，梁上部分裂缝贯通，裂缝宽度约 0.2mm，梁根部裂缝约 1mm；核心区裂缝发展明显，斜向裂缝交叉贯通，裂缝宽度达到 2mm，此时观察梁段荷载-位移曲线出现拐点，加载进入位移控制阶段。位移加载第一循环 1Δ，核心区混凝土略微鼓起，能听到混凝土劈裂声，有少量混凝土脱落。位移加载第二循环 1.5Δ 正向，核心区混凝土较多脱落，核心区裂缝最大宽度已达到 0.5cm；到达第二循环 1.5Δ 反向，混凝土大量脱落。此时荷载达到极限荷载点，梁端荷载-位移曲线开始下降。加载至第四循环 2.5Δ 正向，核心区混凝土基本全部脱落，承载力下降至极限荷载的 85%，柱纵筋有略微的鼓曲现象，停止加载。试件 SRCJ-2 的破坏如图 4.3-11 所示。

（3）试件 SRCJ-3 试验现象

与 SRCJ-1 相似，第四循环正向 200kN 梁根部开始出现细微裂缝，裂缝沿竖向发展，

(a) SRCJ-2(A)

(b) SRCJ-2(B)

(c) SRCJ-2(C)

图 4.3-11　试件 SRCJ-2 的破坏

初步判断为弯曲裂缝。加载至第五循环正向 250kN，梁上裂缝发展较为明显，梁段出现竖向弯曲裂缝，裂缝宽度方向发展不明显；第五循环反向 250kN，梁段上对应位置出现新的裂缝，原有裂缝继续延伸，但宽度没有明显变化。加载至第六循环正向 300kN，梁根部裂缝约 0.4mm；核心区出现较多裂缝，裂缝在长度和宽度方向发展均较为明显。第六循环反向 300kN，在梁上核心区裂缝发展与正向循环一致。加载至第七循环正向 350kN，梁上部分裂缝贯通，梁段上裂缝宽度约 0.2mm，梁根部裂缝约 1mm；核心区裂缝发展明显，斜向裂缝交叉贯通，裂缝宽度达到 2mm，此时观察梁段荷载-位移曲线出现拐点，加载进入位移控制阶段。位移加载第一循环 1Δ，梁上裂缝上下贯通，但裂缝宽度都较小；核心区混凝土略微鼓起，能听到混凝土劈裂声，有少量混凝土脱落。位移加载第二循环 1.5Δ 正向，核心区混凝土较多脱落，核心区裂缝最大宽度已达到 0.5cm；到达第二循环 1.5Δ 反向，混凝土大量脱落。此时荷载达到极限荷载点，梁端荷载-位移曲线开始下降。加载至位移控制第四循环 2.5Δ 正向，核心区混凝土基本全部脱落，承载力下降至极限荷载的 85%，柱纵筋有略微的鼓曲现象，停止加载。试件 SRCJ-3 的破坏如图 4.3-12 所示。

(a) SRCJ-3(A)

(b) SRCJ-3(B)

(c) SRCJ-3(C)

图 4.3-12　试件 SRCJ-3 的破坏

4.3.2　带隔板型钢混凝土梁柱节点抗震性能分析

试验设计的三种节点形式节点核心区均发生了剪切破坏，试验后对各级荷载作用下各测点的位移、应变等数据结果进行了整理分析，得到了各构件的荷载-位移曲线、骨架曲线以及各测点的应变曲线。通过对这些试验结果进行对比分析，得出新型梁柱节点的各项性能与普通节点的差异。

1. 梁端荷载-位移曲线及骨架曲线

（1）梁端荷载-位移曲线

本试验三组试件的滞回曲线如图 4.3-13～图 4.3-15 所示。

通过各试件滞回曲线的分析可以得到以下结论：

1）型钢混凝土的滞回曲线介于纺锤体与倒 S 形之间，说明型钢混凝土的受力性能介于混凝土和钢结构之间。加载初期滞回曲线基本呈线性循环，几乎没有残余变形，此时核心区混凝土与梁上混凝土均未开裂，构件依然处于弹性阶段。

2）构件屈服后进入位移加载阶段，随着荷载的增加，荷载-位移曲线不再呈线性变化，逐渐向位移轴方向靠拢。在荷载达到极值点之前，节点刚度较早期有所降低，但是荷载依然能够继续增加；达到极值点之后，节点刚度逐渐降低，荷载开始下降；逐渐呈现出非弹性的性质。

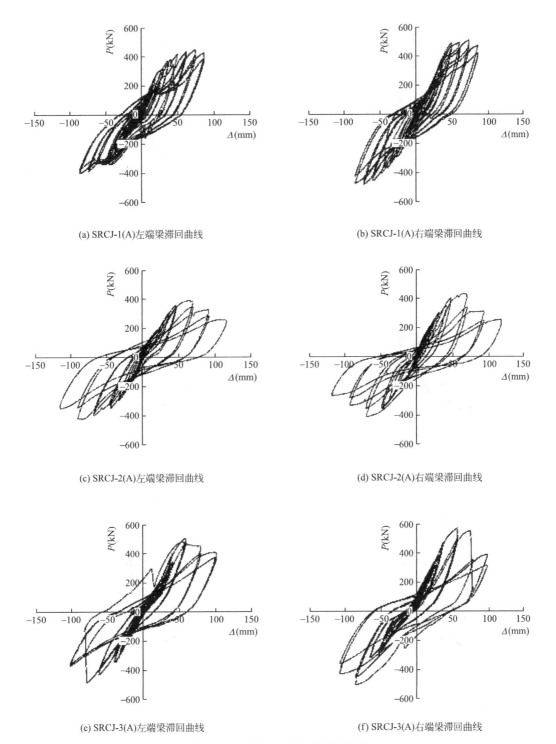

(a) SRCJ-1(A)左端梁滞回曲线

(b) SRCJ-1(A)右端梁滞回曲线

(c) SRCJ-2(A)左端梁滞回曲线

(d) SRCJ-2(A)右端梁滞回曲线

(e) SRCJ-3(A)左端梁滞回曲线

(f) SRCJ-3(A)右端梁滞回曲线

图 4.3-13　第一组试件的滞回曲线

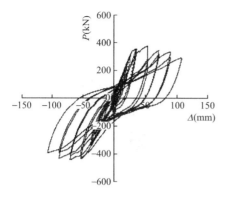

(a) SRCJ-1(B)左端梁滞回曲线

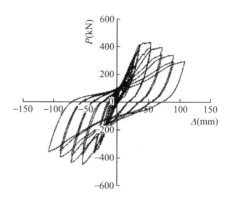

(b) SRCJ-1(B)右端梁滞回曲线

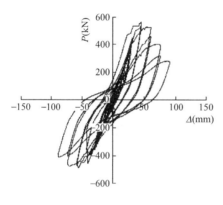

(c) SRCJ-2(B)左端梁滞回曲线

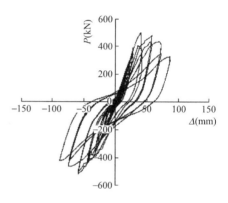

(d) SRCJ-2(B)右端梁滞回曲线

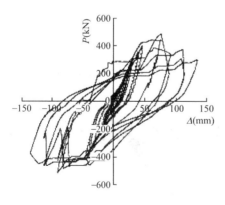

(e) SRCJ-3(B)左端梁滞回曲线

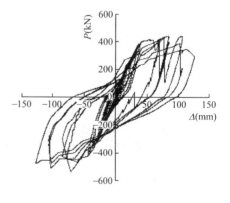

(f) SRCJ-3(B)右端梁滞回曲线

图 4.3-14 第二组试件的滞回曲线

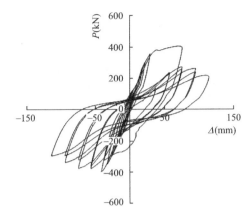

(a) SRCJ-1(C)左端梁滞回曲线

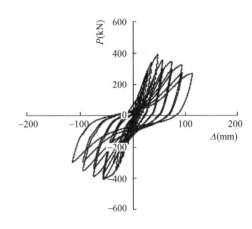

(b) SRCJ-1(C)右端梁滞回曲线

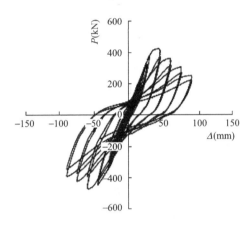

(c) SRCJ-2(C)左端梁滞回曲线

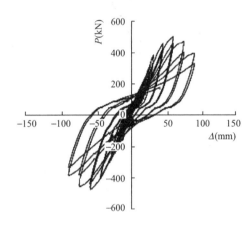

(d) SRCJ-2(C)右端梁滞回曲线

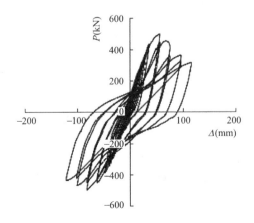

(e) SRCJ-3(C)左端梁滞回曲线

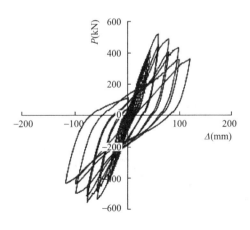

(f) SRCJ-3(C)右端梁滞回曲线

图 4.3-15　第三组试件的滞回曲线

3）接近破坏时，核心区混凝土大量脱落，露出内部箍筋及纵向钢筋，混凝土已经丧失承载能力，内部型钢腹板屈服。刚度退化明显，有较大的残余变形。

4）比较分析各组试件的滞回曲线，可以看到 SRCJ-2 与 SRCJ-3 滞回曲线基本能够趋于一致，荷载极值点、强度衰减、刚度退化等方面基本一致。SRCJ-1 由于节点核心区未做任何处理，其变形能力、承载能力等方面较 SRCJ-2 与 SRCJ-3 有一定区别，但是经过分析可以看出，其承载力差距在 15％左右。

（2）骨架曲线

各组试件骨架曲线对比如图 4.3-16 所示。观察分析各个构件的骨架曲线得到以下结论：

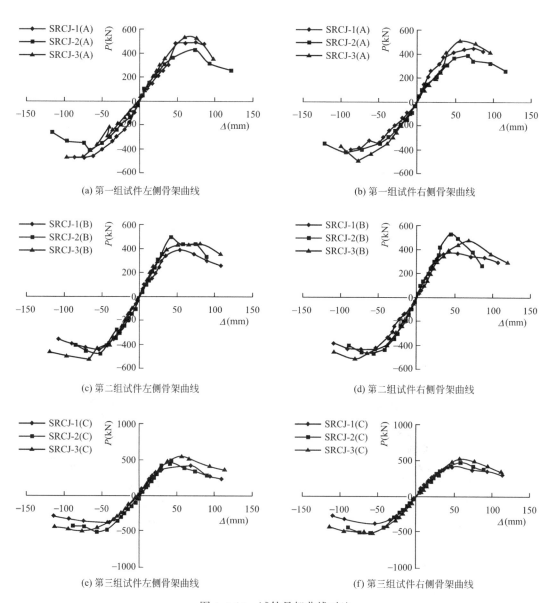

(a) 第一组试件左侧骨架曲线　　　　　　　　(b) 第一组试件右侧骨架曲线

(c) 第二组试件左侧骨架曲线　　　　　　　　(d) 第二组试件右侧骨架曲线

(e) 第三组试件左侧骨架曲线　　　　　　　　(f) 第三组试件右侧骨架曲线

图 4.3-16　试件骨架曲线对比

1）型钢混凝土的受力过程大致可以分为弹性、弹塑性、破坏三个阶段。由于构件节点核心区的破坏是一个由局部到整体的过程，先是型钢腹板的局部屈服，核心区混凝土轻微裂缝的出现，然后是型钢腹板大面积屈服和核心区混凝土大量脱落的过程，所以各组试件的骨架曲线无明显分界点。把型钢腹板进入屈服作为构件的屈服点。

2）与普通钢筋混凝土节点相比，型钢混凝土有更好的延性性能，可以看出当过了极值点后，曲线下降较为平缓，下降段较长。

3）从各组构件的骨架曲线对比可以看出：SRCJ-2 与 SRCJ-3 骨架曲线趋势较为一致，SRCJ-1 在弹性阶段与前两者保持一致，其极值点较前两者低，极值点以后与前两者保持平行。

2. 节点延性与耗能性能

（1）节点延性

试验采用屈服弯矩法确定构件的屈服点和破坏点，计算后各组试件参数见表 4.3-4。

试件的位移延性系数　　　　　　　　　　　　表 4.3-4

试件编号		屈服荷载 P_y(kN)	屈服位移 Δ_y(mm)	极限荷载 P_u(kN)	破坏位移 Δ_u(mm)	位移延性系数 μ	各个试件的 μ 平均值
SRCJ-1(A)	左	302.45	33.55	430.65	108.14	3.25	3.15
	右	290.22	35.67	482.32	112.62	3.05	
SRCJ-2(A)	左	206.19	23.52	404.39	106.55	4.52	3.95
	右	229.78	25.47	426.92	84.16	3.38	
SRCJ-3(A)	左	306.13	33.61	504.08	90.64	2.73	2.71
	右	301.20	37.54	527.77	101.06	2.68	
SRCJ-1(B)	左	251.40	23.93	444.57	106.91	4.50	3.78
	右	295.30	29.99	447.87	89.52	3.05	
SRCJ-2(B)	左	350.71	26.25	536.70	74.26	2.97	2.63
	右	390.00	35.22	504.63	80.55	2.29	
SRCJ-3(B)	左	330.42	31.63	525.20	99.88	3.14	3.28
	右	350.87	33.02	530.14	112.35	3.41	
SRCJ-1(C)	左	235.58	17.96	407.13	85.85	4.80	4.39
	右	268.77	22.53	406.19	82.48	3.97	
SRCJ-2(C)	左	318.74	24.98	521.30	69.31	2.76	2.50
	右	400.69	37.95	531.57	84.55	2.24	
SRCJ-3(C)	左	406.65	40.84	542.90	96.14	2.54	2.49
	右	446.93	46.39	537.36	98.25	2.43	

由各试件的位移延性系数对比分析可以得到以下结论：

1）试件 SRCJ-1、SRCJ-2、SRCJ-3 屈服荷载与极限荷载依次呈上升趋势，其中 SRCJ-2 与 SRCJ-3 屈服荷载相差约 10%，极限荷载相差约 5%。

2）已有研究表明，钢筋混凝土梁柱节点的延性系数约为 2.0，钢结构的位移延性系数约为 4.0，型钢混凝土结构的位移延性系数约为 3.0，本试验大部分构件的位移延性系数平均值均在 2.50 以上，说明型钢混凝土有较好的延性。

3）试件 SRCJ-2 位移延性系数与试件 SRCJ-3 位移延性系数基本一致，说明核心区带隔板的构造做法能够满足位移延性的要求，试件 SRCJ-1 由于核心区未做任何处理，节点过早进入屈服状态，此时屈服位移较小，相对而言延性系数较大，因此不能说明 SRCJ-1 延性比 SRCJ-2 与 SRCJ-3 好。

（2）节点耗能性能

结构或者构件的耗能能力通常用等效黏滞阻尼系数来衡量，经计算得到各试件屈服荷载下的等效黏滞阻尼系数见表 4.3-5。

试件屈服荷载下的等效黏滞阻尼系数 表 4.3-5

试件分组	试件编号	等效黏滞阻尼系数 h_e
第一组	SRCJ-1(A)	0.314
	SRCJ-2(A)	0.342
	SRCJ-3(A)	0.351
第二组	SRCJ-1(B)	0.284
	SRCJ-2(B)	0.286
	SRCJ-3(B)	0.340
第三组	SRCJ-1(C)	0.286
	SRCJ-2(C)	0.317
	SRCJ-3(C)	0.367

分析对比各组试件的等效黏滞阻尼系数可以得到以下结论：

1）已有研究表明，钢筋混凝土梁柱节点等效黏滞阻尼系数一般为 0.1 左右，钢结构梁柱节点等效黏滞阻尼系数一般为 0.4 左右，本试验试件等效黏滞阻尼系数为 0.3 左右，说明型钢混凝土梁柱节点耗能能力好，抗震性能好。

2）试件 SRCJ-2 等效黏滞阻尼系数与试件 SRCJ-3 相差不大，都具有较好的耗能能力，说明带隔板构造的节点能够代替普通箍筋形式的节点，方便施工。试件 SRCJ-1 等效黏滞阻尼系数与试件 SRCJ-2、SRCJ-3 有略微差距，但仍具有较好的耗能能力。

3. 强度衰减与刚度退化

（1）强度衰减

各组试件两侧梁的强度衰减如图 4.3-17 所示。

由图 4.3-17 可以得到以下结论：

1）随着加载中位移和循环次数的增加，越来越多的混凝土退出工作，试件节点核心区受力面积逐渐减小，强度退化越来越明显。

2）试件临近破坏时强度衰减率仍保持在 0.83 左右，说明构件仍具有一定的承载能力和延性。

3）构件 SRCJ-1 与 SRCJ-2 强度衰减曲线较为一致，说明新的节点核心区构造形式与普通构造形式一样，能够保证节点核心区的承载能力。

（2）刚度退化

从试验的梁端荷载-位移曲线图可以看出，随着加载循环次数的增加，试件的刚度在

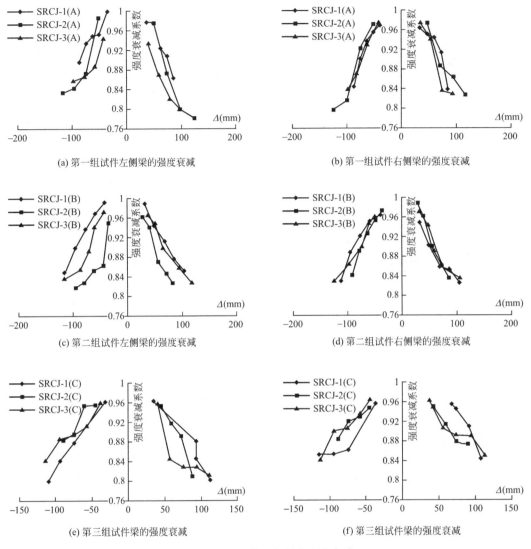

图 4.3-17 试件两侧梁的强度衰减

不断变化。本试验用割线刚度代替切线刚度来研究结构的地震反应。在低周往复试验中，试件在低周往复荷载作用下不断地重复加载→卸载→反向加载→再卸载这四个步骤，再综合刚度的退化，要较单调加载复杂得多。各组试件两侧梁的刚度退化曲线如图 4.3-18 所示。

由刚度退化曲线可以得到以下结论：

1）试件从屈服阶段到极限阶段过程中，刚度退化不明显，表明随着位移的增大，试件的承载力也在增大；试件从极限阶段到破坏阶段，刚度出现明显退化，表明随着位移的增大，试件的承载力出现明显的下降，试件达到破坏荷载时，刚度退化最为严重，此时，试件已经不能继续工作。

2）各组试件的刚度下降趋势较为一致，其中构件 SRCJ-2 与试件 SRCJ-3 刚度退化曲线比较接近。

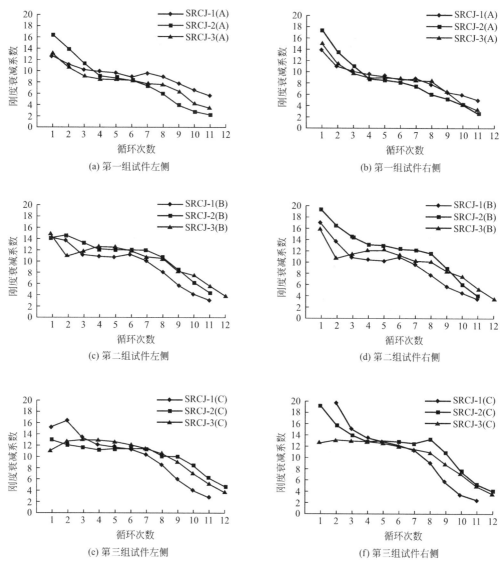

图 4.3-18 试件两侧梁的刚度退化曲线

4. 节点核心区主要应力应变分析

本试验对各个构件在开裂荷载、屈服荷载、极限荷载下各位置的应变做如下分析。

（1）节点核心区柱端纵筋应变分析

各组试件柱端纵筋荷载-应变曲线如图 4.3 19 所示。

对比各组荷载-应变曲线，可以得到以下结论：

1）从曲线走势上可以看出，构件屈服以前，钢筋应变增长较为缓慢，构件屈服后纵筋应变增长较快，但在整个加载阶段，纵筋一直处于弹性状态。

2）各组试件应变发展较为一致，纵筋应变大小相差不大。

3）纵筋处于弹性状态，对比构件的破坏形态，可以看出核心区先于柱端破坏。

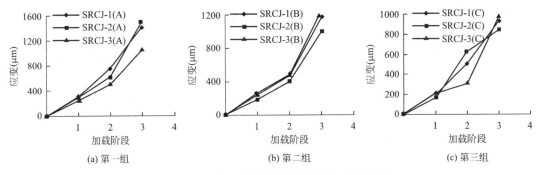

图 4.3-19　各组试件柱端纵筋荷载-应变曲线

（2）节点核心区柱端箍筋应变分析

各组试件柱端箍筋荷载-应变曲线如图 4.3-20 所示。通过对柱端箍筋应变值的对比分析，可以得到以下结论：

1）在构件开裂及屈服阶段，柱端箍筋应变增长较缓慢，弹性应变均保持在 $200\mu m$ 左右，应变较小；构件屈服后，柱端箍筋应变值增长幅度较大，达到 $900\mu m$ 左右。

2）柱端箍筋在整个加载过程中始终处于弹性状态，从构件破坏时的裂缝分布发展来看，柱端也没有发生破坏。

3）各组试件柱端箍筋应变大小相差不大，应变发展趋势较为一致。

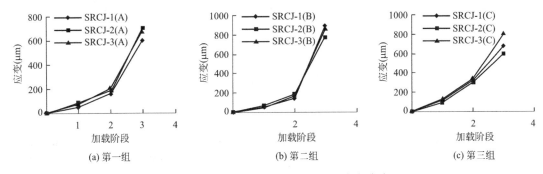

图 4.3-20　各组试件柱端箍筋荷载-应变曲线

（3）节点核心区梁端纵筋应变

各组试件梁端纵筋荷载-应变曲线如图 4.3-21 所示。各组梁端纵筋荷载-应变曲线显示：

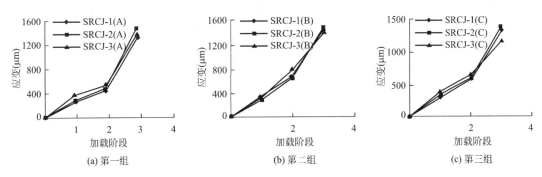

图 4.3-21　各组试件梁端纵筋荷载-应变曲线

1）梁端纵筋应变值在不同加载阶段增长速率不同，构件屈服前应变增长缓慢，屈服后增加较快，最终达到 $1600\mu m$ 左右。

2）在整个加载过程中，梁端纵筋处于弹性状态，试验现象显示梁端破坏发生在节点核心区破坏之后，且构件最终破坏形式为核心区剪切破坏。

3）三组试件梁端纵筋应变变化较为一致，最终梁端纵筋应变大小相差不大。

（4）节点核心区梁端箍筋应变

各组试件梁端箍筋荷载-应变曲线如图 4.3-22 所示。通过对梁端箍筋的应变值对比分析，可以得到以下结论：

1）在构件开裂及屈服阶段，梁端箍筋应变增长较缓慢，弹性应变均保持在 $200\mu m$ 左右，应变较小；构件屈服后，梁端箍筋应变值增长幅度较大，达到 $900\mu m$ 左右。

2）梁端箍筋在整个加载过程中始终处于弹性状态，从构件破坏时的裂缝分布发展来看，柱端也没有发生破坏。

3）各组试件梁端箍筋应变大小相差不大，应变发展趋势也较为一致。

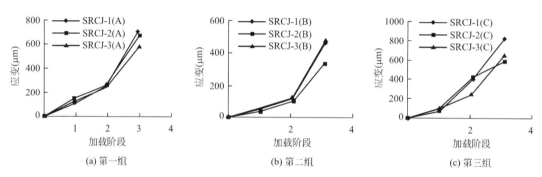

图 4.3-22 各组试件梁端箍筋荷载-应变曲线

（5）节点核心区柱型钢腹板应变分析

在整个加载过程中，柱型钢腹板在节点抗剪中担任着重要角色。不同阶段，型钢腹板所处的应力应变状态不同，通过对节点核心区型钢腹板上应变片的分析可知：在构件开裂阶段，型钢腹板处于弹性阶段；构件屈服时，型钢腹板部分进入屈服状态；构件承载力达到极限荷载时，型钢腹板完全进入屈服状态，但由于混凝土的约束，型钢腹板仍然能够提供剪切承载力。各试件节点核心区型钢柱腹板应变片布置图如图 4.3-23 所示。

试验采用三向应变花测量节点核心区型钢腹板的应变，锡箔式电阻应变花能够测量 x、y 以及与水平方向呈 $45°$ 的应变值，本节分别用线应变 ε_{a1}、ε_{a2}、ε_{a3} 来表示以上三个方向的线应变，节点核心区的主应变 ε_1（ε_2）及方向 α_0 可按式（4.3-1）与式（4.3-2）进行计算：

主应变 ε_1（ε_2）大小为：

$$\varepsilon_1(\varepsilon_2) = \frac{\varepsilon_{0°} + \varepsilon_{90°}}{2} \pm \frac{\sqrt{2}}{2}\sqrt{(\varepsilon_{0°} - \varepsilon_{45°})^2 + (\varepsilon_{45°} - \varepsilon_{90°})^2} \qquad (4.3\text{-}1)$$

主应变的方向 α_0 为：

$$\text{tg}2\alpha_0 = \frac{2\varepsilon_{45°} - \varepsilon_{0°} - \varepsilon_{90°}}{\varepsilon_{0°} - \varepsilon_{90°}} \qquad (4.3\text{-}2)$$

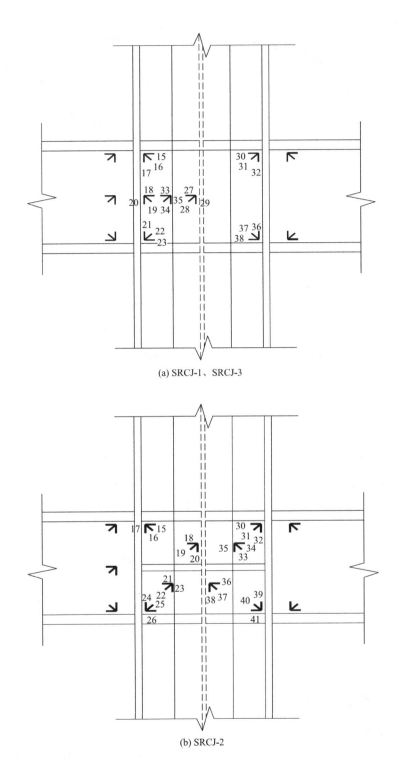

(a) SRCJ-1、SRCJ-3

(b) SRCJ-2

图 4.3-23　节点核心区型钢柱腹板应变片布置图

各组试件型钢腹板应变如图 4.3-24 所示。

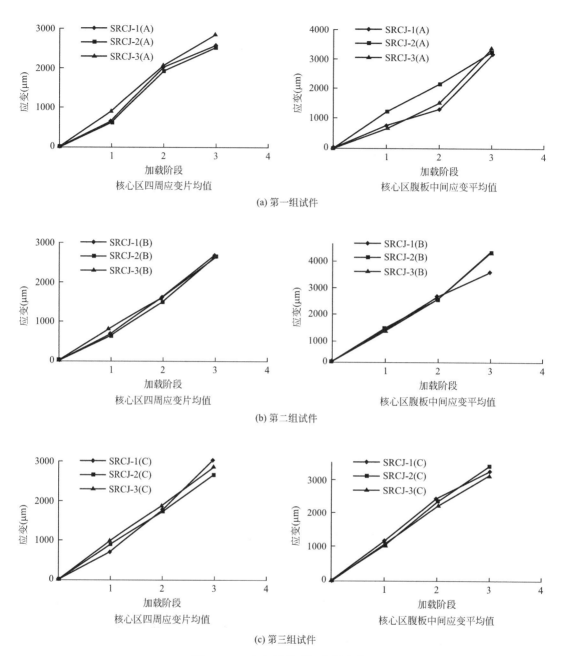

(a) 第一组试件

(b) 第二组试件

(c) 第三组试件

图 4.3-24　各组试件型钢腹板应变

4.3.3　节点核心区抗剪性能研究

1. 节点受力分析及节点总剪力计算

　　梁柱节点在框架结构中是最关键部位，它是框架柱和框架梁的交汇处，因此受力比较复杂。梁柱节点的合理设计是框架结构安全性能最关键的步骤，尤其是在地震作用下，合理的节点设计能够保证建筑物的安全性，减少损失。本书研究的是型钢混凝土梁柱节点，以提出一种可靠有效的节点构造为目标。

（1）节点域受力分析

型钢混凝土框架结构中梁柱节点的受力情况即节点核心区受力分析如图 4.3-25 所示：节点在水平方向受到两侧梁传来的弯矩、剪力，一般梁传来的轴力较小，可以忽略不计；在垂直方向受到上下柱传来的弯矩、剪力、轴力。根据节点域的概念，可以认为临近节点核心区的梁端和柱端也是节点的一部分，框架受力后，各种内力是由梁端和柱端传递到节点核心区的，梁柱的截面尺寸和型钢及钢筋配置都对节点有直接影响，而节点核心区也直接影响着梁柱纵筋在核心区的锚固性能、梁柱的刚度和强度。因此梁端和柱端与节点是一个紧密联系的结构整体，在研究节点性能时有必要把梁端和柱端考虑进来。

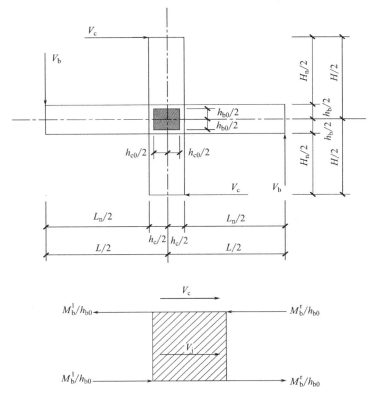

图 4.3-25　节点核心区受力分析

V_b—梁端剪力；V_c—柱端剪力；h_{b0}—型钢混凝土框架梁截面高度减 2 倍受拉主筋形心至截面受拉边缘距离；

h_{c0}—型钢混凝土框架柱截面高度减 2 倍受拉主筋形心至截面受拉边缘距离；V_j—节点核心区的剪力

节点核心区四周作用的梁柱弯矩（M_c^t，M_c^b，M_b^l，M_b^r）可以转化成钢筋及型钢翼缘受拉、受压区域合力形成的力偶，则在节点域两个对角方向受到垂直和水平方向的压力，而另外两个对角方向受到两个方向的拉力。在正反交替荷载作用下，斜向拉应力在节点对角线交替出现，当斜向拉应力超出混凝土抗拉强度时即产生交叉的斜向裂缝，其后随着混凝土部分的损伤逐渐加剧，其强度和刚度都逐渐降低。另外，节点核心区四周的梁柱纵筋与混凝土之间产生较大的粘结应力，当弯矩增加至梁柱纵筋受弯屈服后，节点核心区周围特别是角部的混凝土发生受弯破坏，但此时梁柱截面依靠其内埋型钢仍能承受很大的荷载，其后随着荷载的继续增加，若梁根部的型钢翼缘屈服并形成塑性铰，则节点核心区不会先于框架梁发生破坏，从而形成较好的抗震体系。但是如果框架梁柱型钢尚未屈服，节点核心区仍将承受梁柱型钢传来的弯矩和剪力，则会发生节点核心区剪切破坏，本节试件设计即为这种情况，以研究节点核心区的抗剪性能。

（2）总水平剪力计算

在水平地震作用时，假定多层多跨框架的反弯点在梁、柱构件的中点，节点水平剪力计算如图4.3-26所示，考虑受力平衡条件，则作用于节点核心区的剪力 V_j 为：

$$
\begin{aligned}
V_{j} &= \frac{(M_{b}^{l}+M_{b}^{r})}{(h_{b}-2a_{b})}-V_{c} \\
&= \frac{(M_{b}^{l}+M_{b}^{r})}{(h_{b}-2a_{b})}-V_{b}\frac{L}{H} \\
&= \frac{(M_{b}^{l}+M_{b}^{r})}{(h_{b}-2a_{b})}-\frac{(M_{b}^{l}+M_{b}^{r})}{L_{n}}\frac{L}{H} \\
&= \frac{(M_{b}^{l}+M_{b}^{r})}{(h_{b}-2a_{b})}\cdot\frac{1}{H}\left[H-(h_{b}-2a_{b})\frac{L}{L_{n}}\right] \\
&\approx \frac{(M_{b}^{l}+M_{b}^{r})}{(h_{b}-2a_{b})}\cdot\frac{H_{n}}{H}
\end{aligned}
\tag{4.3-3}
$$

式中：V_j——节点核心区总剪力；

M_b^l——节点核心区左侧梁弯矩；

M_b^r——节点核心区右侧梁弯矩；

V_c——柱端剪力；

L——梁两端距离；

L_n——梁段净长；

H——柱上下端距离；

H_n——柱段净距；

h_b——梁高；

a_b——梁保护层厚度；

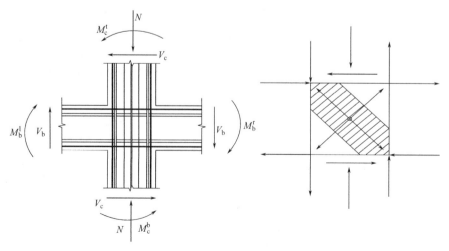

图 4.3-26　节点水平剪力计算

根据式（4.3-3）计算出各试件节点核心区水平剪力见表 4.3-6。

各试件节点核心区水平剪力 表 4.3-6

试件分组	试件编号	开裂水平剪力 （kN）	屈服水平剪力 （kN）	极限水平剪力 （kN）
第一组	SRCJ-1(A)	799.92	1580.28	2434.34
	SRCJ-2(A)	799.92	1162.49	2216.60
	SRCJ-3(A)	799.92	1619.38	2751.32
第二组	SRCJ-1(B)	799.92	1457.72	2379.60
	SRCJ-2(B)	799.92	1975.00	2776.60
	SRCJ-3(B)	799.92	1816.60	2813.94
第三组	SRCJ-1(C)	799.92	1344.79	2168.63
	SRCJ-2(C)	799.92	1918.27	2807.37
	SRCJ-3(C)	799.92	2275.98	2880.40

2. 节点各部分剪力试验值

（1）型钢抗剪承载力试验值

从型钢腹板的应变分析来看，节点核心区型钢腹板经历了以下三个阶段：构件初裂前，型钢腹板一直处于弹性阶段；构件进入屈服时，型钢腹板中间进入屈服，腹板边缘仍然处于弹性状态；当构件达到极限荷载时，型钢腹板已完全进入屈服状态。由于节点核心区型钢腹板有不同的应力应变状态，将型钢腹板抗剪承载力分为以下三个阶段进行计算分析。

1）初裂阶段节点核心区型钢腹板抗剪承载力计算

型钢腹板在初裂前处于弹性状态，型钢腹板的抗剪承载力可按下式计算：

$$V_w = \frac{I_w t_w}{S_w} \tau_w \tag{4.3-4}$$

式中：V_w——型钢腹板抗剪承载力；

I_w——型钢截面惯性矩；

t_w——型钢腹板厚度；

S_w——型钢截面面积矩；

τ_w——型钢腹板剪应力。

$$\tau_w = G_s \gamma_w \tag{4.3-5}$$

式中：G_s——型钢腹板剪切模量；

γ_w——型钢腹板剪切变形。

节点核心区应变分布不均匀，在这里假定应变从型钢腹板中间到两边呈线性变化，则用均值来代替型钢腹板的平均应变。

2）屈服阶段节点核心区型钢腹板抗剪承载力计算

型钢腹板在屈服阶段处于弹塑性状态，根据试验数据分析，假定腹板上应变分布规律如图 4.3-27 所示。

型钢腹板的抗剪承载力计算分为两个部分分别计算，弹性部分的抗剪承载力依然按照

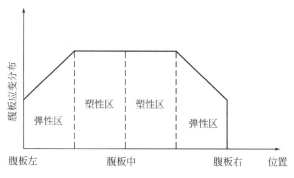

图 4.3-27　腹板上应变分布规律

式（4.3-4）进行计算，塑性部分的型钢腹板由于受到混凝土约束，仍然能够发挥其抗剪承载力的作用，按下式计算：

$$V_{w2} = f_v S_s \qquad (4.3\text{-}6)$$

式中：V_{w2}——型钢腹板塑性部分抗剪承载力；

　　　f_v——型钢腹板抗剪强度试验值，通过材料试验测得；

　　　S_s——型钢腹板进入屈服的面积。

3）极限承载力阶段节点核心区型钢腹板抗剪承载力计算

当构件承载力达到极限状态时，节点区型钢腹板完全进入塑性状态，型钢腹板受到混凝土的有效约束，此时认为型钢腹板仍然能够充分发挥其抗剪能力，其抗剪承载力达到最大值，仍然按照式（4.3-6）进行计算。

（2）箍筋抗剪承载力试验值

通过对节点核心区箍筋应变的分析可知，在加载阶段，箍筋一直处于弹性阶段，故节点核心区箍筋抗剪公式如下：

$$V_{sv} = n \varepsilon_{sv} E_{sv} A_{sv} \qquad (4.3\text{-}7)$$

式中：V_{sv}——箍筋抗剪承载力；

　　　n——箍筋总肢数；

　　　ε_{sv}——节点核心区箍筋应变；

　　　A_{sv}——节点核心区箍筋截面面积；

　　　E_{sv}——节点核心区箍筋弹性模量。

（3）混凝土抗剪承载力试验值

加载过程中，节点核心区混凝土处于不同的受力状态，很难给出较为固定的计算公式，因此用试验总的剪力（V_j）减去型钢腹板抗剪承载力（V_w）和箍筋的抗剪承载力（V_{sv}）来计算混凝土的抗剪承载力：

$$V_{cv} = V_j - V_w - V_{sv} \qquad (4.3\text{-}8)$$

（4）加载各阶段型钢腹板、箍筋、混凝土抗剪承载力分析

经计算得各试件型钢腹板、箍筋、混凝土各阶段抗剪承载力对比，节点核心区抗剪承载力如图 4.3-28 所示。

由各试件的抗剪承载力对比图，可以得到以下结论：

1）节点核心区初裂阶段，型钢腹板和核心区箍筋的剪力较小，节点核心区的剪力基

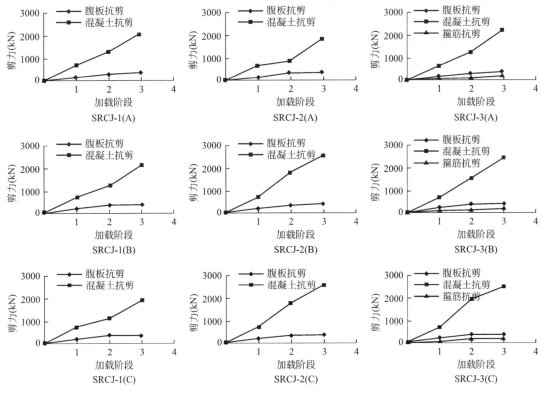

图 4.3-28　节点核心区抗剪承载力

本由混凝土承担。试件 SRCJ-1 与试件 SRCJ-2 型钢腹板提供的抗剪承载力占总抗剪承载力的 18%，试件 SRCJ-3 型钢腹板提供的抗剪承载力约占总抗剪承载力的 20%，箍筋仅占 3.2%。此时节点处于弹性阶段，各部分变形均较小。

2）屈服阶段，核心区裂缝逐渐增多，核心区剪切变形增大。混凝土部分所承担的抗剪承载力继续增加，但增长幅度不大；型钢腹板和核心区箍筋所承担的抗剪承载力有所降低。参考各个试件，型钢腹板所提供的抗剪承载力占总剪力的 15%，混凝土提供的抗剪承载力占总剪力的 80%。型钢腹板已有一小部分进入屈服，但箍筋仍然处于弹性状态。

3）极限阶段，节点核心区剪切变形较大，混凝土开裂较为严重。节点核心区的抗剪承载力仍然由混凝土承担，型钢腹板和箍筋承担的剪力较屈服阶段有所增加，型钢腹板已进入屈服，箍筋应变仍未达到屈服应变。

4）由以上三个阶段节点核心区的剪力分析可知：型钢混凝土梁柱节点的抗剪承载力主要由混凝土部分承担，型钢腹板是抗剪承载力的重要组成，箍筋对抗剪承载力的贡献不大。但是比较各组试件的抗剪承载力、极限荷载、抗震性能等，箍筋在节点核心区的抗剪中仍然起着重要作用。

5）建议在节点核心区设置多块隔板，这样可以有效约束节点核心区混凝土的变形；对于箍筋，可以只配置外圈箍筋，取消内部箍筋配置，就可以有效地保证节点核心区各项抗震性能。

6）试件 SRCJ-3 抗剪承载力分析结果显示，箍筋提供的抗剪承载力仅占总剪力的 5%

左右，建议型钢混凝土梁柱节点核心区抗剪承载力计算不考虑箍筋作用，把箍筋作为一种安全储备和约束混凝土的构造措施来处理。

3. 型钢混凝土梁柱节点核心区抗剪理论

综合国内外对型钢混凝土梁柱节点抗剪性能的研究，其受剪主要有以下两种理论：

（1）钢桁架机理

柱型钢翼缘与节点区加劲肋及节点区混凝土形成一个刚性矩形框，刚性框由中间的斜压杆、斜拉杆、边框组成。混凝土与型钢翼缘组成斜压腹板；斜拉杆由混凝土、型钢翼缘和梁柱纵筋组成，混凝土拉应变控制其承载能力，混凝土开裂时斜拉杆退出工作。理论认为腹杆只承受轴向力，刚性框是五次超静定结构，钢桁架受力机理模型如图 4.3-29 所示。

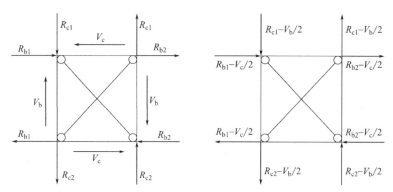

图 4.3-29　钢桁架受力机理模型

V_c—柱端剪力；V_b—梁端剪力；R_c—柱翼缘等效轴力；R_b—梁翼缘等效轴力

从节点开始受力到节点核心区混凝土出现裂缝，斜拉杆就退出了工作，只剩下斜压杆继续工作。随着荷载的继续增加，型钢腹板逐渐进入屈服，在进入屈服过程中，型钢腹板有效地约束了混凝土，混凝土没有出现被压溃破坏的情况。在节点到达极限破坏过程中，型钢腹板全部进入屈服，型钢翼缘与水平加劲肋组成的矩形框四角形成塑性铰，斜压杆未破坏，此时节点计算模型变成了静定结构。当荷载与变形达到一定程度，斜压杆的破坏就预示着整个节点的破坏。

（2）钢"框架-剪力墙"机理

钢筋混凝土部分的抗剪机理模型如图 4.3-30 所示：由混凝土斜压杆与桁架组成，混凝土斜压杆承受梁端和柱端传递来的压应力，钢筋与混凝土组成的桁架承受梁端和柱端的拉应力及剪力。型钢柱翼缘与加劲肋所组成的刚性框对混凝土有约束作用，故相对于钢筋混凝土节点来说，型钢混凝土节点抗剪承载力要大得多。节点核心区型钢的抗剪机理模型如图 4.3-31 所示：型钢柱的翼缘与加劲肋组成封闭的刚性框和腹板作为"剪力墙"组成了"框架-剪力墙"结构。在水平剪力作用下，两者按照刚度分配剪力，腹板抗侧移刚度较翼缘抗侧移刚度大得多，因此模型认为剪力主要由型钢腹板承担。节点到达极限承载力时，型钢腹板首先进入屈服，刚性框的四角形成塑性铰，变成机动体系，钢筋混凝土部分最后进入破坏，宣告节点破坏。

4. 节点各部分水平剪力计算分析

型钢混凝土梁柱节点的抗剪能力由型钢部分和混凝土部分分别提供，两部分的力学模

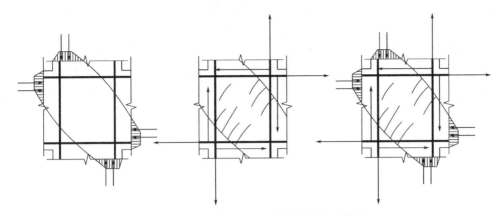

图 4.3-30　钢筋混凝土部分的抗剪机理模型

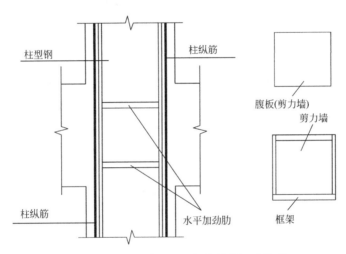

图 4.3-31　节点核心区型钢的抗剪机理模型

型有较大区别：型钢部分的抗剪承载力由柱型钢的腹板和梁柱翼缘提供，混凝土部分的抗剪承载能力由混凝土和箍筋提供。对于型钢混凝土梁柱节点核心区极限抗剪承载力的计算做出如下假定：

1) 型钢混凝土构件由于内部型钢受到混凝土的约束，在外围的混凝土完全脱落前，型钢不会发生局部屈曲。试验结果显示，从开始到试验结束，未发生型钢的局部屈服，因此在节点核心区的抗剪承载力计算时不考虑型钢的局部屈曲。

2) 已有研究表明，混凝土开裂后，裂缝间的混凝土与钢材间残存的粘结应力，使受拉钢材的应变受到影响，因此必须考虑钢材的不均匀应变。在仅考虑型钢混凝土节点的极限位移与极限荷载情况下，则可忽略混凝土开裂后对钢材应变的影响。一般节点的破坏形式分为节点核心区受剪破坏、梁端塑性铰破坏和柱塑性铰破坏三种情况。大多数关于型钢混凝土梁柱节点的研究表明节点核心区的破坏总是由于核心区混凝土在剪压或者拉剪复合受力状态下被压溃破坏的。

（1）型钢抗剪承载力

柱型钢承载着轴力和部分剪力，梁柱平面的腹板和翼缘抗侧移刚度较大，因此不考虑平面外型钢腹板的抗剪承载力。对节点中型钢腹板的抗剪作用，试验中利用应变片进行量测，从试验结果可以看出，柱平面内腹板和翼缘大致经历过以下三种阶段：1) 弹性阶段，梁柱平面内腹板及翼缘处于弹性状态，应变分布均匀，此时混凝土处于初裂状态；2) 弹塑性阶段，构件处于带裂缝工作状态时，型钢腹板逐渐进入屈服，尤其是变形较大时，腹板大部分进入屈服状态，充分发挥其抗剪能力；3) 塑性阶段：构件承载力到达极值点以后，节点核心区变形很大，型钢腹板全部进入屈服状态，进入塑性工作阶段。

节点进入屈服状态前，型钢腹板处于剪切流动状态。对于低碳钢可以采用第四强度理论确定其剪切屈服时的条件：

$$\sqrt{\frac{1}{2}\left[(\sigma_1-\sigma_2)^2+(\sigma_2-\sigma_3)^2+(\sigma_3-\sigma_1)^2\right]} \leqslant f_a \tag{4.3-9}$$

式中：f_a——型钢腹板单向拉伸屈服强度。

由于本次试验型钢腹板较薄，将腹板受力简化为平面受力，即 $\sigma_2=0$。将 σ_1 与 σ_3 代入式（4.3-9），得到型钢腹板进入屈服时的剪切应力：

$$\tau=\frac{1}{\sqrt{3}}\sqrt{f_a^2-\sigma_c^2} \tag{4.3-10}$$

由上式可知，轴向力对腹板抗剪起不利作用，相关文献表明轴向力对型钢腹板抗剪强度降低幅度在 $3\%\sim5\%$，为了方便计算、概念清晰，在节点抗剪计算中，型钢的剪切屈服强度可按照纯剪时的剪切屈服强度进行计算，即：

$$\tau=\frac{1}{\sqrt{3}}f_a \tag{4.3-11}$$

于是可以用下式计算型钢腹板的抗剪承载能力：

$$V_s=\frac{1}{\sqrt{3}}t_w h_w f_a \tag{4.3-12}$$

式中：t_w、h_w——型钢腹板厚度及高度。

（2）箍筋承载力

箍筋在型钢混凝土梁柱节点核心区中有一定的承载能力，一般发挥的抗剪作用较小，都是在型钢腹板屈服后开始发挥抗剪作用。核心区箍筋计算模型如图 4.3-32 所示，型钢混凝土梁柱节点核心区箍筋的抗剪承载力计算可以参照《混凝土结构设计规范》GB 50010—2010（2015 年版）中有关混凝土梁柱节点核心区箍筋的抗剪承载力的方法计算：

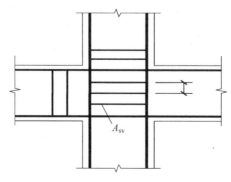

图 4.3-32　核心区箍筋计算模型

$$V_{sv} = f_{yv} \frac{A_{sv}}{s}(h_{b0} - a'_s) \qquad (4.3-13)$$

式中：V_{sv}——箍筋抗剪承载力；

$\quad f_{yv}$——箍筋抗拉强度设计值；

$\quad A_{sv}$——同一截面内各肢箍筋全部截面面积；

$\quad s$——节点核心区箍筋间距；

$\quad h_{b0}$——柱截面有效高度；

$\quad a'_s$——柱保护层厚度。

（3）混凝土承载力

试验结果表明在低周反复荷载作用下，节点核心区的抗剪承载力主要由混凝土承担。节点核心区在梁端和柱端弯矩产生的压力作用下，沿着核心区混凝土对角线方向形成受压带，垂直于受压带的方向上有拉应力出现，在低周往复荷载作用下，沿垂直于对角线的方向出现裂缝，在裂缝间就形成了一个混凝土斜压杆，随着荷载的增加，节点达到极限强度，混凝土斜压杆破坏。型钢混凝土梁柱节点的抗剪承载能力大部分由斜压杆决定，斜压杆的水平向分力就是混凝土部分的抗剪承载能力。节点核心区斜压杆受力模型如图 4.3-33 所示。

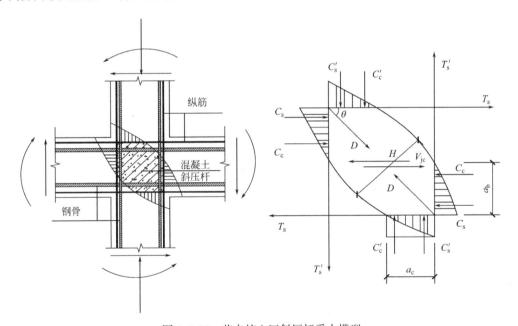

图 4.3-33　节点核心区斜压杆受力模型

C_s—梁受压型钢翼缘和梁纵筋合力；C'_s—柱受压型钢翼缘和梁纵筋合力；T_s—梁受拉型钢翼缘和梁纵筋合力；T'_s—柱受拉型钢翼缘和梁纵筋合力；D—节点核心区斜压杆承载力；θ—节点核心区斜压杆与水平向夹角；H—节点核心区斜压杆有效高度；a_b—模型中梁受压区高度；a_c—模型中柱受压区高度

根据模型分析可得混凝土的抗剪承载力表达式：

$$D = Hb_j f_c \qquad (4.3-14)$$

式中：b_j—节点核心区有效验算宽度，根据《组合结构设计规范》JGJ 138—2016 取值；

$$H = \sqrt{a_c^2 + a_b^2} \qquad (4.3-15)$$

节点核心区破坏时在梁端形成塑性铰，受压区混凝土被压溃，故梁端混凝土受压区高度很小，取 $a_b = 0$，H 表达式如下：

$$H \approx a_c \qquad (4.3\text{-}16)$$

$$\cos\theta = \frac{a_c}{\sqrt{a_c^2 + a_b^2}} \approx 1 \qquad (4.3\text{-}17)$$

节点核心区柱端有效受压区高度 a_c 可用柱截面高度 h_c 表示如下：

$$a_c = \eta h_c \qquad (4.3\text{-}18)$$

所以型钢混凝土梁柱节点核心区混凝土承担的剪力为：

$$V_{jc} = \eta h_c b_j f_c \qquad (4.3\text{-}19)$$

其中 η 是待定系数，它与节点的型钢翼缘、柱轴向压力、核心区箍筋的约束等因素有关，因此其计算比较复杂，本节借助试验结果，以实测节点核心区抗剪强度值减去型钢腹板抗剪承载力和箍筋抗剪承载力来计算核心区混凝土抗剪承载力，从而来确定此项系数：

$$\eta = \frac{V_j - V_s - V_{sv}}{f_c h_c b_j} \qquad (4.3\text{-}20)$$

计算得各组节点核心区混凝土抗剪承载力大小及系数 η 见表 4.3-7。

节点核心区混凝土抗剪承载力大小及系数 η 表 4.3-7

试件编号	混凝土抗剪承载力 V_{jc}(kN)	系数 η	均值	方差
SRCJ-1(A)	1285.70	0.308		
SRCJ-1(B)	1151.23	0.2757	0.27713	0.0607%
SRCJ-1(C)	1034.21	0.2477		
SRCJ-2(A)	851.54	0.204		
SRCJ-2(B)	1688.60	0.4045	0.33633	0.8759%
SRCJ-2(C)	1672.18	0.4005		
SRCJ-3(A)	1246.08	0.2985		
SRCJ-3(B)	1432.49	0.3431	0.36777	0.4743%
SRCJ-3(C)	1862.75	0.4617		

由表中数据分析结果，可以得出以下结论：

1）对比分析试件 SRCJ-1 与试件 SRCJ-2、SRCJ-3 的承载力系数 η，节点核心区腹板及箍筋的配置能够提高节点核心区混凝土的抗剪性能，有效约束混凝土。

2）由试件 SRCJ-2 与 SRCJ-3 的混凝土抗剪承载力及抗剪承载力系数对比分析可知，两者较为接近，但仍有一定的差距。分析可知隔板能够有效约束型钢内部的混凝土，但对于外圈混凝土约束能力较弱，而箍筋能够有效约束整个混凝土截面。建议在实际施工中可加大隔板的面积，使其与柱截面尺寸大致相同。

3）试件 SRCJ-1 由于未在核心区设置箍筋及隔板，抗剪承载力计算模型与实际受力情况最为接近，因此用试件 SRCJ-1 的抗剪承载力系数来综合代表混凝土抗剪承载力影响系数，为了安全起见，取 $\eta = 0.275$。

（4）型钢混凝土梁柱节点核心区抗剪承载力计算方法

综合上述型钢腹板、箍筋、混凝土各部分的抗剪承载能力，按照《高层建筑钢-混凝土混合结构设计规程》CECS 230—2008 考虑轴向压力对于节点核心区抗剪承载力的影响，得到节点核心区抗剪承载力的计算方法如下（式中符号释义参见原规范）：

$$V_j = \frac{1}{\sqrt{3}} t_w h_w f_a + f_{yv} \frac{A_{sv}}{s} (h_{b0} - a'_s) + 0.275 h_c b_j f_c + 0.1 N_{cu}^{rc} \qquad (4.3-21)$$

结构做抗震设计时，考虑抗震调整系数，结构抗震等级为一、二级时：

$$V_j = \frac{1}{\gamma_{RE}} \left[\frac{1}{\sqrt{3}} t_w h_w f_a + f_{yv} \frac{A_{sv}}{s} (h_{b0} - a'_s) + 0.275 h_c b_j f_c + 0.1 N_{cu}^{rc} \right] \qquad (4.3-22)$$

按照式（4.3-22）计算所得各组试件抗剪承载力与按照《高层建筑钢-混凝土混合结构设计规程》CECS 230—2008 计算所得各组试件抗剪承载力对比见表 4.3-8。

节点核心区抗剪承载力试验值与计算值对比　　　　　　　　表 4.3-8

试件编号	试验值 V_{j1}(kN)	计算值 V_{j2}(kN)	比值 V_{j1}/V_{j2}
SRCJ-1(A)	1580.28		1.0207
SRCJ-1(B)	1457.72	1548.17	0.9416
SRCJ-1(C)	1344.79		0.8686
SRCJ-2(A)	1162.49		0.7509
SRCJ-2(B)	1975.00	1548.17	1.2757
SRCJ-2(C)	1918.27		1.2391
SRCJ-3(A)	1619.38		0.8474
SRCJ-3(B)	1816.60	1911.05	0.9506
SRCJ-3(C)	2275.98		1.1910

从计算值与试验值的对比分析可以看出，采用本节推荐的计算方法是安全的，能够保证节点核心区的抗剪性能的发挥。同时建议型钢混凝土梁柱节点的抗剪计算公式中，取消对于箍筋的考虑，把箍筋的抗剪性能作为安全储备，这样与节点试验中箍筋的状态能够保持一致。

4.3.4 型钢混凝土梁柱节点初裂研究

1. 型钢混凝土梁柱节点初裂研究意义

节点核心区是框架梁和框架柱的交汇处，受到弯剪扭的共同作用，处于复杂应力状态下，是框架结构的关键受力部位。同时节点核心区构造复杂，一旦受损，修复工作难以进行。对于重要的建筑物及水下结构，要求在平时使用状态时不出现裂缝。同样为了满足抗震设计中的"小震不坏，中震可修，大震不倒"的设计原则，对结构构件进行初裂设计是必要的，可以保证结构在遭受低于本地区抗震设防烈度的多遇地震影响时，不发生开裂。本节所采用核心区带隔板节点与普通型钢混凝土节点初裂有所不同，需要进一步研究。

2. 基本假定

由节点核心区的关键应变分析和核心区抗剪性能的研究可知，在节点开裂前，节点核心区都处于弹性状态。此时，柱型钢腹板所提供的抗剪承载力占总抗剪承载力的 15%，混凝土占总抗剪承载力的80％以上。试件SRCJ-3抗剪承载力显示，箍筋所提供的抗剪承载力仅占总抗剪承载力的3％，可以忽略不计。因此为了简化计算，假定在试件开裂前，节点核心区剪力都由混凝土与型钢腹板承担。

在进行型钢混凝土梁柱节点抗裂计算时，做以下假定：

（1）节点核心区出现斜裂缝之前，节点核心区处于弹性状态；

（2）柱型钢与混凝土保持变形协调；

（3）忽略柱纵向钢筋的销栓作用；

（4）忽略节点核心区箍筋及型钢柱翼缘对抗裂承载力的贡献；

（5）在轴向力作用下认为竖向应力沿截面高度均匀分布。

3. 节点抗裂承载力计算方法

根据以上基本假设，认为型钢混凝土梁柱节点核心区斜截面上的主拉应力超过混凝土抗拉承载力时，节点核心区开裂，此时柱型钢腹板剪切应变与混凝土剪切应变相等：

$$\gamma_s = \gamma_c \tag{4.3-23}$$

$$\gamma_s = \frac{1}{G_s}\tau_s; \quad \gamma_c = \frac{1}{G_c}\tau_c \tag{4.3-24}$$

式中：γ_s——柱型钢腹板剪切应变；

G_s——柱型钢腹板钢材剪切模量；

γ_c——节点核心区混凝土剪切应变；

G_c——节点核心区混凝土剪切模量。

综合式（4.3-23）与式（4.3-24）得型钢剪切应力τ_s与混凝土剪切应力τ_c的关系：

$$\tau_s = \frac{G_s}{G_c}\tau_c \tag{4.3-25}$$

节点核心区处于弹性状态时，节点核心区混凝土剪切应力与混凝土抗压强度设计值之间关系表示为：

$$\tau_c = \omega f_c \tag{4.3-26}$$

已有关于型钢混凝土梁柱节点抗裂承载力计算的研究显示，系数ω是关于轴压比n的一次函数，它与n之间的关系如下：

$$\omega = 0.12n + 0.16 \tag{4.3-27}$$

于是得到型钢混凝土梁柱节点的抗裂承载力计算公式如下：

$$V_{cr} = V_c + V_s = \tau_c^{cr}b_jh_j + \tau_s^{cr}t_wh_w$$
$$= \omega f_c\left(b_jh_j + \frac{G_s}{G_c}t_wh_w\right) \tag{4.3-28}$$

式中：τ_c^{cr}、τ_s^{cr}——型钢混凝土梁柱节点开裂时的核心区混凝土剪切应力、型钢剪切应力；

b_j——节点核心区宽度；

h_j——节点核心区高度；

t_w——型钢腹板厚度；

h_w——型钢腹板高度。

经计算得试件抗裂承载力为794.50kN，与试验数据计算得到的抗裂时节点核心区剪力基本一致。各试件节点核心区的构造不同，但剪力基本一致，说明在节点抗裂设计中，混凝土起主要作用，箍筋或者隔板对于构件初期开裂的影响不大。

4.3.5 小结

通过三组共 9 个试件在低周往复荷载作用下的试验研究，得到了型钢混凝土梁柱节点的破坏形态、梁端荷载-位移曲线、骨架曲线等，通过对试验结果的分析，得到了型钢混凝土梁柱节点的强度退化、刚度退化、延性及耗能能力各项性能。分析了型钢混凝土梁柱节点区的各项主要应变情况，对型钢混凝土梁柱节点的抗剪承载力进行了研究，得到了以下结论：

（1）本试验各构件均在节点核心区发生剪切破坏，破坏经历了弹性阶段、弹塑性阶段、塑性阶段。各个试件梁端荷载-位移曲线形状饱满，形状介于纺锤体与倒 S 之间。从各组试件骨架曲线对比图来看，试件 SRCJ-2 与 SRCJ-3 骨架曲线整体走势基本保持一致，试件 SRCJ-1 的骨架曲线前期基本能够同 SRCJ-2 与 SRCJ-3 保持一致，随着荷载的增加，其承载力低很多。

（2）从构件承载能力与延性系数计算中可以得到以下结论：试件 SRCJ-1、SRCJ-2、SRCJ-3 屈服荷载与极限荷载依次呈上升趋势，其中 SRCJ-2 与 SRCJ-3 屈服荷载相差 10% 左右，极限荷载相差 5% 左右；试件 SRCJ-2 位移延性系数与试件 SRCJ-3 位移延性系数基本一致，说明核心区带隔板的构造做法能够满足位移延性的要求。

（3）型钢混凝土梁柱节点的抗剪承载力主要由混凝土提供，约占总抗剪承载能力的 80%；节点核心区柱型钢腹板是抗剪承载力的重要组成部分，约占总承载力的 15%；箍筋提供的抗剪承载力只占总承载力的 5%，但箍筋有效地约束了节点核心区的混凝土，提高了混凝土的抗剪承载力，也是抗剪承载力的重要组成部分。

（4）在节点核心区增加隔板的做法能够有效约束型钢内部的混凝土，提高混凝土的抗剪承载力，但是型钢外围包裹的混凝土没有受到有效约束。从抗剪承载力上看，与配置箍筋的节点承载力相差约 15%，能够保证节点核心区的抗剪承载能力。

（5）型钢混凝土梁柱节点抗剪承载力计算公式，建议按照试件 SRCJ-1 结果进行取值，试件 SRCJ-1 实际模型与计算模型能够较好地保持一致，有一定的安全储备。

（6）节点核心区的抗裂设计应该注意混凝土的影响，混凝土的强度和柱顶轴压比对于核心区的开裂有着重要影响。

4.4 带隔板型钢混凝土柱的抗剪试验研究与分析

4.4.1 试验研究

1. 试验目的

（1）提出一种用隔板代替内部井字箍筋的柱截面构造形式。对不同截面形式的柱进行低周往复荷载试验，观察构件的裂缝分布发展规律，采集构件在往复荷载作用下的荷载-位移曲线，主要部位应变；根据滞回曲线、骨架曲线，分析其延性及耗能性能、强度衰减、刚度退化和柱抗剪承载力等情况。

（2）验证所提出型钢混凝土柱构造做法的有效性和可行性。

2. 试件设计及制作

（1）试件设计

试验中所有钢板均为 Q345B 级钢，所用钢筋均为 HRB400。钢材及钢筋的力学性能指标见表 4.4-1。混凝土力学性能指标见表 4.4-2。

钢材及钢筋的力学性能指标　　　　　　　　　　　　表 4.4-1

钢筋、钢板规格	屈服强度 f_y (N/mm^2)	极限强度 f_u (N/mm^2)	弹性模量 E_s (×10^{5}N/mm^2)
6mm 钢板	425	574.999	2.04
10mm 钢板	301.667	413.333	2.05
Φ 6 箍筋	353.678	530.517	1.99
Φ 14 纵筋	409.256	596.019	2

混凝土力学性能指标　　　　　　　　　　　　表 4.4-2

试件编号	立方体抗压强度 实测值 f_{cu}(N/mm^2)	轴心抗压强度 推算值 f_c(N/mm^2)	轴心抗拉强度 推算值 f_t(N/mm^2)	弹性模量推算值 E_c(×10^{4}N/mm^2)
SRC1	28.07	21.333	2.126	2.613
SRC2	28.56	21.706	2.146	2.633
SRC3	29.26	22.238	2.175	2.659
SRC4	28.05	21.318	2.125	2.613
SRC5	28.21	21.439	2.132	2.619
SRC6	30.12	22.891	2.210	2.691
SRC7	28.58	21.721	2.147	2.633
SRC8	29.74	22.602	2.195	2.677

根据国家现行标准《组合结构设计规范》JGJ 138 和《高层建筑钢-混凝土混合结构设计规程》CECS 230 中的要求对型钢混凝土柱进行初步设计，再经过 ABAQUS 有限元软件进行模拟分析，同时考虑结构工程试验室的设备和场地情况，进行最终试件尺寸及内部型钢及钢筋布置的敲定。

试验考虑到混凝土的离散性，为保证试验结果的可靠性，每种试件做 3 个（A、B、C）为一组。考虑到不同剪跨比和截面对比情况，设计了 SRC1-（A、B、C）～SRC8-（A、B、C）共八组 24 个试件，各组试件编号见表 4.4-3。

试件编号　　　　　　　　　　　　表 4.4-3

节点编号	截面形式
SRC1	L＝550mm 无隔板，柱截面仅有外圈箍筋
SRC2	L＝550mm 隔板厚度 6mm,柱截面仅有外圈箍筋
SRC3	L＝550mm 隔板厚度 10mm,柱截面仅有外圈箍筋
SRC4	L＝550mm 无隔板,柱截面为井字形箍筋

节点编号	截面形式
SRC5	$L=800$mm 无隔板，柱截面仅有外圈箍筋
SRC6	$L=800$mm 隔板厚度 6mm，柱截面仅有外圈箍筋
SRC7	$L=800$mm 隔板厚度 10mm，柱截面仅有外圈箍筋
SRC8	$L=800$mm 无隔板，柱截面为井字形箍筋

本试验提出了一种方便施工的柱截面构造形式：通过在型钢翼缘和腹板处焊接隔板，用此隔板来等强度代换正常配置井字箍筋中除外圈箍筋的部分，从而避免了在型钢翼缘开洞来达到简化施工的目的，而且浇筑过程中只要通过振捣型钢便可以使浇筑密实，避免了井字箍筋和型钢内部不易浇筑出现孔洞的情况，降低了浇筑难度，方便施工。其中用隔板等强度代换的那部分箍筋详见钢筋配置图。

试件 SRC1 和 SRC5 均未配置隔板，仅有外圈箍筋，分别作为 SRC2～SRC4 和 SRC6～SRC8 的对比试件。SRC4 和 SRC8 均未配置隔板，箍筋形式为井字，为正常配置箍筋的截面形式。SRC2 为配置了用隔板等强度代替 SRC4 内部井字箍筋的试件，箍筋形式仅有外圈箍筋。SRC6 为配置了用隔板等强度代替 SRC8 内部井字箍筋的试件，箍筋形式仅有外圈箍筋。分别用来与 SRC4 和 SRC8 进行对比，验证隔板是否可以起到代替内部井字箍筋的作用。SRC3、SRC6 分别为在 SRC2、SRC5 的基础上增加到隔板厚度为 10mm 的对比试件，其他参数均无变化。用来验证增加隔板厚度是否可以起到提高抗剪承载力的作用。

试件 SRC1～SRC4 为剪跨比为 1 的情况，柱高度为 550mm。试件 SRC5～SRC8 为剪跨比为 1.5 的情况，柱子高度为 800mm。

考虑到试验室设备的实际情况，试验采用在柱根部加上下柱墩的方法来模拟日本建研式加载装置。上下柱墩尺寸均为 500mm×500mm×1700mm。各组试件内部型钢均为焊接十字形型钢，截面尺寸均为 200mm×100mm×6mm×6mm，配钢率为 5.3%，型钢配置如图 4.4-1 所示。

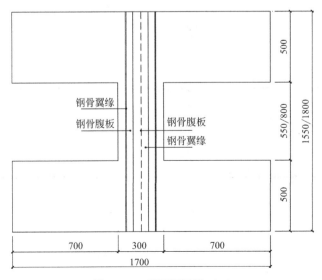

图 4.4-1　型钢配置图（一）

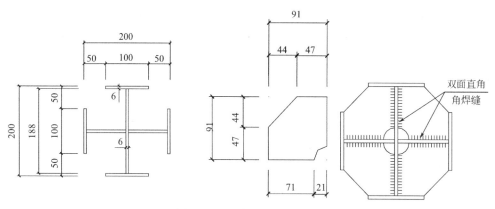

图 4.4-1　型钢配置图（二）

各组试件均配置 12Φ14 的纵筋，配筋率为 2%，柱截面的外圈箍筋配置均为Φ6@50。柱墩截面配置上下 4Φ16 的纵筋，Φ10@50 的箍筋。SRC1～SRC3 体积配箍率为 0.78%，SRC4 为井字箍筋，体积配箍率为 1.9%；SRC5～SRC7 体积配箍率为 0.78%，SRC8 为井字箍筋，试件体积配箍率为 1.3%。

各组试件的构件截面尺寸及配筋结果如图 4.4-2 所示。

试件 SRC3、SRC4 和试件 SRC6、SRC7 隔板布置侧立面如图 4.4-3 所示。

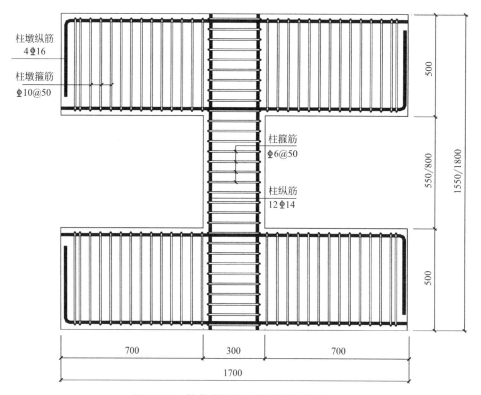

图 4.4-2　构件截面尺寸及配筋结果（一）

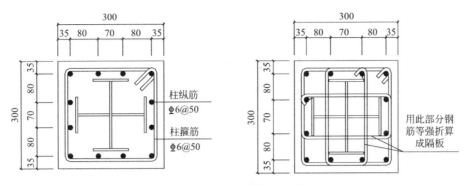

图 4.4-2　构件截面尺寸及配筋结果（二）

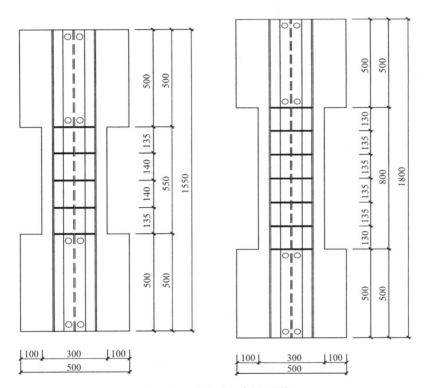

图 4.4-3　隔板布置侧立面图

（2）测点布置

试验主要研究的是柱在低周往复荷载下的抗剪性能。为测试型钢的剪切应变，在距离柱墩 40mm 的位置粘贴应变花和应变片。除隔板部分外的所有型钢上，各试件的编号均保持一致。同理，为了测量纵筋和箍筋的应变，其应变片布置及编号如图 4.4-4 所示。考虑到试验装置的具体情况，试验设定了 6 个位移计，如图 4.4-5 所示。

（3）试件制作

试验采用 C30 自密实混凝土，坍落度为 180mm，流动性大，保证了浇筑的可靠性。浇筑时仍采用振捣棒均匀振捣，从柱墩出发，加速混凝土流到柱中间型钢处，并在柱中型钢边侧进行局部振捣，保证试件的浇筑密实，试件制作如图 4.4-6 所示。

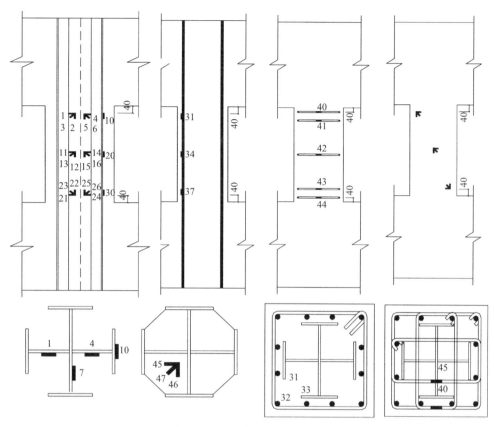

图 4.4-4 应变片布置及编号

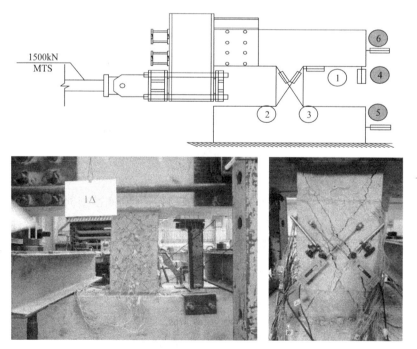

图 4.4-5 位移计布置图

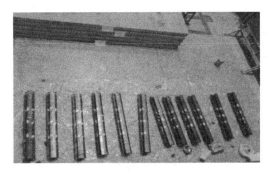

图 4.4-6　试件制作图

3. 加载装置

试验采用无轴向力的仿建研式加载装置。利用部分柱墩和加载装置通过拉杆组合到一起，保证柱上部的水平方向平动。为避免加载端头在伺服作动器往复加载的时候发生平面内向下的翘动，在左面 L 形加载装置下方用滑板支撑起来。为了避免柱端的平面外扭转，在柱墩两侧用滚珠和反力架组成侧向支撑。从最终试件侧面破坏形态看出，侧向支撑达到了目的，避免了平面外的扭转。考虑到要研究柱纯剪切状态下的受力情况，本试验无轴力，试验装置如图 4.4-7 所示，在型钢混凝土柱中点处，没有弯矩，为纯剪切作用。

4. 试验现象

试验加载分两个阶段：第一阶段是荷载控制加载，按照模拟估测的峰值乘以系数来确定第一级荷载的取值，根据前期模拟结果，试验中均取 50kN。第二个阶段是位移控制加载。

（1）试件 SRC1 试验现象

加载至第一循环正向 50kN 时，柱边出现一条很细微的斜向裂缝。加载至第二循环反向 100kN 时，另一侧的柱边出现细微的斜裂缝。SRC1-（A）柱顶位移计值为正向 1.49mm，反向 −0.73mm。加载至第三循环 150kN 时，下柱边出现了一条细微的水平方向裂缝，柱中的斜向裂缝沿长度方向延伸。第四循环至第六循环，原有裂缝继续发展，不断出现新的裂缝。第七循环 350kN，斜向裂缝沿柱对角线方向贯通。最宽处裂缝有 0.3mm。加载至第十循环 500kN 时，柱中两侧纵筋位置出现粘结裂缝，柱中已有斜向裂缝长度方向延伸。荷载-位移曲线出现拐点，试件屈服。

SRC1-（A）推方向的屈服荷载为 503.46kN，柱顶位移计值为正向 7.94mm。SRC1-

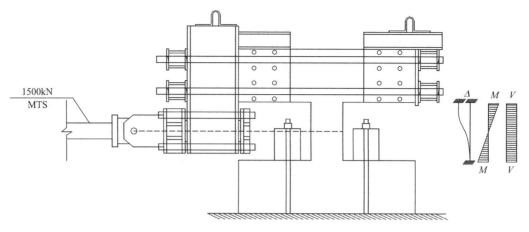

图 4.4-7　试验装置图

（A）拉方向的屈服荷载为 480.83kN，柱顶位移计值为反向－8.08mm。SRC1-（A）试验中取屈服位移为 8mm。SRC1-（C）推方向的屈服荷载为 547kN，柱顶位移计值为正向8.86mm。SRC1-（C）拉方向的屈服荷载为 494kN，柱顶位移计值为反向－8.55mm。SRC1-（C）试验中取屈服位移为 9mm。

　　进入第二阶段，位移控制加载。加载至位移控制第一循环 1Δ 时，裂缝宽度方向增加，最宽处约 1mm。柱表面的混凝土轻微鼓起，混凝土有细碎脱落。加载至位移控制第二循环 2Δ 时，柱上粘结裂缝已很明显，混凝土有少许脱落，裂缝宽度约 1.5mm。加载至位移控制第三循环 3Δ 时，纵筋表面混凝土脱落，露出少许纵筋，混凝土上斜裂缝宽度有很大增加。加载至位移控制第四循环 4Δ 时，混凝土开始大块脱落，左侧纵筋表面混凝土脱落较为严重，右侧纵筋轻微露出。第五、六循环，混凝土脱落已经非常明显，露出大量箍筋。加载至位移控制第七循环正向 7Δ 时，两个方向的承载力均下降到试验峰值的 85%，停止加载，试验结束。

　　SRC1 试件裂缝开展及破坏形态如图 4.4-8 所示。

图 4.4-8　SRC1 试件裂缝开展及破坏形态

（2）试件 SRC2 试验现象

加载至第二循环 100kN 时，在两侧柱边均出现细微的斜向裂缝。加载至第三循环正向 150kN 时，柱中部出现了一条细微的斜向裂缝。加载至第三、四循环时，柱边的斜裂缝开始沿长度方向延伸，而宽度方向无明显增加。加载至第五循环正向 250kN 时，斜裂缝继续发展，柱边出现新的斜向裂缝。加载至第六循环正向 300kN 时，裂缝沿着斜向继续开展，由柱右边贯穿到柱下边。加载至第七循环 350kN 时，正反两向现象均为柱中裂缝长度方向延伸。加载至第八循环正向 400kN 时不断发展。加载至第十二循环 600kN 时，SRC2-（B）柱顶位移计值为正向 7.41mm。SRC2-（B）推方向的屈服荷载为 670.00kN，柱顶位移计值为正向 9.07mm。SRC2-（B）拉方向的屈服荷载为 510.00kN，柱顶位移计值为反向－8.79mm。SRC2-（B）试验中取屈服位移为 9mm。SRC2-（C）推方向的屈服荷载为 575.65kN，柱顶位移计值为正向 8.02mm。SRC2-（C）拉方向的屈服荷载为 504.05kN，柱顶位移计值为反向－8.45mm。SRC2-（C）试验中取屈服位移为 8mm。

进入第二阶段，位移控制加载。加载至位移控制第一循环正向 1Δ 时，裂缝宽度方向增加，最宽处约 1mm。第二循环正向 2Δ 时，交叉裂缝处混凝土鼓起，柱中的裂缝宽度增加明显，纵筋处表面混凝土将要脱落。加载至位移控制第三循环正向 3Δ 时，柱上表面混凝土脱落，露出少许纵筋和箍筋。继续加载至位移控制第五循环正向 5Δ 时，混凝土脱落已经非常明显，露出 2/3 箍筋和 3 根纵筋。加载至位移控制第六循环正向 6Δ 时，柱表面混凝土基本全部脱落，箍筋、纵筋全部露出，两个方向的承载力均下降到试验峰值的85%，停止加载，试验结束。

SRC2 试件裂缝开展及破坏形态如图 4.4-9 所示。

（3）试件 SRC3 试验现象

加载至第一循环 50kN 反向时，柱右边和柱中均出现细微的斜向裂缝，荷载-位移曲线呈线性关系。加载至第二循环 100kN 时，在柱边开始出现细微的斜向裂缝。第三循环至第九循环，斜向裂缝继续发展，柱中部分裂缝贯穿。加载至第十循环正向 500kN 时，柱中裂缝最宽处约 0.5mm。除了 SRC3-（A）外，加载至第十循环反向 500kN 时，裂缝宽度方向增加。SRC3-（A）柱顶位移计值为正向 5.4mm。SRC3-（B）柱顶位移计值为正向 4.49mm，反向－8.9mm。SRC3-（C）柱顶位移计值为正向 6.37mm。加载到

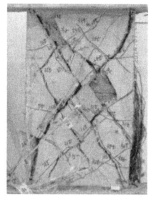

图 4.4-9　SRC2 试件裂缝开展及破坏形态

500kN 时拉方向屈服，继续加载荷载级数寻找推方向屈服点。最终，SRC3-（A）推方向的屈服荷载为 631.07kN，拉方向的屈服荷载为 427.26N，屈服位移取为 9mm。SRC3-（B）推方向的屈服荷载为 691.64kN，拉方向的屈服荷载为 504.13kN，屈服位移取为 9mm。SRC3-（C）推方向的屈服荷载为 608.14kN，拉方向的屈服荷载为 488.57kN，屈服位移取为 9mm。

　　进入第二个加载阶段，位移控制加载。加载至位移控制第一循环 1Δ 时，裂缝从柱右边贯穿到柱左边，柱左上角出现斜向裂缝。加载第三循环 3Δ 时，裂缝宽度增加明显，柱上裂缝成交叉状交错。加载至第四循环 4Δ 时，混凝土开始大块脱落，露出内部箍筋。加载至第六循环 6Δ 时，柱上斜压小块脱落，露出大量箍筋，两个方向的承载力均下降到试验峰值的 85%，停止加载，试验结束。

　　SRC3 试件裂缝开展及破坏形态如图 4.4-10 所示。

图 4.4-10　SRC3 试件裂缝开展及破坏形态

　　（4）试件 SRC4 试验现象

　　加载至第一循环 50kN 反向时，柱右边出现细微的斜向裂缝，荷载-位移曲线呈线性关系。第二循环至第九循环，斜向裂缝继续发展，柱中部分裂缝贯穿。加载至第十循环正向 500kN 时，裂缝长度和宽度方向均明显增加。裂缝越最宽处约 0.5mm。拉方向已经屈服，继续加载荷载级数寻找推方向屈服点。SRC4-（A）推方向的屈服荷载为 563.42kN，拉方向的屈服荷载为 488.20N,屈服位移取为 8mm。SRC4-(B)推方向的屈服荷载为 596.03kN,拉方向的屈服荷载为 496.84kN,屈服位移取为 9mm。

进入第二阶段,位移控制加载。加载至位移控制第一循环 1Δ 时,出现一条粘结裂缝,斜向裂缝贯通柱截面,最宽处约 0.5mm。第三循环 3Δ,柱上表面混凝土脱落,露出少许箍筋。第四循环 4Δ,混凝土开始大块脱落,约掉落了 1/2,露出内部箍筋。加载至位移控制第五循环 5Δ 时,混凝土脱落已经非常明显,两个方向的承载力均下降到试验峰值的 85%,停止加载,试验结束。

SRC4 试件裂缝开展及破坏形态如图 4.4-11 所示。

图 4.4-11　SRC4 试件裂缝开展及破坏形态

(5)试件 SRC5 试验现象

加载至第一循环 50kN 正向时,柱右边产生了一条斜裂缝,荷载-位移曲线呈线性关系。第二循环至第七循环,斜向裂缝继续发展,柱中部分裂缝贯穿。加载至第八循环 400kN 时,拉方向已经屈服,继续加载荷载级数寻找推方向屈服点。SRC5-(A)推方向的屈服荷载为 472.58kN,拉方向的屈服荷载为 395.76N,屈服位移取为 14mm。SRC5-(B)推方向的屈服荷载为 410.00kN,拉方向的屈服荷载为 398.23kN,屈服位移取为 13mm。SRC5-(C)推方向的屈服荷载为 430.00kN,拉方向的屈服荷载为 368.70kN,屈服位移取为 12mm。

进入第二阶段后,位移控制加载。加载至位移控制第一循环正向 1Δ 时,裂缝交叉贯通柱截面,最宽处裂缝宽度约 1.5mm。加载至位移控制第三循环 3Δ 时,混凝土斜压小块脱落了约 3/4,露出箍筋和纵筋。加载至位移控制第六循环 6Δ 时,两个方向的承载力均下降到试验峰值的 85%,停止加载,试验结束。

SRC5 试件裂缝开展及破坏形态如图 4.4-12 所示。

(6)试件 SRC6 试验现象

加载至第一循环 50kN 反向时,柱中和柱边均产生了细微的斜向裂缝,荷载-位移曲线呈线性关系。第二循环至第七循环,斜向裂缝继续发展,柱中部分裂缝贯穿。加载至第八循环 400kN 时,拉方向已经接近屈服,继续加载荷载级数寻找推方向屈服点。SRC6-(A)拉方向的屈服荷载为 406.05N,屈服位移取为 12mm。SRC6-(B)拉方向的屈服荷载为 431.25kN,屈服位移取为 14mm。SRC6-(C)推方向的屈服荷载为 483.37kN,拉

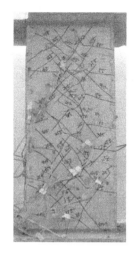

图 4.4-12　SRC5 试件裂缝开展及破坏形态

方向的屈服荷载为 451.06kN，屈服位移取为 13mm。

进入第二阶段后，位移控制加载。加载至位移控制第一循环正向 1Δ 时，柱中出现粘结裂缝，柱中斜向裂缝交叉。第三循环正向 3Δ，粘结裂缝处混凝土开始脱落，外圈箍筋有少许露出。第五循环正向 5Δ，混凝土脱落约 1/2，露出更多的箍筋和纵筋。加载至位移控制第六循环 6Δ 时，两个方向的承载力均下降到试验峰值的 85%，停止加载，试验结束。

SRC6 试件裂缝开展及破坏形态如图 4.4-13 所示。

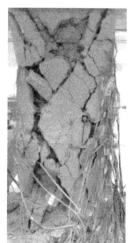

图 4.4-13　SRC6 试件裂缝开展及破坏形态

（7）试件 SRC7 试验现象

加载至第一循环 50kN 反向时，柱中和柱边均出现了细微的斜向裂缝，荷载-位移曲线为呈现线性关系。第二循环至第七循环，斜向裂缝继续发展，柱中部分裂缝贯穿。加载至第八循环 400kN 时，拉方向已经接近屈服，继续加载荷载级数寻找推方向屈服点。最终，SRC7-（A）推方向的屈服荷载为 504.54kN，拉方向的屈服荷载为 399.13N，屈服位移取为 13mm。SRC7-（B）推方向的屈服荷载为 474.00kN，拉方向的屈服荷载为

404.61kN，屈服位移取为 13mm。SRC7-（C）推方向的屈服荷载为 498.19kN，拉方向的屈服荷载为 450.48kN，屈服位移取为 13mm。

进入第二阶段，位移控制加载。加载至位移控制第一循环 1Δ 时，已有裂缝长度方向和宽度方向均开展，最宽处约 0.3mm。第三循环正向 3Δ，柱裂缝交错变宽，右侧纵筋处混凝土有少许掉落，外圈箍筋有少许露出。第四循环 4Δ 时，混凝土细碎脱落，露出内部 1/3 箍筋。加载至位移控制第五循环 5Δ 时，两个方向的承载力均下降到试验峰值的 85%，停止加载，试验结束。

SRC7 试件裂缝开展及破坏形态如图 4.4-14 所示。

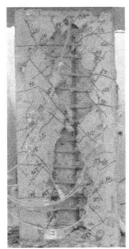

图 4.4-14　SRC7 试件裂缝开展及破坏形态

（8）试件 SRC8 试验现象

加载至第一循环 50kN 正向时，柱边产生斜向裂缝，荷载-位移曲线呈线性关系。第二循环至第七循环，斜向裂缝继续发展，柱中部分裂缝贯穿。载至第八循环 400kN 时，SRC8-（C）拉方向已屈服，其他试件拉方向接近屈服，继续加载荷载级数寻找推方向屈服点。RC8-（A）推方向的屈服荷载为 494.78kN，拉方向的屈服荷载为 425.33N，屈服位移取为 13mm。SRC8-（B）推方向的屈服荷载为 458.33kN，拉方向的屈服荷载为 420.75kN，屈服位移取为 12mm。SRC8-（C）推方向的屈服荷载为 456.32kN，拉方向的屈服荷载为 390.57kN，屈服位移取为 12mm。

进入第二阶段，位移控制加载。加载至位移控制第一循环正向 1Δ 时，已有裂缝长度方向和宽度方向均开展，最宽处约 0.2mm。加载至位移控制第三循环正向 3Δ 时，柱中产生若干粘结裂缝，柱中混凝土有少许掉落，外圈箍筋露出约 1/4。加载至位移控制第五循环 5Δ 时，混凝土脱落很明显，露出 1/2 箍筋，两个方向的承载力均下降到试验峰值的 85%，停止加载，试验结束。

SRC8 试件裂缝开展及破坏形态如图 4.4-15 所示。

（9）试验现象总结

型钢混凝土柱在低周往复荷载下的破坏形态一般分为以下三种情况：剪切斜压破坏、剪切粘结破坏和弯曲破坏。当构件柱的剪跨比 λ≤1.5 时，主要发生剪切斜压破坏。当构

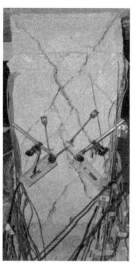

图 4.4-15　SRC8 试件裂缝开展及破坏形态

件柱的剪跨比 $\lambda \leqslant 2$ 时，主要发生剪切粘结破坏。当构件柱的剪跨比 $\lambda \geqslant 2.5$ 或剪跨比适中配箍率较高而轴压力较小时，主要发生弯曲破坏。虽然试验中并未对柱顶部施加轴向力，但从试验的破坏现象及形态来看，这八组试件均属于剪切斜压破坏。

4.4.2　带隔板型钢混凝土柱抗震性能分析

1. 滞回曲线

试验初期时由于未加侧向支撑或支撑不够抑制平面外的扭转导致 SRC1-（B）、SRC2-（A）和 SRC4-（C）试件发生了扭转，所以在此不列出。在试件两侧增加滚珠侧向支撑后其他试件均未出现扭转。从图 4.4-16 可以看出，荷载和位移正值代表 MTS 背离反力墙方向即为推方向，负值代表 MTS 拉方向。滞回曲线中荷载值取柱顶端施加的反复水平荷载；位移值取 1 号位移计实测出的柱顶端位移值。各试件滞回曲线如图 4.4-17 所示。

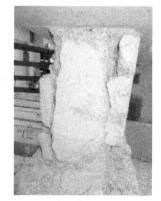

图 4.4-16　试件柱侧面破坏图

各组试件的滞回曲线介于梭形和反 S 形之间，各试件的滞回曲线均很饱满，具体分析总结如下：

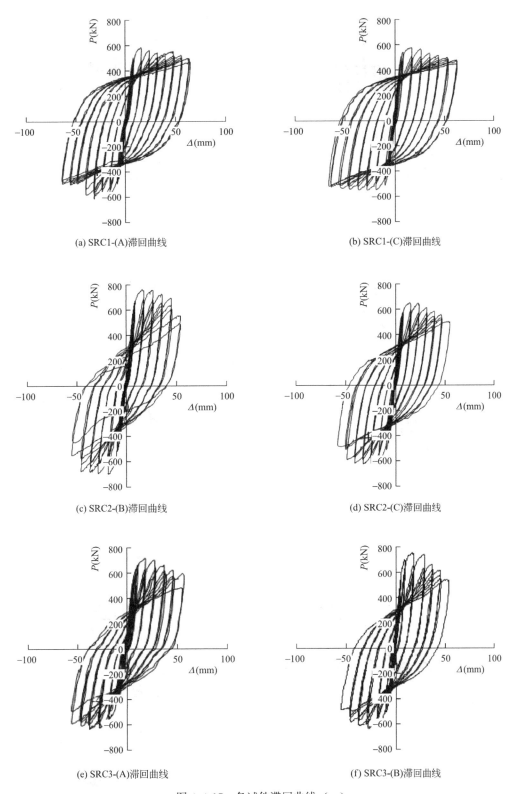

(a) SRC1-(A)滞回曲线   (b) SRC1-(C)滞回曲线

(c) SRC2-(B)滞回曲线   (d) SRC2-(C)滞回曲线

(e) SRC3-(A)滞回曲线   (f) SRC3-(B)滞回曲线

图 4.4-17　各试件滞回曲线（一）

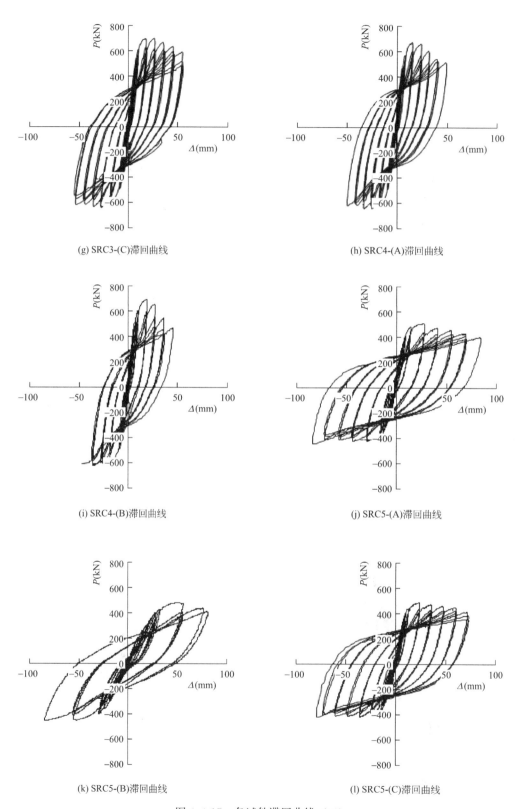

(g) SRC3-(C)滞回曲线

(h) SRC4-(A)滞回曲线

(i) SRC4-(B)滞回曲线

(j) SRC5-(A)滞回曲线

(k) SRC5-(B)滞回曲线

(l) SRC5-(C)滞回曲线

图 4.4-17　各试件滞回曲线（二）

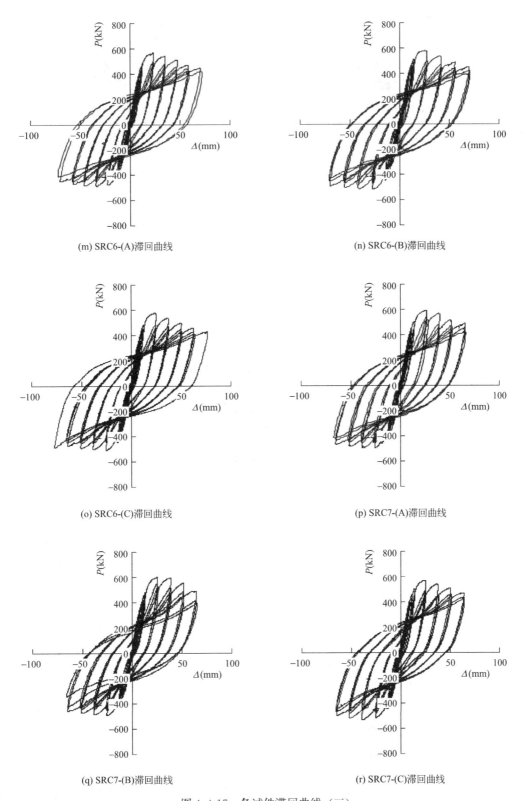

(m) SRC6-(A)滞回曲线

(n) SRC6-(B)滞回曲线

(o) SRC6-(C)滞回曲线

(p) SRC7-(A)滞回曲线

(q) SRC7-(B)滞回曲线

(r) SRC7-(C)滞回曲线

图 4.4-17　各试件滞回曲线（三）

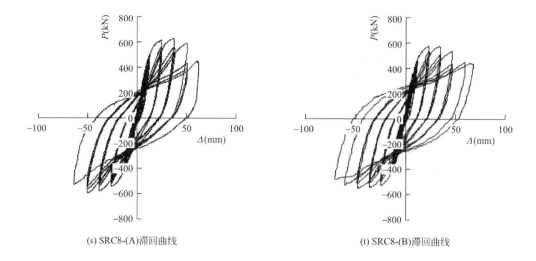

(s) SRC8-(A)滞回曲线　　　　　　　　　　(t) SRC8-(B)滞回曲线

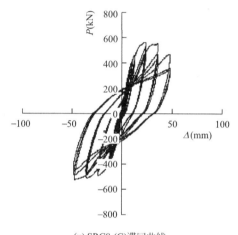

(u) SRC8-(C)滞回曲线

图 4.4-17　各试件滞回曲线（四）

（1）在试件加载初期，开裂前，试件处于弹性阶段，滞回曲线呈现为斜率不变的一条斜线；试件开裂之后到试件屈服前，试件仍主要表现出弹性性质，荷载卸载到 0 时刻的残余变形很小，试件加载和卸载时的刚度基本保持不变。

（2）当施加荷载达到试件的屈服荷载后，随着加载和卸载的循环往复，试件刚度开始逐渐降低，混凝土也开始逐渐脱落，越来越多的型钢进入屈服阶段，试件的整体刚度退化速度开始逐渐加快。荷载-位移曲线不再呈线性变化，表现出非弹性的性质。

（3）从滞回曲线可以看出，试件 SRC1～SRC4 中，峰值荷载按照大小排序依次是SRC3、SRC2、SRC4、SRC1；试件 SRC5～SRC8 中，峰值荷载按照大小排序依次为SRC7、SRC8、SRC6、SRC5，其中 SRC8 和 SRC6 峰值荷载相差不多。10mm 隔板厚度的试件峰值荷载大于 6mm 隔板厚度的试件，6mm 隔板厚度的试件峰值荷载稍稍大于井字箍筋的峰值荷载，仅有外圈箍筋的试件峰值荷载最小。

（4）试件接近破坏时，混凝土开始大量脱落，露出了内部的箍筋和纵筋，刚度退化明显，荷载卸载到 0 时，有较大的残余变形。

（5）对比各种试件的滞回曲线得出，SRC2～SRC4 的滞回曲线基本趋于一致。SRC6～SRC8 的滞回曲线趋于一致。SRC1 和 SRC5 的滞回曲线更趋于梭形，虽看起来比带隔板试件和井字形箍筋试件更饱满，但由于其承载能力低很多，其滞回曲线包围的面积实际小于其他试件。SRC2～SRC4 的变形能力、强度衰减和刚度退化相差不多，SRC6～SRC8 的变形能力、强度衰减和刚度退化也相差不多。

2. 骨架曲线

试件的骨架曲线对比如图 4.4-18 所示。

（1）所有试件从加载初期到开裂，直至屈服之前，骨架曲线呈现一条斜向直线，刚度很大而且基本没有变化。

（2）试件屈服之后，从骨架曲线上可以看出，试件的刚度开始逐渐下降。SRC2 和 SRC3 带隔板试件的荷载峰值点均高于井字箍筋试件和仅有外圈箍筋的试件；SRC7 试件的荷载峰值点略高于仅有外圈箍筋的试件；SRC6 的峰值承载力与 SRC8 几乎相同。

（3）达到试件峰值承载力之后，刚度继续下降。从图 4.4-18 可以看出，仅有外圈箍筋的试件峰值承载力较其他组试件均低很多；带隔板试件 SRC2、SRC3 的骨架曲线整体趋势和井字箍筋的试件 SRC4 保持一致，且带隔板试件下降段平缓且较长；而井字箍筋的试件和其相比则下降段斜度比较大，峰值荷载过后承载力衰减较快；带隔板试件 SRC6、SRC7 的骨架曲线整体趋势和井字箍筋的试件 SRC8 保持一致，且带隔板试件下降段更加平缓。

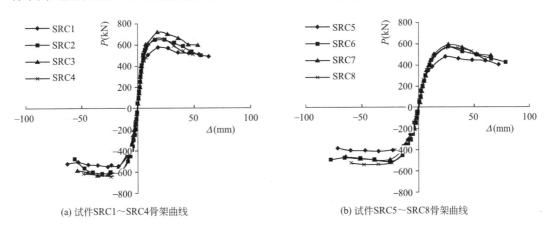

(a) 试件SRC1～SRC4骨架曲线　　　　　　　(b) 试件SRC5～SRC8骨架曲线

图 4.4-18　试件的骨架曲线对比图

3. 延性与耗能分析

计算后试件 SRC1～SRC8 的位移延性系数见表 4.4-4 和表 4.4-5。

试件 SRC1～SRC4 的位移延性系数　　　　　　　　　　表 4.4-4

试件编号		屈服荷载 P_y(kN)	屈服位移 Δ_y(mm)	极限荷载 P_u(kN)	破坏位移 Δ_u(mm)	位移延性系数 μ	试件均值	每组均值
SRC1-(A)	推	503.46	7.94	498.26	55.89	7.04	6.99	6.60
	拉	480.83	−8.08	502.04	−56.02	6.93		
SRC1-(C)	推	547	8.86	497.39	54.01	6.10	6.20	
	拉	494	−8.55	470.44	−53.74	6.29		

试件编号		屈服荷载 P_y(kN)	屈服位移 Δ_y(mm)	极限荷载 P_u(kN)	破坏位移 Δ_u(mm)	位移延性系数 μ	试件均值	每组均值
SRC2-(B)	推	670.00	9.07	648.55	54.03	5.96	6.08	6.46
	拉	510.00	−8.79	−589.52	−54.48	6.20		
SRC2-(C)	推	575.65	8.02	557.27	56.01	6.98	6.83	
	拉	504.05	−8.45	−522.63	−56.38	6.67		
SRC3-(A)	推	631.07	8.74	609.38	53.75	6.15	6.09	5.98
	拉	427.26	−9.01	−542.44	−54.28	6.02		
SRC3-(B)	推	691.64	8.67	635.85	54.01	6.23	6.00	
	拉	504.13	−9.37	−544.09	−54.07	5.77		
SRC3-(C)	推	608.14	9.49	593.57	54.24	5.72	5.86	
	拉	488.57	−9.02	−543.24	−54.11	6.00		
SRC4-(A)	推	563.42	8.01	569.50	48.87	6.10	5.97	5.57
	拉	488.20	−8.31	−547.24	−48.44	5.83		
SRC4-(B)	推	596.03	9.11	587.86	45	4.94	5.17	
	拉	496.84	−8.86	−528.19	−47.77	5.39		

试件 SRC5～SRC8 的位移延性系数 表 4.4-5

试件编号		屈服荷载 P_y(kN)	屈服位移 Δ_y(mm)	极限荷载 P_u(kN)	破坏位移 Δ_u(mm)	位移延性系数 μ	试件均值	每组均值
SRC5-(A)	推	472.58	14.21	427.07	69.97	4.99	4.98	4.95
	拉	395.76	−14.07	−362.58	−70.20	4.96		
SRC5-(B)	推	410.00	14.12	404.18	65.23	4.72	4.70	
	拉	398.23	−13.66	−387.01	−64.53	4.67		
SRC5-(C)	推	430.00	12.26	410.97	71.77	4.95	5.18	
	拉	368.70	−14.5	−358.30	−71.82	5.40		
SRC6-(A)	推	470.93	11.83	483.04	72.08	6.09	5.52	5.39
	拉	406.05	−14.59	−415.14	−72.04	4.94		
SRC6-(B)	推	513.00	14.13	493.19	70.03	4.96	4.96	
	拉	431.25	−14.16	−439.58	−70.17	4.96		
SRC6-(C)	推	483.37	13.28	489.58	78.16	5.89	5.70	
	拉	451.06	−14.19	−434.78	−78.13	5.51		
SRC7-(A)	推	504.54	13.71	501.34	65.2	4.76	4.90	4.78
	拉	399.13	−12.99	−423.05	−65.30	5.03		
SRC7-(B)	推	474.00	13.24	509.78	65.02	4.91	4.74	
	拉	404.61	−14.21	−420.36	−65.00	4.57		
SRC7-(C)	推	498.19	14.58	480.86	64.58	4.43	4.69	
	拉	450.48	−13.12	−457.18	−64.80	4.94		

试件编号		屈服荷载 P_y(kN)	屈服位移 Δ_y(mm)	极限荷载 P_u(kN)	破坏位移 Δ_u(mm)	位移延性系数 μ	试件均值	每组均值
SRC8-(A)	推	494.78	13.04	527.87	64.09	4.91	5.00	4.58
	拉	425.33	−12.89	−506.01	−65.54	5.08		
SRC8-(B)	推	458.33	12.28	484.12	60.24	4.91	4.83	
	拉	420.75	−12.67	−464.70	−60.12	4.75		
SRC8-(C)	推	456.32	12.31	475.90	48.01	3.90	3.92	
	拉	390.57	−12.05	−446.51	−47.53	3.94		

试件的位移延性系数对比分析如下:

以井字形箍筋试件 SRC4 为参照,SRC2 屈服荷载高于 SRC4 约 5.37%,SRC3 屈服荷载高于 SRC4 约 4.00%,SRC1 屈服荷载低于 SRC4 约 5.58%,SRC2 极限荷载高于 SRC4 约 3.81%,SRC3 极限荷载高于 SRC4 约 3.44%,SRC1 极限荷载低于 SRC4 约 11.85%。

以 SRC8 为参照,SRC6 屈服荷载高于 SRC8 约 4.14%,SRC7 屈服荷载高于 SRC8 约 3.11%,SRC5 屈服荷载低于 SRC8 约 6.46%;SRC6、SRC7、SRC8 极限荷载相差不多,SRC5 极限荷载低于 SRC8 约 19.10%。

剪跨比为 1 的试件,位移延性系数在 6 左右;剪跨比为 1.5 的试件,位移延性系数在 5 左右。带隔板试件的延性均好。

各组试件的等效黏滞阻尼系数见表 4.4-6。

各组试件的等效黏滞阻尼系数

表 4.4-6

试件编号		屈服荷载时的 h_e	屈服荷载时 h_e 均值
SRC1	SRC1-(A)	0.22	0.23
	SRC1-(C)	0.24	
SRC2	SRC2-(B)	0.15	0.14
	SRC2-(C)	0.13	
SRC3	SRC3-(A)	0.21	0.21
	SRC3-(B)	0.24	
	SRC3-(C)	0.17	
SRC4	SRC4-(A)	0.17	0.19
	SRC4-(B)	0.21	
SRC5	SRC5-(A)	0.25	0.21
	SRC5-(B)	0.18	
	SRC5-(C)	0.19	
SRC6	SRC6-(A)	0.14	0.15
	SRC6-(B)	0.16	
	SRC6-(C)	0.15	

试件编号		屈服荷载时的 h_e	屈服荷载时 h_e 均值
SRC7	SRC7-(A)	0.16	0.15
	SRC7-(B)	0.13	
	SRC7-(C)	0.16	
SRC8	SRC8-(A)	0.15	0.17
	SRC8-(B)	0.17	
	SRC8-(C)	0.18	

对比分析各组试件得出：各组试件的屈服时刻的等效黏滞阻尼系数均在 0.2 左右，说明其耗能能力良好。增加隔板厚度对等效黏滞阻尼系数比有所提高，说明适当增加隔板厚度有助于试件耗能能力的提高。

4. 强度衰减

各试件的强度衰减曲线如图 4.4-19 所示。

（1）各试件进入屈服之后，随着位移级数和循环次数的增加，试件表面的混凝土逐渐脱落退出工作，越来越多的纵筋、箍筋和型钢进入屈服，各试件的强度衰减现象也逐渐明显。

（2）在试件临近破坏时，带隔板试件强度衰减系数依旧在 0.84 以上，说明此时试件仍有一定的承载力。而井字形箍筋试件临近破坏时的强度衰减系数有低于 0.8 的，说明井字形箍筋的试件承载力的稳定性没有带隔板试件好，带隔板试件在强度衰减性能上表现良好，在实际地震发生后，带隔板试件抵抗余震的能力要优于井字形箍筋试件。

（3）各组带隔板试件和井字形箍筋试件的强度衰减系数曲线整体趋势基本一致，说明带隔板试件有良好的抵抗荷载的能力。同时说明这种带隔板的构造措施可以满足试件抵抗荷载的能力。

5. 刚度退化

各试件的刚度退化曲线如图 4.4-20 所示。

由以上各图可知：

（1）试件刚进入屈服状态时，刚度退化并不是很明显；当试件进入屈服后的第二个位移级数开始，由于混凝土逐渐剥落，越来越多的型钢进入屈服，试件的刚度开始有明显的下降，随着位移级数和循环次数的逐渐增加，刚度退化现象比屈服初期明显很多，临近破坏时，刚度退化现象仍明显。

（2）刚进入位移循环加载时，带隔板试件的刚度要高于井字箍筋形式试件，远高于仅有外圈箍筋的试件。带隔板试件的刚度退化曲线和井字箍筋的刚度退化曲线整体趋势基本保持一致。仅有外圈箍筋的试件，刚度退化速率比其他试件快很多；在临近破坏时，带隔板试件比仅有外圈箍筋形式试件的刚度退化曲线要陡，说明带隔板试件的刚度仍有可下降的富余量。仅有外圈箍筋试件刚度的退化速率要慢于带隔板试件和仅有外圈箍筋的试件，说明仅有外圈箍筋的试件刚度退化接近极限。

（3）整体趋势来看，带隔板试件在刚度退化方面比井字箍筋表现出的性能更加良好，下降曲线长而且更平缓，刚度是缓慢下降的，且带隔板试件的初始刚度要高于井字箍筋试件。

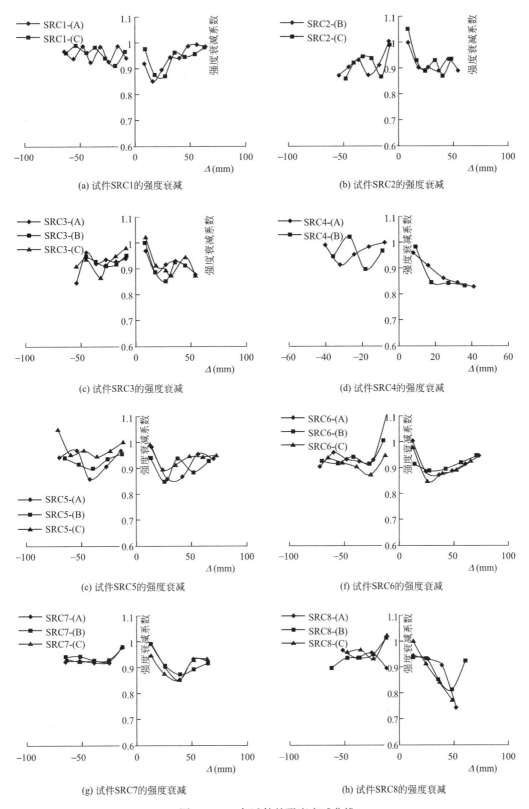

图 4.4-19　各试件的强度衰减曲线

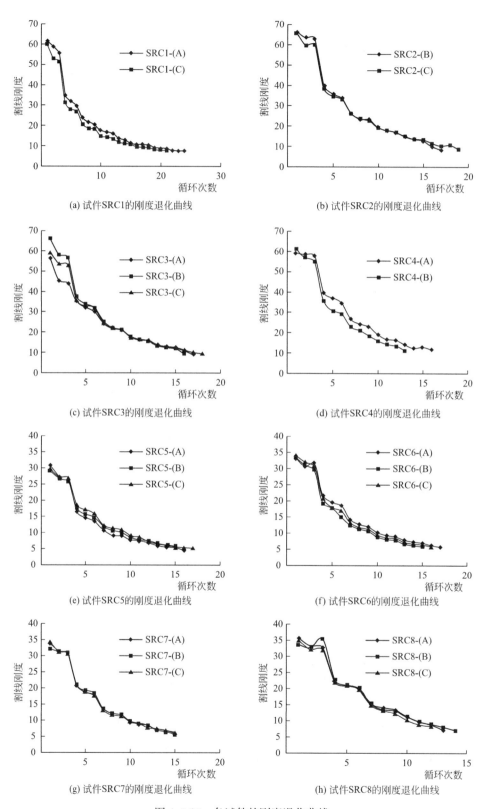

图 4.4-20　各试件的刚度退化曲线

混合结构体系梁柱和梁墙节点抗震性能研究与应用

6. 应变分析

（1）纵筋上应变分析

纵筋应变片分别粘贴在距离柱根上下 40mm 的位置、柱中点位置。各试件纵筋应变曲线如图 4.4-21 所示。应变分析时，取三个时刻点。第一个时刻点是混凝土开裂时，第二个时刻点是试件刚屈服时，第三个时刻点是 2Δ 位移时，具体分析各试件如下：

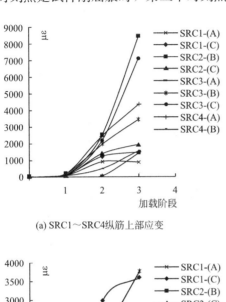

(a) SRC1～SRC4纵筋上部应变

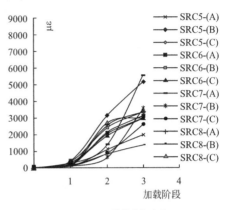

(b) SRC5～SRC8纵筋上部应变

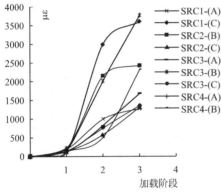

(c) SRC1～SRC4纵筋中部应变

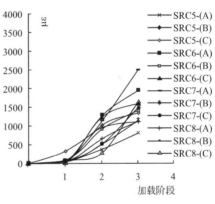

(d) SRC5～SRC8纵筋中部应变

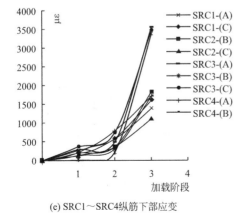

(e) SRC1～SRC4纵筋下部应变

(f) SRC5～SRC8纵筋下部应变

图 4.4-21　各试件纵筋应变曲线

1）取同一剪跨比的试件作图对比得出，剪跨比为 1 的试件的纵筋应变值整体要比剪跨比为 1.5 的试件要高，说明 SRC1～SRC4 试件能够承受的荷载要比 SRC5～SRC8 高。带隔板试件和井字箍筋试件的纵筋应变值要高于仅有外圈箍筋的试件。

2）纵筋上应变在三个时刻点的整体变化趋势在各个试件上体现均相差不多。

3）各组试件的纵筋应变值在开裂时均较小；试件屈服时刻的纵筋应变值较开裂时有明显提高；随着循环加载至 2Δ 时，纵筋的应变值也有明显提高，说明试件在这个时刻，仍有部分纵筋没有屈服，能够协同构件抵抗荷载。

（2）箍筋上应变分析

箍筋应变片分别粘贴在距离柱根上下 40mm 的位置、柱中点位置。各试件箍筋应变曲线如图 4.4-22 所示。应变分析时，取三个时刻点。第一个时刻点是混凝土开裂时，第二个时刻点是试件刚屈服时，第三个时刻点是 2Δ 位移时，具体分析各试件如下：

1）取同一剪跨比的试件作图对比得出，剪跨比为 1 的试件的箍筋应变值比剪跨比为 1.5 的试件要高。各个试件的箍筋应变整体变化趋势整体相近。同一组中各试件的箍筋应变值相差不多。

2）开裂时刻各试件的箍筋应变值比较小；屈服时刻的箍筋应变值较开裂时有提高；此时的试件中的部分箍筋已经屈服，当循环加载至 2Δ 时，箍筋的应变值提高明显，说明

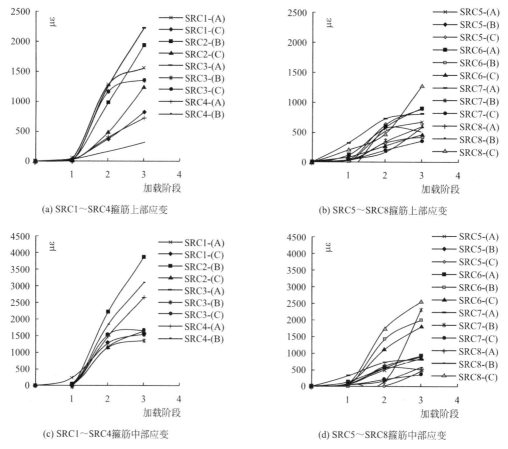

图 4.4-22　箍筋应变曲线（一）

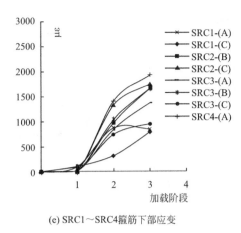

(e) SRC1~SRC4箍筋下部应变

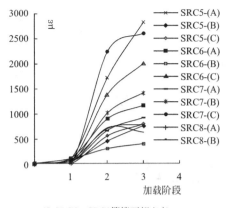

(f) SRC5~SRC8箍筋下部应变

图 4.4-22　箍筋应变曲线（二）

更多的箍筋因承担水平剪力而进入屈服。

3）井字箍筋试件的箍筋应变要高于仅有外圈箍筋形式的试件。SRC1 与 SRC4、SRC5 与 SRC8 对比，混凝土出现斜裂缝之后，相交处的箍筋承担了混凝土开裂而释放的一部分剪应力，试件破坏时刻该处的箍筋基本达到屈服状态。由于 SRC4 配箍率高于 SRC1，SRC8 配箍率高于 SRC5，箍筋承担的剪力也就越大，其应变也较大。

（3）型钢上应变分析

在整个试件的加载过程中，型钢起着非常重要的作用。型钢腹板上粘贴直角应变花以测量腹板上的剪应变分布和发展情况。直角应变花不能够直接得出剪应变，经弹性力学公式推导可知：

$$\gamma_{xy} = \varepsilon_{0°} - 2\varepsilon_{45°} + \varepsilon_{90°}$$ (4.4-1)

型钢应变片分别粘贴在距离柱根上下 40mm 的位置、柱中点位置。应变分析时，取三个时刻点。第一个时刻点是混凝土开裂时，第二个时刻点是试件刚屈服时，第三个时刻点是 2Δ 位移时，各试件型钢剪应变曲线如图 4.4-23 所示。具体分析各试件如下：

1）由对比图可以看出，各试件的型钢腹板剪应变整体变化趋势基本一致。

2）试件刚开裂时，型钢剪应变值比较小；当试件屈服时，型钢腹板上的剪应变值增加很多，这个时刻部分型钢腹板已经进入屈服阶段。柱端的型钢由于受到弯矩和剪力的共同作用，应该先进入屈服阶段。所以型钢上边和下边的应变应该大于柱中部的型钢应变，这点从对比图中可以看出。

3）试件屈服之后直到 2Δ 位移时，型钢的应变是继续增长的，说明此时有更多位置处的型钢翼缘和腹板进入屈服阶段。

7. 抗剪分析

（1）试验涉及的抗剪承载力影响参数

试验研究了型钢混凝土短柱在低周往复荷载作用下的抗剪性能。试验得出的各试件的受剪承载力见表 4.4-7，从表中可以看出：

在配箍率相同的前提下，增加试件的剪跨比，试件的抗剪承载力降低。

在剪跨比相同的前提下，增加试件的配箍率，试件的抗剪承载力提高。

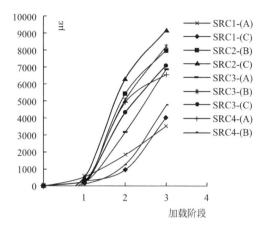

(a) SRC1~SRC4型钢上边左侧剪应变

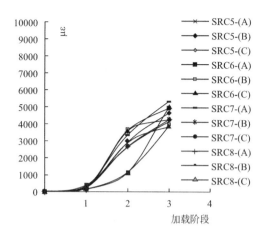

(b) SRC5~SRC8型钢上边左侧剪应变

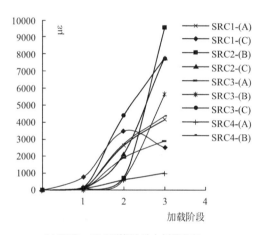

(c) SRC1~SRC4型钢上边右侧剪应变

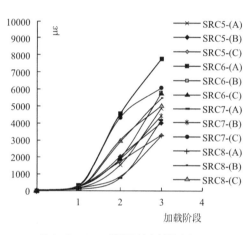

(d) SRC5~SRC8型钢上边右侧剪应变

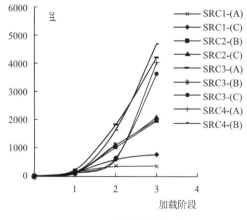

(e) SRC1~SRC4型钢中左侧剪应变

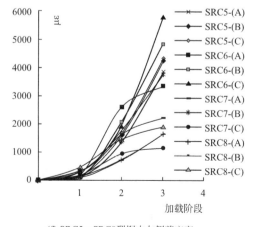

(f) SRC5~SRC8型钢中左侧剪应变

图 4.4-23　各试件型钢剪应变曲线（一）

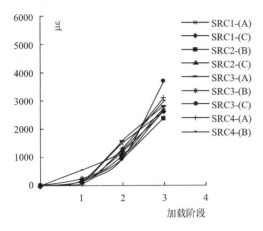

(g) SRC1～SRC4型钢中右侧剪应变

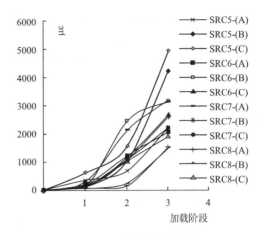

(h) SRC5～SRC8型钢中右侧剪应变

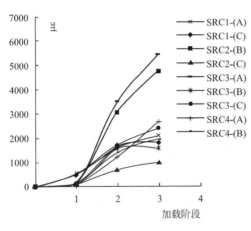

(i) SRC1～SRC4型钢下左侧剪应变

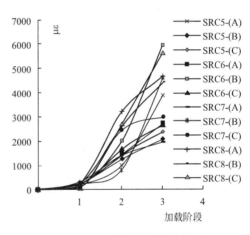

(j) SRC5～SRC8型钢下左侧剪应变

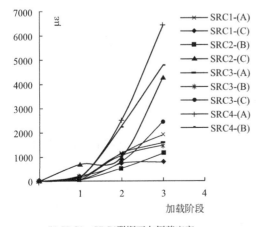

(k) SRC1～SRC4型钢下右侧剪应变

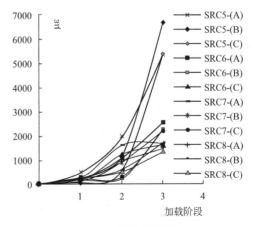

(l) SRC5～SRC8型钢下右侧剪应变

图 4.4-23　各试件型钢剪应变曲线（二）

各试件的受剪承载力   表 4.4-7

试件编号	剪跨比	体积配箍率	抗剪承载力(kN)
SRC1	1	0.78	578.86
SRC2	1	0.78	681.75
SRC3	1	0.78	690.11
SRC4	1	1.9	656.70
SRC5	1.5	0.78	460.80
SRC6	1.5	0.78	560.25
SRC7	1.5	0.78	567.56
SRC8	1.5	1.3	554.62

试验中的构件均是剪跨比较小的短柱。在低周往复的水平荷载作用下，试件中的剪力相对较大。当混凝土开始出现斜向裂缝之后，与裂缝相交处的箍筋承担了开裂处混凝土释放的那部分剪力，越来越多的箍筋也逐渐进入屈服。因此增大配箍率，箍筋整体能承担的剪力也会增大，试件的抗剪承载力也随之提高。

（2）剪切斜压破坏的抗剪机理

通过试验现象总结可以得出，试验中各组试件的破坏形态均为剪切斜压破坏。整个破坏过程分为三个阶段。第一阶段为加载至斜裂缝开始出现之前，试件处在完全弹性的状态，此时试件作为一个整体结构来承受水平荷载。第二阶段是从试件开始出现裂缝到试件屈服，试件刚开始出现稍有角度的斜向裂缝，随着循环加载，试件上开始出现斜向裂缝，原有裂缝也沿着斜向向柱子两侧开展，直至两个方向的斜向裂缝交叉贯穿柱混凝土表面，这时试件屈服。第三个阶段是从试件屈服到试件破坏，随着位移级数的增加和循环往复，混凝土被斜向交叉裂缝分割成斜向小柱体，逐渐剥落，直到构件破坏。

试件在这三个阶段的抗剪机理并不相同。第一阶段，在加载初期，由于荷载较小，试件承担的剪力也较小，构件的剪切变形不明显，试件作为一个整体结构来抵抗水平荷载，此时构件剪力主要由混凝土来承担，内部箍筋的应变值和型钢剪应变值都比较小。第二阶段，当混凝土表面开始现斜向裂缝后，该处的混凝土退出工作，并把开裂前承担的剪力传递到与斜裂缝相交处的箍筋和型钢上。从应变曲线可以看出，此时的箍筋和型钢上的应变值发生了较为明显的增加，这表明试件混凝土开裂之后，混凝土被逐渐分割成斜向小柱体，剪力由混凝土斜柱体、箍筋和型钢一起承担，其中箍筋和型钢比开裂前更发挥了抗剪的作用。第三阶段，随着混凝土进入塑性变形阶段，从型钢的剪切应变可以看出，型钢的应变增加较快，此时混凝土已经剥落，箍筋已经部分进入屈服，此时构件中型钢起到主要的抗剪作用。试件屈服之后，更多的箍筋屈服，箍筋的应变继续提升，混凝土的斜向小柱体不断地剥落，彻底退出工作，直到箍筋和型钢的应力增加已经难以抵消由于混凝土剥落而造成的抗剪承载力的降低，最终试件破坏。

（3）型钢混凝土柱抗剪承载力计算

历次震害表明，地震中建筑物倒塌的原因往往是柱子，尤其是剪跨比较小的短柱其抗剪承载力不足。实际工程中为了避免发生这种突然的脆性剪切破坏，因此在设计之前对构件的抗剪承载力要进行估算来保证构件的安全性。

目前国内外对型钢混凝土抗剪承载力的计算方法主要有三种：

1) 钢筋混凝土计算方法。适用于含钢量很小时使用。把型钢腹板看作是连续分布的箍筋，用钢筋混凝土的计算方法来计算型钢混凝土柱的抗剪承载力。

2) 叠加法。分别计算型钢和混凝土部分的抗剪承载力，通过叠加法计算后作为型钢混凝土柱的抗剪承载力。我国的《钢骨混凝土结构技术规程》YB 9082—2006 中关于型钢混凝土柱的斜截面受剪承载力就采用此方法。该规程中柱中钢筋混凝土部分的受剪承载力计算公式如下：

无地震作用组合时：

$$V_{cu}^{rc} \leqslant \frac{1.75}{\lambda+1.0} f_t b_c h_{c0} + 1.0 f_{yv} \frac{A_{sv}}{s} h_{c0} + 0.07 N_c^{rc} \qquad (4.4\text{-}2)$$

有地震作用组合时：

$$V_{cu}^{rc} \leqslant \frac{1}{\gamma_{RE}} \left[\frac{1.05}{\lambda+1.0} f_t b_c h_{c0} + f_{yv} \frac{A_{sv}}{s} h_{c0} + 0.056 N_c^{rc} \right] \qquad (4.4\text{-}3)$$

式中：N_c^{rc}——钢筋混凝土部分承担的轴压力设计值；

λ——框架柱的计算剪跨比，$\lambda = H_n/2h_{c0}$，当 λ 小于 1 时取 1，λ 大于 3 时取 3。

柱中型钢部分的受剪承载力公式如下，$h_w t_w$ 应计入与受剪方向一致的所有型钢板材的面积。

无地震作用组合时：

$$V_{by}^{ss} = t_w h_w f_{ssv} \qquad (4.4\text{-}4)$$

有地震作用组合时：

$$V_{by}^{ss} = \frac{1}{\gamma_{RE}} [t_w h_w f_{ssv}] \qquad (4.4\text{-}5)$$

式中：t_w——型钢腹板的厚度；

h_w——型钢腹板的高度，当有孔洞时，应扣除孔洞的尺寸；

f_{ssv}——型钢腹板的抗剪强度设计值。

其他符号释义参见《钢骨混凝土结构技术规程》YB 9082—2006。

3) 半经验半理论法。把型钢混凝土柱看成一个整体，通过试验以及理论推导得出的型钢混凝土抗剪承载力计算公式。我国的《型钢混凝土组合结构技术规程》JGJ 138—2001（修订版为《组合结构设计规范》JGJ 138—2016）采用的这个理论，具体公式如下：

非抗震设计：

$$V_c \leqslant \frac{0.20}{\lambda+1.5} f_c b h_{c0} + f_{yv} \frac{A_{sv}}{s} h_{c0} + \frac{0.58}{\lambda} f_a t_w h_w + 0.07N \qquad (4.4\text{-}6a)$$

$$V_c \leqslant \frac{1.75}{\lambda+1} f_t b h_0 + f_{yv} \frac{A_{sv}}{s} h_0 + \frac{0.58}{\lambda} f_a t_w h_w + 0.07N \qquad (4.4\text{-}6b)$$

抗震设计：

$$V_c \leqslant \frac{1}{\gamma_{RE}} \left[\frac{0.16}{\lambda+1.5} f_c b h_{c0} + 0.8 f_{yv} \frac{A_{sv}}{s} h_{c0} + \frac{0.58}{\lambda} f_a t_w h_w + 0.056N \right] \qquad (4.4\text{-}7a)$$

$$V_c \leqslant \frac{1}{\gamma_{RE}} \left[\frac{1.05}{\lambda+1} f_t b h_0 + f_{yv} \frac{A_{sv}}{s} h_0 + \frac{0.58}{\lambda} f_a t_w h_w + 0.056N \right] \qquad (4.4\text{-}7b)$$

式中：N——考虑地震作用组合的框架柱的轴向压力设计值；当 $N > 0.3 f_c A_c$ 时，取 $N = 0.3 f_c A_c$。

式（4.4-6a）和式（4.4-7a）为 JGJ 138—2001 中公式，式（4.4-6b）和式（4.4-7b）为 JGJ 138—2016 中公式，式中各符号释义参见上述规范。

上述三种规范中的公式计算值与试验值对比的结果见表 4.4-8。

规范公式计算值和试验值对比   表 4.4-8

	SRC1	SRC4	SRC5	SRC8
YB 9082—2006	403.85	475.45	385.47	457.07
JGJ 138—2001	521.69	621.59	402.09	501.99
JGJ 138—2016	523.47	650.43	404.41	529.00
试验值	578.62	656.70	460.80	569.63

从表 4.4-8 中可以看出，《钢骨混凝土结构技术规程》YB 9082—2006 的计算结果偏于保守，《型钢混凝土组合结构技术规程》JGJ 138—2001 计算的受剪承载力比较接近试验值，而《组合结构设计规范》JGJ 138—2016 与试验值的吻合度最高。

4.4.3 非线性有限元分析

1. 模型的建立

（1）单元类型与网格划分

混凝土采用的单元类型是 C3D8R 单元（八节点线性六面体单元，缩减积分，沙漏控制），网格划分尺寸为 50mm。型钢采用的单元类型是 S4R 单元（四节点曲面薄壳，缩减积分，沙漏控制，有限膜应变），网格划分尺寸为 25mm，壳单元模拟时的厚度根据试验实际采用的翼缘和腹板厚度来取。钢筋采用的单元类型是 T3D2 单元（两节点线性三维桁架单元），网格划分尺寸为 25mm。

试件混凝土部件、无隔板型钢、带隔板型钢、钢筋部件的网格划分如图 4.4-24 所示。

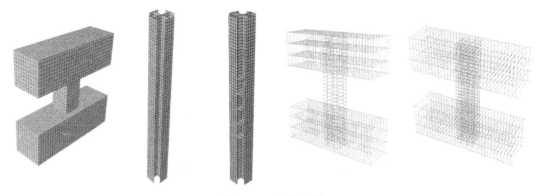

图 4.4-24 网格划分

（2）材料本构模型

混凝土材料选用的是 ABAQUS 自带的混凝土损伤塑性模型（CDP 模型），基本参数输入如下：混凝土的密度取 2400kg/m^3，初始弹性模量 E_0 取混凝土材性试验测试值，泊松比 υ 采用《混凝土结构设计规范》GB 50010—2010 推荐值 0.2，膨胀角取 30°，偏心率取 0.1，f_{b0}/f_{c0} 取 1.16，K 取 2/3，黏性系数取 0.0005。

钢板及钢筋均采用二折线模型。钢材密度取 $7850 \text{kg}/\text{m}^3$，弹性模量 E_0 取材性试验测试值，泊松比采用《混凝土结构设计规范》GB 50010—2010 推荐值 0.3。

（3）荷载及边界条件

模拟时在柱墩顶端和底端定义了两个约束点 RP1 和 RP2，把约束点耦合在了柱墩上下两个面上。为了模拟试验中的固定端约束，模拟中约束耦合点 RP1 只能沿着加载方向所在的平面内运动，柱墩底部耦合点 RP2 六个自由度全部约束。

2. 有限元模拟结果与试验结果对比

（1）荷载-位移曲线对比

用单项加载得到的荷载-位移曲线和试验得到的骨架曲线的正值部分进行了对比，如图 4.4-25 所示。

1）从对比图中可以看出，模拟做出的荷载-位移曲线和试验骨架曲线的正值部分基本吻合。屈服前两者曲线接近完全吻合，带隔板试件的模拟效果更好。

2）仅有外圈箍筋试件屈服后模拟得出的荷载-位移曲线和试验得出的骨架曲线正向部分吻合不是很好，但带隔板试件和井字箍筋试件模拟得到的荷载-位移曲线和试验得到的骨架曲线的正向部分均吻合良好。

3）单向模拟结果得到荷载-位移曲线可以看出，用等强度隔板代替箍筋的带隔板试件的峰值荷载和井字箍筋试件的峰值荷载相差不多。

4）增加隔板的厚度，可以提高试件的峰值荷载。

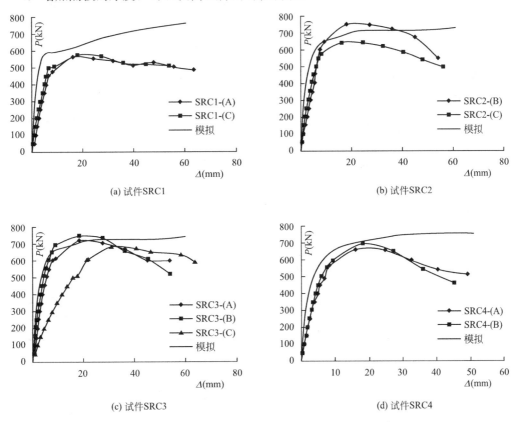

图 4.4-25　试件的荷载-位移曲线（一）

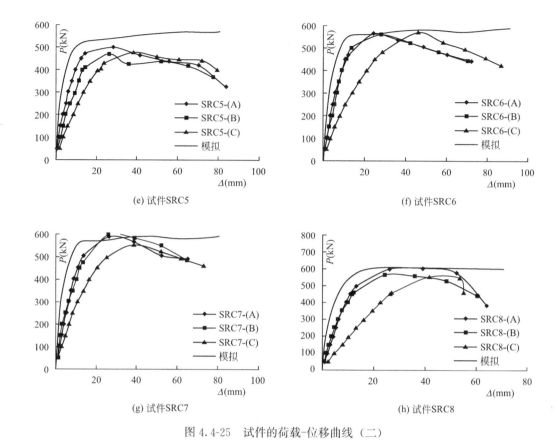

图 4.4-25　试件的荷载-位移曲线（二）

各组试件的试验结果和有限元模拟结果进行对比，得到表 4.4-9、表 4.4-10。

1）各组试件屈服荷载的试验值和模拟值的误差在 6.56%～20.30% 之间；各组试件峰值荷载的试验值和模拟值的误差在 0.34%～8.96% 之间。带隔板试件的模拟误差均比较小。

2）模拟中用隔板等强度代换箍筋的试件的屈服荷载和井字箍筋试件的屈服荷载相比很接近，增加隔板的厚度，对试件的屈服荷载和极限荷载均有提高，但不是十分明显。

模拟得出的屈服荷载和峰值荷载均和试验值有些误差，出现该现象的原因主要有以下几点：

1）试验中的边界条件不能做到模拟中那样理想化。

2）模拟中混凝土和型钢之间的粘结滑移考虑不够全面和完美。

SRC1～SRC8 屈服时试验结果与有限元模拟对比　　　　　　　表 4.4-9

	试件编号	屈服荷载	均值	对应位移	均值
SRC1 试验值	SRC1-(A)	503	525.00	7.94	8.40
	SRC1-(C)	547		8.86	
SRC1 模拟值	SRC1		592.99		7.72
SRC1 误差值	SRC1		12.95%		−8.10%

	试件编号	屈服荷载	均值	对应位移	均值
SRC2 试验值	SRC2-(B)	670	622.83	9.07	8.55
	SRC2-(C)	575.65		8.02	
SRC2 模拟值	SRC2		670.90		9.38
SRC2 误差值	SRC2		7.72%		9.71%
SRC3 试验值	SRC3-(A)	631.07	643.62	8.74	8.97
	SRC3-(B)	691.64		8.67	
	SRC3-(C)	608.14		9.49	
SRC3 模拟值	SRC3		685.81		9.28
SRC3 误差值	SRC3		6.56%		3.46%
SRC4 试验值	SRC4-(A)	563.42	579.73	8.01	8.56
	SRC4-(B)	596.03		9.11	
SRC4 模拟值	SRC4		689.82		7.9
SRC4 误差值	SRC4		18.99%		−7.71%
SRC5 试验值	SRC5-(A)	472.58	437.53	14.21	13.53
	SRC5-(B)	410		14.12	
	SRC5-(C)	430		12.26	
SRC5 模拟值	SRC5		514.46		11.18
SRC5 误差值	SRC5		17.58%		−17.37%
SRC6 试验值	SRC6-(A)	470.93	489.10	11.83	13.08
	SRC6-(B)	513		14.13	
	SRC6-(C)	483.37		13.28	
SRC6 模拟值	SRC6		560.77		12.75
SRC6 误差值	SRC6		14.65%		−2.52%
SRC7 试验值	SRC7-(A)	504.54	492.24	13.71	13.84
	SRC7-(B)	474		13.24	
	SRC7-(C)	498.19		14.58	
SRC7 模拟值	SRC7		572.28		13.31
SRC7 误差值	SRC7		16.26%		−3.83%
SRC8 试验值	SRC8-(A)	494.78	469.81	13.04	12.54
	SRC8-(B)	458.33		12.28	
	SRC8-(C)	456.32		12.31	
SRC8 模拟值	SRC8		565.20		12.91
SRC8 误差值	SRC8		20.30%		2.95%

SRC1～SRC8 峰值时试验结果与有限元模拟对比 表 4.4-10

	试件编号	峰值荷载	均值	对应位移	均值
SRC1 试验值	SRC1-(A)	586.19	585.68	15.4	16.19
	SRC1-(C)	585.16		16.98	
SRC1 模拟值	SRC1		615.98		15.46
SRC1 误差值	SRC1		5.17%		−4.51%
SRC2 试验值	SRC2-(B)	763	709.31	16.25	15.71
	SRC2-(C)	655.61		15.16	
SRC2 模拟值	SRC2		711.75		15.92
SRC2 误差值	SRC2		0.34%		1.34%
SRC3 试验值	SRC3-(A)	716.92	721.10	18.27	20.29
	SRC3-(B)	748.06		16.33	
	SRC3-(C)	698.32		26.28	
SRC3 模拟值	SRC3		736.32		17.13
SRC3 误差值	SRC3		2.11%		−15.57%
SRC4 试验值	SRC4-(A)	670	680.80	15.68	16.88
	SRC4-(B)	691.6		18.07	
SRC4 模拟值	SRC4		734.34		15.61
SRC4 误差值	SRC4		7.86%		−7.52%
SRC5 试验值	SRC5-(A)	502.43	487.14	27.17	24.73
	SRC5-(B)	475.51		24.14	
	SRC5-(C)	483.49		22.89	
SRC5 模拟值	SRC5		530.80		26.87
SRC5 误差值	SRC5		8.96%		8.65%
SRC6 试验值	SRC6-(A)	568.28	574.83	23.55	24.80
	SRC6-(B)	580.22		25.24	
	SRC6-(C)	575.98		25.61	
SRC6 模拟值	SRC6		584.46		25.19
SRC6 误差值	SRC6		1.68%		1.57%
SRC7 试验值	SRC7-(A)	589.81	585.09	26.29	25.54
	SRC7-(B)	599.74		25.96	
	SRC7-(C)	565.72		24.38	
SRC7 模拟值	SRC7		593.12		24.13
SRC7 误差值	SRC7		1.37%		−5.52%
SRC8 试验值	SRC8-(A)	621.02	583.48	37.41	28.23
	SRC8-(B)	569.55		23.72	
	SRC8-(C)	559.88		23.56	
SRC8 模拟值	SRC8		622.81		24.29
SRC8 误差值	SRC8		6.74%		−13.96%

（2）裂缝对比

当应力超过了混凝土抗拉强度时，出现了开裂现象，塑性应变开始不再为0，所以可以通过塑性形变云图来反映混凝土裂缝的开展情况。从最小主压塑性应变（PE，MIN，PRINCIPAL）矢量图中可以看出，混凝土的裂缝方向和矢量图中矢量方向平行。混凝土裂缝的宽度可以从最大主拉塑性应变（PE，MAX，PRINCIPAL）云图的数值间接反映出来，也可以由最小主压塑性应变的矢量长短判断。

受拉损伤因子可以反映混凝土的受拉损伤程度，受压损伤因子可以反映混凝土受压损伤程度，两者云图均可以反映混凝土裂缝的分布和发展方向。

以下是屈服时各组试件有关裂缝开展的模拟结果，如图4.4-26～图4.4-33所示，将其与试验裂缝开展图进行对比，得出以下结论：

1）模拟结果的试件裂缝发展情况和试验情况基本吻合。最大主拉应变云图中显示，最大主拉塑性应变即裂缝开展最宽的地方在柱斜对角位置，这与试验现象吻合，试验中交叉裂缝的最宽处即在柱对角部位。裂缝的开展方向在最小主压塑性应变矢量图可以看出，与试验中推方向加载时产生的裂缝同向。

2）从受拉损伤因子分布图可以看出，柱中斜对角位置的混凝土受拉情况最严重，故该处裂缝最宽，和试验现象吻合。各组裂缝模拟开展情况比较相近，不再一一赘述。

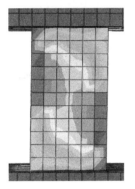 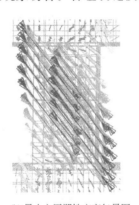 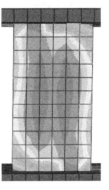 

(a) 最大主拉塑性应变云图　(b) 最小主压塑性应变矢量图　(c) 受压损伤因子分布图　(d) 受拉损伤因子分布图

图 4.4-26　试件 SRC1 的裂缝模拟结果

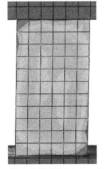 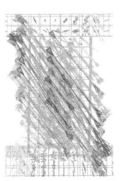 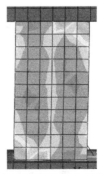 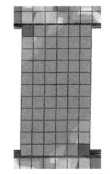

(a) 最大主拉塑性应变云图　(b) 最小主压塑性应变矢量图　(c) 受压损伤因子分布图　(d) 受拉损伤因子分布图

图 4.4-27　试件 SRC2 的裂缝模拟结果

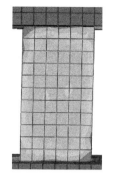  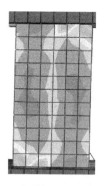 

(a) 最大主拉塑性应变云图　　(b) 最小主压塑性应变矢量图　　(c) 受压损伤因子分布图　　(d) 受拉损伤因子分布图

图 4.4-28　试件 SRC3 的裂缝模拟结果

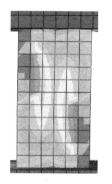 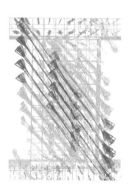 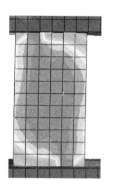 

(a) 最大主拉塑性应变云图　　(b) 最小主压塑性应变矢量图　　(c) 受压损伤因子分布图　　(d) 受拉损伤因子分布图

图 4.4-29　试件 SRC4 的裂缝模拟结果

 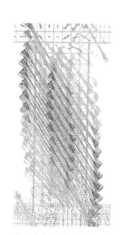 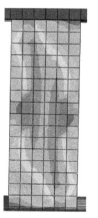 

(a) 最大主拉塑性应变云图　　(b) 最小主压塑性应变矢量图　　(c) 受压损伤因子分布图　　(d) 受拉损伤因子分布图

图 4.4-30　试件 SRC5 的裂缝模拟结果

  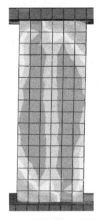 

(a) 最大主拉塑性应变云图　　(b) 最小主压塑性应变矢量图　　(c) 受压损伤因子分布图　　(d) 受拉损伤因子分布图

图 4.4-31　试件 SRC6 的裂缝模拟结果

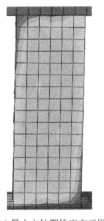  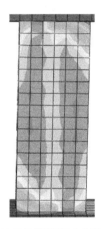 

(a) 最大主拉塑性应变云图　　(b) 最小主压塑性应变矢量图　　(c) 受压损伤因子分布图　　(d) 受拉损伤因子分布图

图 4.4-32　试件 SRC7 的裂缝模拟结果

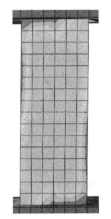 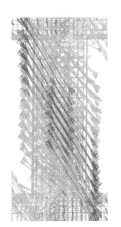 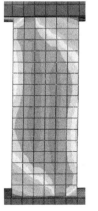 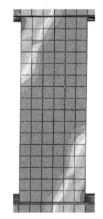

(a) 最大主拉塑性应变云图　　(b) 最小主压塑性应变矢量图　　(c) 受压损伤因子分布图　　(d) 受拉损伤因子分布图

图 4.4-33　试件 SRC8 的裂缝模拟结果

3）对比受压损伤因子分布图可以看出，带隔板试件 SRC2～SRC3 和不带隔板试件略有区别。从分布图中可以较为明显地看出，隔板起到了使混凝土受力更为均匀的作用，隔板承担了一部分力，把混凝土承担的压力分散到了柱子左右两侧。

4）对比各组最大主拉塑性应变云图得出，屈服时仅有外圈箍筋的试件混凝土裂缝要比其他组试件严重。说明仅有外圈箍筋的试件承受荷载的主要部分在混凝土上，因此增加配箍率和隔板都有助于构件整体受力。

（3）型钢和钢筋应力分析

型钢与钢筋上的应力均采用 Mises 应力来反映。各试件屈服时刻的 Mises 应力云图如图 4.4-34～图 4.4-41 所示。从型钢 Mises 应力云图可以看出，试件屈服时，柱根部型钢翼缘因承受弯矩和剪力的共同作用也已经进入屈服，带隔板试件的部分隔板处边缘已经屈

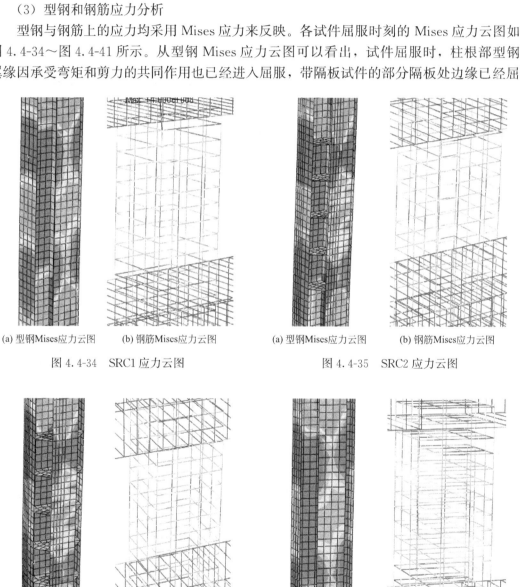

| (a) 型钢Mises应力云图 | (b) 钢筋Mises应力云图 | (a) 型钢Mises应力云图 | (b) 钢筋Mises应力云图 |

图 4.4-34　SRC1 应力云图　　　　　图 4.4-35　SRC2 应力云图

| (a) 型钢Mises应力云图 | (b) 钢筋Mises应力云图 | (a) 型钢Mises应力云图 | (b) 钢筋Mises应力云图 |

图 4.4-36　SRC3 应力云图　　　　　图 4.4-37　SRC4 应力云图

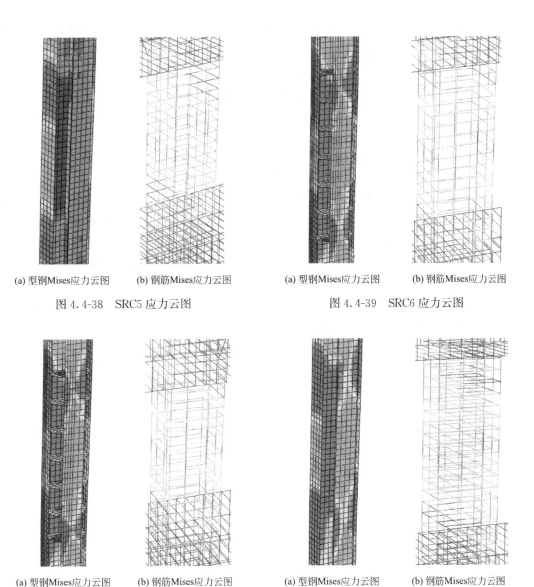

(a) 型钢Mises应力云图　　(b) 钢筋Mises应力云图　　　(a) 型钢Mises应力云图　　(b) 钢筋Mises应力云图

图 4.4-38　SRC5 应力云图　　　　　　　　　图 4.4-39　SRC6 应力云图

(a) 型钢Mises应力云图　　(b) 钢筋Mises应力云图　　　(a) 型钢Mises应力云图　　(b) 钢筋Mises应力云图

图 4.4-40　SRC7 应力云图　　　　　　　　　图 4.4-41　SRC8 应力云图

服。由应力云图可以看出，隔板把混凝土传来的力分配到与之焊接的型钢腹板和翼缘，可以让型钢整体受力更加均匀。试件屈服时，试件部分纵筋已经进入屈服状态，少许箍筋进入屈服阶段。从应力云图可以看出，对于井字箍筋试件来说，箍筋的应力比其他试件的大，说明箍筋在此种形式的构件中起着承担荷载的主要作用。

4.4.4　小结

本节提出一种用隔板等强度代替内部井字箍筋的型钢混凝土柱截面形式，为了验证这种截面形式的有效性和可行性，通过对八组共 24 个试件进行低周往复荷载试验，得到了型钢混凝土柱的裂缝开展规律、破坏形态、荷载-位移曲线、骨架曲线等；通过对试验结果进行分析，得到了型钢混凝土柱的强度衰减、刚度退化、延性等各项性能及主要形变发展情况；对主要影响型钢混凝土柱抗剪承载力的两个参数和剪切斜压破坏下的抗剪机理进行了分析；对比了试验结果值和现行规范中关于型钢混凝土柱抗剪承载力的公式计算值；对八组试件进行单向的非线性有限元模拟，与试验中得到的骨架曲线和裂缝开展情况进行对比分析。最终根据试验结果和有限元模拟结果得出了以下结论：

（1）带隔板试件和其他截面形式构件的滞回曲线均形状饱满，介于梭形和倒S形之间，各组试件的位移延性系数和等效黏滞阻尼比均相近，并且用隔板等强代换内部井字箍筋的带隔板试件的延性系数要优于井字箍筋试件。增加隔板厚度对试件延性影响不大。带隔板的截面形式可以满足结构延性和耗能能力的要求。

（2）隔板等强度代替内部井字箍筋试件的屈服荷载和峰值荷载均稍高于井字箍筋试件；增加隔板的厚度可以提高屈服荷载，但对峰值荷载影响不大。仅有外圈箍筋试件的屈服荷载和峰值荷载均远小于其他组试件。说明带隔板构造做法可以满足构件承载力的要求。从有限元模拟得到的型钢应力云图可以看出，隔板构造可以把力传递到相邻的型钢翼缘和腹板，使得型钢受力均匀，提高整体性，保证承载力。

（3）试验涉及剪跨比和配箍率这两个影响型钢混凝土柱抗剪承载力的主要参数，根据试验数据可知：配箍率不变时，随着剪跨比的增大，试件的抗剪承载力降低；剪跨比一定时，随着配箍率的增大，试件的抗剪承载力增加。《钢骨混凝土结构技术规程》YB 9082—2006 的计算算法均偏于安全，《组合结构设计规范》JGJ 138—2016 的计算算法适用性较好。

（4）从试验的破坏形态看出，所有试件均发生剪切破坏，隔板的加入并没有影响试件的破坏形态。用隔板等强代替内部井字箍筋的构造做法不仅可以避免为穿过箍筋在型钢腹板开洞带来的对腹板的削弱，而且可以简化施工，并能满足构件承载力和延性等性能要求，可为以后设计提供参考。

4.5　结论

本章对提出的新型混合结构梁柱节点进行了试验研究与分析，分别研究了四大类型的梁柱节点："强柱弱梁"节点、"弱柱强梁"节点、带隔板十字梁柱节点和带隔板柱，对 53 个试件进行了拟静力试验研究，研究结果如下：

1. "强柱弱梁"的梁柱节点试验与分析

对 4 个型钢混凝土梁柱节点以及 1 个普通钢筋混凝土梁柱节点进行拟静力试验研究，得到了节点的破坏形态、P-Δ 滞回曲线以及骨架曲线等，分析了节点的承载能力、刚度退化、耗能性能、延性系数等滞回特性。并对 4 个节点试件进行有限元模拟计算，同时通过变换试件参数研究了梁型钢配置情况对 SRCJ-02 和 SRCJ-03 的力学性能的影响。

（1）本次试验中全部 4 个型钢混凝土试件均为梁端出现塑性铰破坏，而节点区在整个试验过程中始终保持完好，混凝土没有开裂，剪切变形很小，能够满足"强柱弱梁强节点"的抗震设计原则。试验中全部试件的节点核心区剪切角都很小，节点核心区几乎没有剪切变形，而变形主要集中在梁端，实现了"强节点"的设计原则，有利于结构抗震。

（2）相比普通钢筋混凝土，型钢混凝土梁柱节点的滞回曲线非常饱满，没有明显的捏缩现象，显示出了型钢混凝土梁柱节点具有良好的延性性能及耗能能力。试验中，型钢混凝土梁柱节点的等效黏滞阻尼系数均超过了 0.3，而普通钢筋混凝土梁柱节点仅为 0.17，由此可以证明型钢混凝土梁柱节点具有优越的耗能能力。节点试件在达到屈服状态后，转角明显加大，能够产生很大的转角，表明梁端出现了塑性铰，并且能够通过塑性铰的产生和转动来消耗地震作用带来的能量，充分发挥了材料的延性，保证了试件具有很好的塑性及转动性能，避免了节点区遭到破坏。

（3）试件 SRCJ-02 在节点核心区采用了 4 个 U 形箍筋来代替闭合箍筋，这使得梁型钢腹板免去开孔，避免了削弱。试验结果证明，节点具有优于传统节点形式的抗震性能并且能够简化施工工序、保证工程质量，能够应用于实际工程；试件 SRCJ-03 在承载力方面略有不足，但是等效黏滞阻尼系数高于其他节点形式，同时也解决了箍筋穿腹板的难题，作者在此建议，可以通过适当改进该节点构造，提高其承载力，使其可以应用于工程实际；试件 SRCJ-04 采用了梁柱斜交的节点形式，延性及耗能能力等方面与 SRCJ-01 相近，证明了该种节点形式构造合理，可以应用于实际工程。

（4）通过有限元的参数模拟计算，在翼缘宽度保持不变的情况下，试件的承载力及刚度随着梁型钢翼缘宽厚比的增加而降低；当翼缘厚度保持不变，试件的承载力及刚度随着翼缘宽度的增加而提高；当翼缘宽厚比相同时，翼缘宽度越大，其抗弯刚度越大，承载力越高。根据有限元模拟结果，建议在设计采用该种形式的节点时，三角形加劲肋的厚度宜取为梁型钢腹板厚度的 1.5 倍。

2. "弱柱强梁"的梁柱节点试验与分析

通过对五种型钢混凝土梁柱节点（每种 3 个，共 15 个试件）进行了梁端低周反复荷载试验，得到了试件的破坏形态、P-Δ 滞回曲线以及骨架曲线等内容，分析了型钢混凝土梁柱节点的承载能力、刚度退化、耗能性能、延性系数等性能，得出如下结论：

（1）试件均发生了明显的节点核心区的剪切破坏，节点核心区的剪切角在 5°~6° 之间，说明节点核心区产生了明显的剪切变形。混凝土和柱型钢腹板是承受节点核心区剪力的主要元件，箍筋及箍板对节点核心区的抗剪承载力贡献不大，只是在中后期对节点核心区的混凝土及柱纵筋起到约束作用。

（2）试件的屈服荷载和最大荷载均无明显差别，说明在节点核心区用箍板代替箍筋不会对承载力产生太大的影响。

（3）在抗震性能方面，试件的延性和等效黏滞阻尼系数相差不大，说明五种试件的抗震性能相差不多。

（4）通过有限元模拟得出，改变柱型钢腹板的高度和厚度均能提高试件的抗剪承载力，其中增加柱型钢腹板的厚度可以更明显地增加节点核心区的抗剪承载力。提高柱型钢翼缘的宽度可以很明显地提高节点核心区的抗剪承载力，但柱型钢翼缘的厚度对节点核心区的抗剪承载力几乎没有影响。

（5）与传统的节点形式试件相比，所提出的四种节点形式都能够避免在梁型钢腹板处开口，给设计和实际施工带来简便，并且承载力方面相差不大，说明所提出的新型的节点形式是可行的。

3. 带隔板型钢混凝土十字形梁柱节点抗震性能试验研究与分析

通过三组共 9 个试件在低周往复荷载作用下的试验，研究了型钢混凝土梁柱节点的破坏形态、梁端荷载-位移曲线、骨架曲线等内容，得到了型钢混凝土梁柱节点的强度退化、刚度退化、延性及耗能能力各项指标。得到了以下几方面的结论：

（1）构件均在节点核心区发生剪切破坏，破坏经历了弹性阶段、弹塑性阶段、塑性阶段共三个阶段。各个试件梁端荷载-位移曲线形状饱满，形状介于纺锤体与倒 S 之间。从构件的承载能力与延性系数的计算中可以看出，核心区带隔板的构造做法能够满足位移延性的要求。

（2）梁柱节点的抗剪承载力主要由混凝土提供，约占总抗剪承载能力的 80%；节点核心区柱型钢腹板是抗剪承载力的重要组成部分，约占总承载力的 15%；箍筋提供的抗剪承载力占总承载力的 5%，但箍筋有效地约束了节点核心区的混凝土，提高了混凝土的抗剪承载力。在节点核心区增加隔板的做法能够有效地约束型钢内部的混凝土，提高混凝土的抗剪承载力。型钢混凝土梁柱节点抗剪承载力计算公式，建议按照试件 SRCJ-1 结果进行取值，有一定的安全储备。

4. 带隔板型钢混凝土柱抗震性能研究与分析

在型钢腹板开洞来穿过箍筋不仅削弱腹板，且增加施工难度。本章提出一种用隔板等强度代替内部井字箍筋的型钢混凝土柱截面形式。通过对八组共 24 个试件进行低周往复荷载试验，得到了型钢混凝土柱的裂缝开展规律、破坏形态、荷载-位移曲线、骨架曲线等性能；得到了型钢混凝土柱的强度衰减、刚度退化、延性等各项性能及主要形变发展情况；对主要影响型钢混凝土柱抗剪承载力的两个参数和剪切斜压破坏下的抗剪机理进行了分析。得出了以下几个结论：

（1）带隔板试件和其他截面形式构件的滞回曲线均形状饱满，介于梭形和倒 S 之间，各组试件的位移延性系数和等效黏滞阻尼比均相近，并且试件的延性系数要优于井字箍筋的试件。

（2）隔板等强度代替内部井字箍筋试件的屈服荷载和峰值荷载均稍高于井字箍筋试件；增加隔板的厚度可以提高屈服荷载，但对峰值荷载、试件延性影响不大。从有限元模拟得到的型钢应力云图可以看出，隔板构造可以把力传递到相邻的型钢翼缘和腹板，使得型钢受力均匀，提高整体性，保证承载力。

（3）配箍率不变时，随着剪跨比的增大，试件的抗剪承载力降低；剪跨比一定时，随着配箍率的增大，试件的抗剪承载力增加。《钢骨混凝土结构技术规程》YB 9082—2006 的计算算法均偏于安全，《组合结构设计规范》JGJ 138—2016 的计算算法适用性较好。

（4）试件发生剪切破坏，隔板的加入并没有影响试件的破坏形态。用隔板等强代替内部井字箍筋的构造做法，不仅可以避免为穿过箍筋在型钢腹板开洞带来的对腹板的削弱，而且可以简化施工，并能满足构件承载力和延性等性能要求，可为以后设计提供参考。

第5章　混合结构中梁墙节点的性能研究与分析

5.1　内置钢板混凝土连梁与混凝土剪力墙节点的试验研究与分析

为了深入了解在普通钢筋混凝土连梁中内置钢板对提高和改善连梁抗剪承载力和抗震性能的有效性，并观察钢板混凝土连梁在地震荷载作用下的破坏形态，本次试验对钢板的厚度、形式以及钢板上栓钉布置位置不同的四组试件和一组普通形式的配筋试件进行了地震荷载作用下的低周反复加载试验模拟。研究了钢板厚度和钢板形式以及钢板上栓钉布置位置不同的钢板混凝土连梁在地震荷载作用下的性能和特点，并通过试验验证这种形式连梁的有效性和可行性。

5.1.1　内置钢板混凝土连梁与混凝土剪力墙节点的试验

1. 试验目的

内置钢板混凝土连梁与混凝土剪力墙节点抗震性能试验的目的可概括为以下几个方面：

1）检验在普通钢筋混凝土连梁中内置钢板能否提高连梁的抗剪承载力和抗震性能，以此验证内置钢板的有效性，通过试件的制作也检验了其在实际工程中的可行性；

2）研究内置钢板混凝土连梁在低周反复荷载作用下的受力特点（如裂缝发展、破坏形式、变形特点等）及抗震性能（如延性、滞回特性、耗能能力、强度退化、刚度退化等）；

3）明确钢板厚度、形式以及钢板上栓钉布置位置的不同对钢板混凝土连梁的承载力、受力特点和抗震性能的影响；

4）探索节点核心区的受力变形与耗能情况，提出并检验能够有效减少钢板与混凝土之间粘结滑移，提高两者之间粘结性的抗剪连接构造方法，为这种形式的连梁在设计和施工中的应用提供建议和参考。

经过试验前的初步模拟和阅读相关文献，总结出影响内置钢板混凝土连梁的极限承载力、延性及耗能能力等众多影响因素，主要包括跨高比、配板率（板截面面积与混凝土有效截面面积的比值）、钢板高厚比、轴压比、栓钉布置形式、板埋入长度、混凝土强度、连梁配筋率、钢板形式等。

2. 实际工程及试验节点选择

沈阳恒隆市府广场项目位于沈阳市沈河区，是集办公、商场、酒店、会展中心为一体的综合发展项目。该工程由中国建筑东北设计研究院和奥雅纳工程顾问公司联合进行结构设计，采用内部核心区剪力墙和外部组合结构框架的结构体系。塔楼一和塔楼二的建筑高度分别为 350m 和 380m，单体建筑面积分别为 20 万 m^2 和 22 万 m^2。沈阳恒隆市府广场平面图如图 5.1-1 所示。

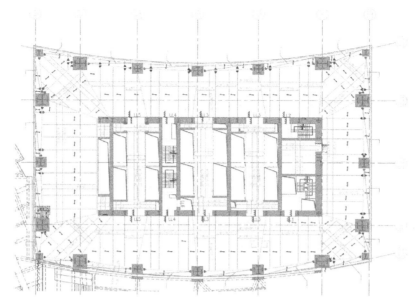

图 5.1-1 沈阳恒隆市府广场平面图

本节以沈阳恒隆市府广场这个超高、超限工程为依托，选取该工程中的一种节点形式为研究对象进行研究。

3. 试验设计及试件制作

试验主要研究小跨高比连梁，试件跨高比定为 1.5。连梁宽与墙厚均为 200mm，连梁高度为 600mm，连梁跨度 900mm。试验取半跨结构，连梁长度 650mm，加载中心点在距剪力墙 450mm 处。此外，根据试验室场地条件拟定剪力墙尺寸为 2200mm×1600mm×200mm；剪力墙轴压比均为 0.4。

考虑以上几方面因素后，以连梁的高度、跨度、连梁与剪力墙配筋情况不变为前提，研究改变钢板的厚度和形式、栓钉布置位置以及是否开洞等因素对连梁性能的影响。

试验包括四组不同形式的试件和一组对比件，每组包括 3 个完全相同的试件，试件的主要参数见表 5.1-1。

试件的主要参数   表 5.1-1

	梁高（mm）	跨高比	纵向钢筋	箍筋	板高	板厚	配板率	是否开洞	锚固长度（mm）	栓钉形式	轴压比
RCWJ	600	1.5	2Φ16	Φ8@100							0.4
SRCWJ-01	600	1.5	2Φ16	Φ8@100	400	10	0.033	否	600	端部	0.4
SRCWJ-02	600	1.5	2Φ16	Φ8@100	400	10	0.033	否	600	全跨	0.4
SRCWJ-03	600	1.5	2Φ16	Φ8@100	400	20	0.066	否	600	全跨	0.4
SRCWJ-04	600	1.5	2Φ16	Φ8@100	400	10	0.033	是	600	端部	0.4

连梁的纵向钢筋与箍筋根据《混凝土结构设计规范》GB 50010—2010 和《钢骨混凝土结构技术规程》YB 9082—2006 的规定配置，各试件采用相同的配筋形式。连梁上下部

均采用 $2\Phi16$ 的受力钢筋，配筋率为 0.36%，箍筋选用双肢箍 $\Phi8@100$，配筋率 0.50%，梁中部设置 $4\Phi12$ 腰筋。试件的底部设置基座梁，截面尺寸为 $300\text{mm}\times200\text{mm}$，纵筋采用 $3\Phi16$，箍筋为双肢箍 $\Phi10@100$。各试件的尺寸与梁截面示意图如图 5.1-2 所示。

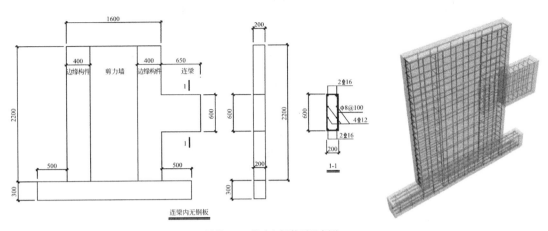

(a) 试件RCWJ尺寸与梁截面示意图

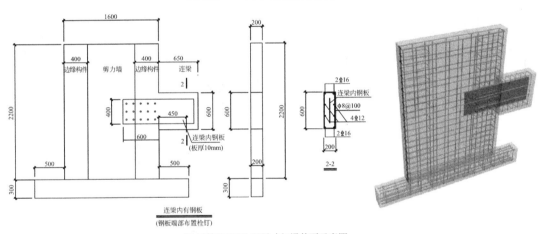

(b) 试件SRCWJ-01尺寸与梁截面示意图

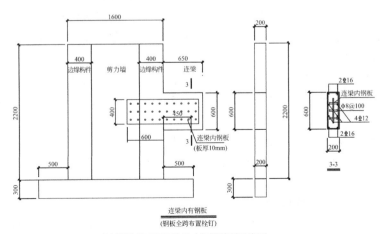

(c) 试件SRCWJ-02尺寸与梁截面示意图

图 5.1-2　各试件尺寸与梁截面示意图（一）

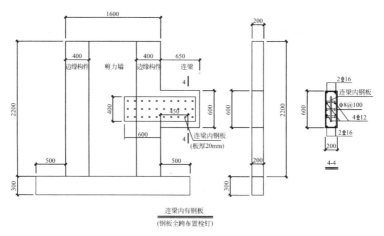

(d) 试件SRCWJ-03尺寸与梁截面示意图

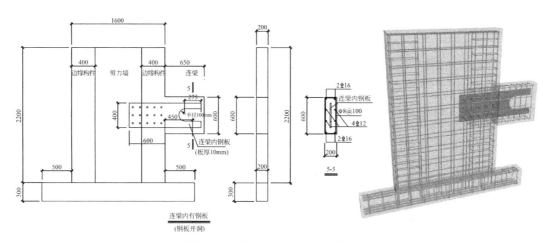

(e) 试件SRCWJ-04尺寸与梁截面示意图

图 5.1-2　各试件尺寸与梁截面示意图（二）

试件按《混凝土结构设计规范》GB 50010—2010 中构造边缘构件设计，边缘构件的宽度为 400mm。配筋区宽度 360mm。剪力墙边缘约束构件的纵筋按双排布置，每排纵筋采用 3Φ12，箍筋采用双肢箍 Φ8@100。

墙肢的非约束部分设置双层双向分布钢筋，水平分布钢筋与竖向分布钢筋均采用 Φ8@200，并根据构造要求采用 Φ6@400 的拉结筋按梅花形布置。剪力墙配筋示意图如图 5.1-3 所示。

栓钉的布置满足《钢骨混凝土结构技术规程》YB 9082—2006 的规定，栓钉直径取 16mm，长 64mm。所需栓钉的最少数量通过计算得到，各试件钢板尺寸示意图如图 5.1-4 所示。

4. 试件施工与材料力学性能

受力纵向钢筋Φ16、Φ12、箍筋与分布钢筋Φ8 及 10mm 和 20mm 厚的钢板的材料性质参数列于表 5.1-2 中。

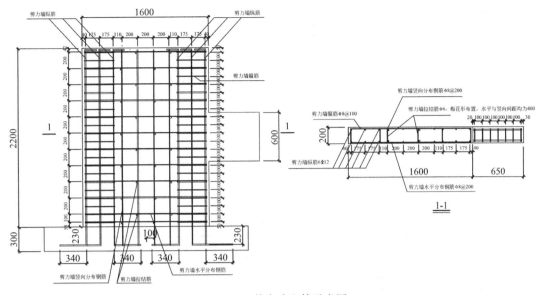

图 5.1-3　剪力墙配筋示意图

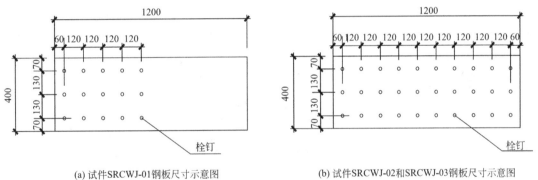

(a) 试件SRCWJ-01钢板尺寸示意图　　　　　(b) 试件SRCWJ-02和SRCWJ-03钢板尺寸示意图

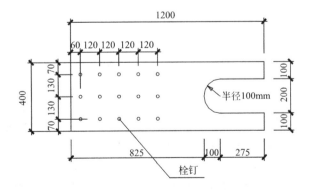

(c) 试件SRCWJ-04钢板尺寸示意图

图 5.1-4　各试件钢板尺寸示意图

钢材材料性能   表 5.1-2

类型	规格	屈服强度（MPa）				极限强度（MPa）			
		1	2	3	平均值	1	2	3	平均值
钢筋	⏀16	419	431	429	426	572	618	620	603
	⏀12	438	501	497	479	551	623	614	596
	φ8	296	293	308	299	428	431	454	438
钢板	10mm	471	470	467	469	539	552	558	550
	20mm	295	290	295	293	420	410	415	415

混凝土采用商品混凝土，强度等级为 C30。试验当天测得的混凝土立方体抗压强度代表值列于表 5.1-3 中。试件的制作与施工如图 5.1-5～图 5.1-7 所示。

混凝土立方体抗压强度代表值   表 5.1-3

试件编号	混凝土立方体抗压强度（MPa）			
	1	2	3	平均值
RCWJ	44.79	45.44	51.67	47.27
SRCWJ-01	52.07	52.85	49.31	51.41
SRCWJ-02	52.07	52.85	49.31	51.41
SRCWJ-03	51.20	51.47	50.07	50.91
SRCWJ-04	50.21	52.36	52.32	51.63

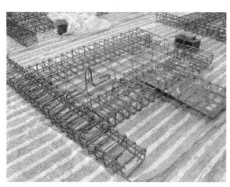
(a) 试件SRCWJ-01

(b) 试件SRCWJ-02

(c) 试件SRCWJ-03

(d) 试件SRCWJ-04

图 5.1-5　各试件钢筋与钢板布置示意图

图 5.1-6　混凝土浇筑完成示意图　　　　　　图 5.1-7　试件成型示意图

5. 试验过程及现象

本试验在沈阳建筑大学结构工程试验室进行。梁端竖向往复荷载加载装置采用电液伺服程控结构试验机（MTS），墙顶垂直荷载采用油压千斤顶施加，荷载大小根据轴压比计算确定。试件加载装置如图 5.1-8 所示。

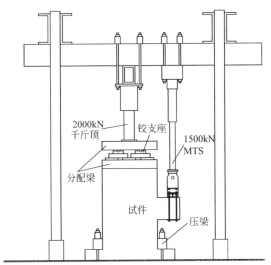

图 5.1-8　试件加载装置

首先使用油压千斤顶在剪力墙墙肢顶部加载，分级加载，加载到根据轴压比 0.4 算得的预定荷载水平后，荷载在整个试验过程中保持不变。试验分两阶段进行，在达到屈服荷载之前，采用荷载控制加载，每级荷载值可采用预计承载力的 1/10，达到屈服前，每级荷载反复一次（包括正向加载和反向加载）；待试件达到屈服后采用位移控制加载，每级循环两次。待混凝土保护层开裂破坏严重，试件承载力下降到峰值的 85% 后认为试件破坏，停止加载，试验结束。

采用力传感器测量连梁承受的荷载，位移计测量连梁与墙肢的竖向与水平位移，试件位移计布置示意图如图 5.1-9 所示。钢板上的应变片根据不同钢板类型有不同的测点布置，但在关键部位均采用应变花来测量测点处三个方向的应变，钢板、连梁与剪力墙钢筋的应变片布置如图 5.1-10 所示，混凝土表面应变片布置如图 5.1-11 所示。

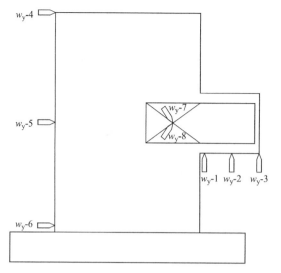

图 5.1-9　试件位移计布置示意图

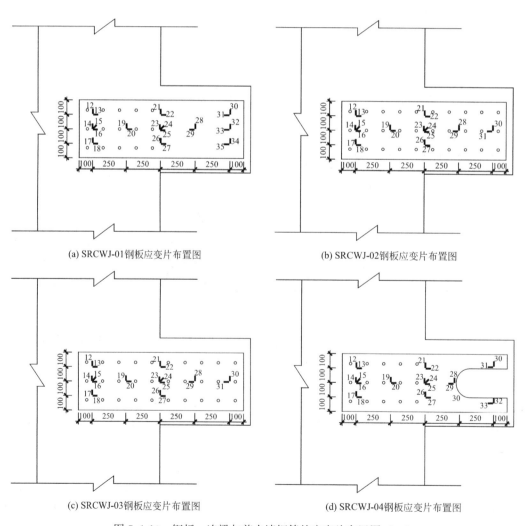

(a) SRCWJ-01钢板应变片布置图

(b) SRCWJ-02钢板应变片布置图

(c) SRCWJ-03钢板应变片布置图

(d) SRCWJ-04钢板应变片布置图

图 5.1-10　钢板、连梁与剪力墙钢筋的应变片布置图 （一）

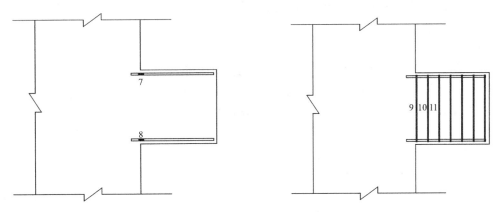

(e) 连梁钢筋应变片布置图

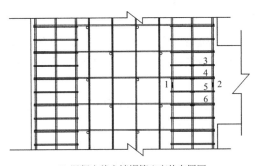

(f) 混凝土剪力墙钢筋应变片布置图

图 5.1-10 钢板、连梁与剪力墙钢筋的应变片布置图（二）

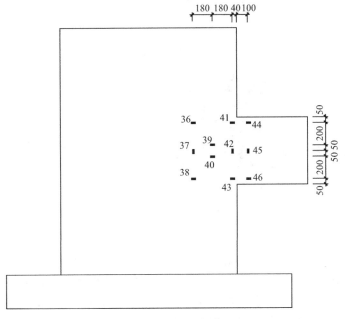

图 5.1-11 混凝土表面应变片布置图

各个试件从开始加载到最后破坏可分为弹性、弹塑性和破坏三个阶段。各试件的破坏过程及特点如下：

（1）RCWJ 的破坏过程

在加载过程中，墙表面未出现裂缝。各应变片的应变呈现弹性状态，梁端位移仅有微小的变化。在节点屈服之前，以 50kN 的步长对试件梁端循环加载，前 3 次循环无裂缝出现。当在正向加载至 180kN 时，在与剪力墙连接的连梁端部出现了竖直的裂缝。在 200kN 时，在连梁上出现了新的竖向裂缝，但剪力墙上并未出现裂缝，符合强节点的设计要求。此时，连梁的纵筋与箍筋的应变片读数超过了各自的屈服应变，在此循环之后改用位移控制加载，屈服位移 $\Delta = 1.5$mm。

位移控制加载后，在荷载达到 300kN 时（2Δ），连梁上出现了新的斜裂缝，节点区与连梁钢筋的应变继续增大。随着连梁端部位移的不断增大，在荷载达到 335kN 时，墙肢在节点区附近的位置处开始出现极其微小的裂缝，但墙肢内的钢筋均没有达到屈服。此时连梁的裂缝继续不断发展，位移也不断地增大，当荷载从峰值下降到 297kN 时（5Δ），连梁根部的混凝土开始掉落。最后一次加载循环中，原有裂缝不断扩展、变宽，墙肢上不再出现新的裂缝。最终连梁与墙肢连接处的根部裂缝宽度达 21mm，混凝土完全剥落，钢筋已经裸露出来。

在试验过程中，墙肢的表面只有极少的裂缝出现，且裂缝宽度非常小，节点核心区纵筋上的应变片读数都比较小，没有超过钢筋的屈服应变，说明节点核心区基本处于弹性阶段。而连梁上出现大量裂缝，连梁的纵筋与箍筋的所有应变片读数均超过了各自的屈服应变。连梁与墙肢连接处根部裂缝宽度达到 21mm，在连梁的根部形成了塑性铰，试件最后以连梁的剪切破坏而结束。RCWJ 裂缝图如图 5.1-12 所示。

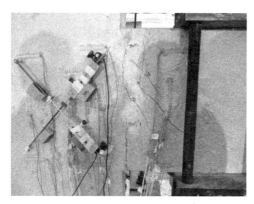 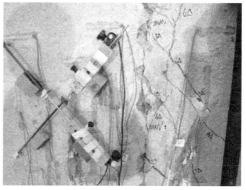

(a) 峰值荷载裂缝图　　　　　　　　　　　(b) 试验结束裂缝图

图 5.1-12　RCWJ 裂缝图

（2）SRCWJ-01 的破坏过程

在轴压加载过程中，墙表面未出现裂缝。各应变片的应变呈现弹性状态，梁端位移有微小的变化。在节点屈服前，以 50kN 的步长对试件梁端循环加载，前 4 次循环无裂缝出现。当在正向加载至 220kN 时，在与剪力墙连接一侧的连梁端部出现了竖向裂缝。在 300kN 时，在连梁上出现了新的竖向裂缝，但是剪力墙上尚未出现裂缝，符合强节点的设计要求。当荷载接近 400kN 时，钢板与钢筋上有多个应变片读数超过各自的屈服应变，钢板和钢筋的局部部位开始屈服,滞回曲线上也出现拐点,在此循环后改用位移控制加载,屈服位移 $\Delta=2.5$ mm。

位移控制加载后,在荷载达到 401kN 时(1Δ),连梁上出现了新的斜裂缝,原有裂缝继续发展,钢板与钢筋的应变继续增大。随着连梁端部位移的增大,在荷载达到 596kN 时(2Δ),墙肢在边缘构件附近开始出现竖向裂缝。此时连梁与墙肢上的裂缝不断发展。随着位移不断增大,当加载进行到 2Δ 的第二次循环时,连梁上产生新的斜裂缝,墙肢上也出现新的竖向裂缝,连梁与墙肢连接的根部产生裂缝。随着位移的继续增大,在荷载达到 718kN 时(4Δ),连梁与墙肢连接的根部裂缝向节点区扩展。在荷载达到 798kN 时(5Δ),边缘构件的裂缝向墙顶和墙底发展,节点区附近出现斜裂缝。当荷载从峰值下降到 753kN 时(6Δ),墙肢与连梁连接的角部混凝土开始剥落。最后一次加载循环中,原有裂缝不断扩展、变宽,墙肢上不再出现新的裂缝。墙肢与连梁连接的角部混凝土被压溃。最终连梁和墙肢连接处根部裂缝宽度达 4mm。SRCWJ-01 裂缝图如图 5.1-13 所示。

(a) 峰值荷载裂缝图　　　　　　　　　　　　　(b) 试验结束裂缝图

图 5.1-13　SRCWJ-01 裂缝图

(3) SRCWJ-02 的破坏过程

前 4 次循环无裂缝出现。当在正向加载至 230kN 时,在与剪力墙连接一侧的连梁端部出现了竖向裂缝。在 300kN 时,在连梁上出现了新的竖向裂缝,但是剪力墙上尚未出现裂缝,符合强节点的设计要求。当荷载接近 400kN 时,钢板与钢筋上有多个应变片读数超过各自的屈服应变,钢板和钢筋的局部部位开始屈服,滞回曲线上也出现拐点,在此循环后改用位移控制加载,屈服位移 $\Delta=2.5$ mm。

位移控制加载后,在荷载达到 600kN 时(2Δ),连梁上出现了新的斜裂缝,原有裂缝继续发展,钢板与钢筋的应变继续增大。此时连梁与墙肢上的裂缝不断发展。随着位移不断增大,当加载进行到 2Δ 的第二次循环时,墙肢在边缘构件附近开始出现竖向裂缝,连梁上产生新的斜裂缝,连梁与墙肢连接的根部产生裂缝。随着位移的继续增大,在荷载达到714kN时（3Δ），墙肢上产生新的竖向裂缝。在荷载达到820kN时（4Δ），连梁与墙肢连接的根部裂缝向节点区扩展，连梁上又有新的斜裂缝产生。在荷载达到900kN时（5Δ），边缘构件的裂缝向墙顶和墙底发展，连梁与墙肢连接的根部裂缝向节点区继续扩展，节点区附近出现斜裂缝。当荷载从峰值下降到883kN时（8Δ），墙肢与连梁连接的角部混凝土开始剥落。最后一次加载循环中，原有裂缝不断扩展、变宽，墙肢上不再出现新的裂缝。墙肢与连梁连接的角部混凝土被压溃。最终连梁和墙肢连接处根部裂缝宽度达3mm。SRCWJ-02裂缝图如图5.1-14所示。

 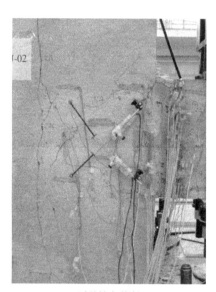

(a) 峰值荷载裂缝图　　　　　　　　　　　　　(b) 试验结束裂缝图

图 5.1-14　SRCWJ-02 裂缝图

（4）SRCWJ-03 的破坏过程

前4次循环无裂缝出现。当在正向加载至248kN时，在连梁与剪力墙连接一侧的连梁根部出现了竖向裂缝。在300kN时，在连梁上出现了新的竖向裂缝，但是剪力墙上尚未出现裂缝，符合强节点的设计要求。当荷载接近500kN时，钢板与钢筋上有多个应变片读数超过各自的屈服应变，钢板和钢筋的局部部位开始屈服，滞回曲线上也出现拐点，在此循环后改用位移控制加载，屈服位移Δ=3mm。

位移控制加载后，在第一个循环的峰值达至515kN时（1Δ），连梁上出现了新的竖向裂缝，原有裂缝继续发展，钢板与钢筋的应变继续增大。随着连梁端部位移的增大，在荷载达到715kN时，墙肢在节点区的边缘构件附件开始出现竖向裂缝。此时试件上的裂缝不断发展。随着位移不断增大，当荷载达到803kN时（2Δ），连梁上开始出现斜裂缝。当荷载达到914kN时（3Δ），墙肢顶部边缘构件附件出现竖向裂缝。当荷载从峰值下降到955kN时（5Δ），墙肢与连梁连接的角部混凝土开始剥落。当荷载从峰值下降到885kN时（6Δ），墙肢与连梁连接的角部混凝土被压溃。最后一次加载循环中，原有裂缝不断扩展、变宽，墙肢上不再出现新的裂缝。最终连梁和墙肢连接处根部裂缝宽度达3mm。SRCWJ-03裂缝图如图5.1-15所示。

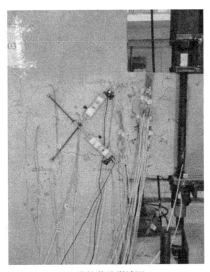
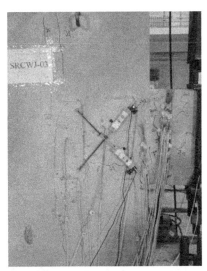

| (a) 峰值荷载裂缝图 | (b) 试验结束裂缝图 |

图 5.1-15　SRCWJ-03 裂缝图

（5）SRCWJ-04 的破坏过程

前 4 次循环没有裂缝出现。当在正向加载至 210kN 时，在与剪力墙连接一侧的连梁端部出现了竖向裂缝。在 250kN 时，在连梁上出现了新的竖向裂缝，但是剪力墙上尚未出现裂缝，符合强节点的设计要求。当荷载接近 400kN 时，钢板与钢筋上有多个应变片读数超过各自的屈服应变，钢板和钢筋的局部部位开始屈服，滞回曲线上也出现拐点，在此循环后改用位移控制加载，屈服位移 $\Delta=2.3$mm。

位移控制加载后，在荷载达到 410kN 时（1Δ），连梁上出现了新的斜裂缝，原有裂缝继续发展，钢板与钢筋的应变继续增大。此时连梁与墙肢上的裂缝不断发展。随着位移不断增大，当荷载达到 630kN 时（2Δ）时，墙肢在边缘构件的位置附近开始出现竖向裂缝，连梁上产生新的斜裂缝并与原斜裂缝相交，连梁与墙肢连接的根部产生裂缝。随着位移的继续增大，在荷载达到 698kN 时（3Δ），墙肢上的竖向裂缝继续发展，连梁与墙肢连接的根部裂缝向墙里发展。在荷载从峰值下降到 690kN 时（4Δ），连梁上又有新的斜裂缝产生。在荷载下降到 680kN 时（5Δ），连梁与墙肢连接的根部裂缝向节点区继续扩展，节点区出现交叉的斜裂缝，在连梁的加载端出现新的斜裂缝。当荷载从峰值下降到 630kN 时（6Δ），墙肢与连梁连接的角部混凝土开始剥落。最后一次加载循环中，原有裂缝不断扩展、变宽，试件上不再出现新的裂缝。墙肢与连梁连接的角部混凝土被压溃。最终连梁和墙肢连接处根部裂缝宽度达 4mm。SRCWJ-04 裂缝图如图 5.1-16 所示。

根据上述的试验现象可以把试件往复荷载作用下的受力过程划分为：弹性阶段、弹塑性阶段和破坏阶段。在整个试验中，各试件都是连梁先出现裂缝并先进入屈服状态，在连梁与墙体连接的根部形成塑性铰，均是连梁首先发生破坏。但对比件在连梁发生破坏后，墙肢上基本没有裂缝也没有发生破坏，节点核心区纵筋上的应变片读数都比较小，没有超过钢筋的屈服应变，说明节点核心区基本处于弹性状态。而其他四组内置钢板的试件在连梁首先发生破坏后，墙肢表面也出现了裂缝，节点核心区纵筋和钢板的应变超过了各自的

|(a) 峰值荷载裂缝图|(b) 试验结束裂缝图|

图 5.1-16　SRCWJ-04 裂缝图

屈服应变，说明节点核心区已进入塑性状态。

5.1.2　内置钢板混凝土连梁与混凝土剪力墙节点抗震性能研究

1. 试件承载力分析

（1）试件承载力的确定与分析

试件屈服、极限和破坏的荷载、位移与转角见表 5.1-4。

试件屈服、极限和破坏状态的荷载、位移与转角　　　　　　　　　　表 5.1-4

试件编号	屈服状态			极限状态			破坏状态		
	荷载 (kN)	位移 (mm)	转角 (rad)	荷载 (kN)	位移 (mm)	转角 (rad)	荷载 (kN)	位移 (mm)	转角 (rad)
RCWJ	231	1.6	0.0025	335	4.6	0.007	285	9.5	0.014
SRCWJ-01	402	2.5	0.0038	790	12.8	0.020	684	17.5	0.027
SRCWJ-02	342	2.6	0.0040	929	17.3	0.027	790	22.5	0.035
SRCWJ-03	497	2.8	0.0043	1001	15.1	0.023	851	24.6	0.038
SRCWJ-04	406	2.3	0.0035	692	9.1	0.014	590	16.1	0.025

由表 5.1-4 可以看出，SRCWJ-03 的承载力最大，分别是 RCWJ、SRCWJ-01、SRCWJ-02、SRCWJ-04 的承载力的 3、1.3、1.1 和 1.5 倍，可见在连梁中内置钢板能够显著提高节点的承载力，在普通连梁中内置钢板能够将节点的承载力提高接近三倍；同时钢板的厚度也是影响节点承载力的重要因素，其他条件相同仅厚度不同的 SRCWJ-02 和 SRCWJ-03 两个试件，钢板厚度大的试件 SRCWJ-03 的节点承载力高；而且由于栓钉能够提高混凝土与钢板的协同工作能力以使钢板的作用能充分发挥，全跨栓钉的试件 SRCWJ-02 的承载力要好于只在节点区布置栓钉的试件 SRCWJ-01；相比其他试件，在钢板开洞的试件 SRC-

WJ-04 的承载力有所降低，但还是要远好于对比件 RCWJ。

（2）承载力退化分析

在试件进入屈服状态以后，加载方式采用位移加载，每个位移加载等级重复加载两次，将第一次达到控制位移时的力记做 P_1，第二次达到控制位移时的力记为 P_2。通过计算得到的 P_2 与 P_1 的比值作为衡量试件承载力退化的依据，反映了试件的承载力退化特点。

各试件退化承载力如图 5.1-17 所示，它给出了本次试验的试件在不同位移循环过程

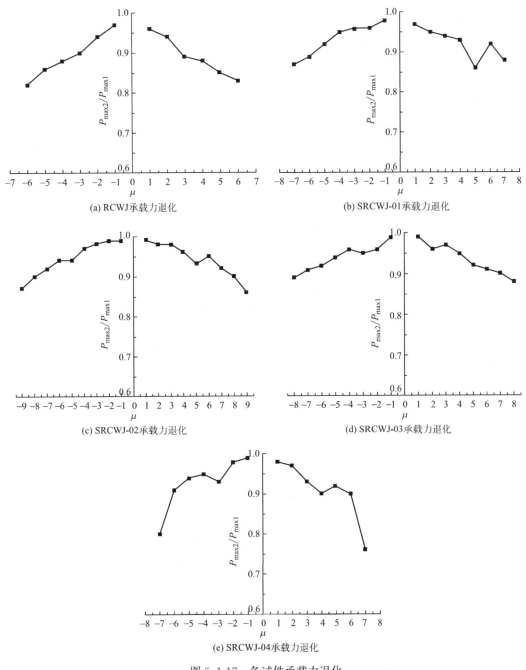

图 5.1-17　各试件承载力退化

中每个位移加载等级的承载力比值。从图中可以看出随着位移的增大承载力的降低越来越明显，而且在正向和反向加载中承载力降低的程度大体对称，不同试件在加载后期的承载力降低幅度不同是由于钢板的形式、栓钉位置等因素造成。

由图 5.1-17 可见，各试件在初始阶段的承载力降低很小且降低的幅度基本相同，但是随着位移的增大承载力的降低越来越明显。试件 RCWJ 在加载后期承载力降低的速度非常快，而其他试件由于钢板的存在，承载力降低的幅度要比试件 RCWJ 缓慢一些。试件 SRCWJ-03 的承载力退化幅度相对最小，整个承载力退化曲线相对比较平缓；试件 SRC-WJ-01 和试件 SRCWJ-02 的承载力退化过程比较相似，都具有很好的维持承载力稳定的能力；试件 SRCWJ-04 在前几次位移循环过程中承载力比较稳定，但在加载的后期，承载力出现大幅度的下降。从图中可以发现，随着位移的增加，有些试件承载力降低的幅度反而有所减小，这可能是由于钢板起了作用进而使承载力保持稳定。

2. 试件变形分析

（1）梁端滞回曲线分析

滞回曲线能够反映出节点刚度退化、强度衰减、耗能能力及延性性能等特性，它是结构抗震性能的综合体现，也是结构进行弹塑性地震反应分析时确定恢复力特性的主要依据。各试件的梁端荷载-位移滞回曲线如图 5.1-18 所示。

在加载的初期，混凝土没有开裂，滞回曲线基本是直线循环，卸载时残余变形非常小，说明试件还处于弹性状态。随着荷载的增加，位移增大的速度比荷载增大的速度要快，滞回曲线发生弯曲，面积变大。内置钢板试件的滞回曲线比较饱满，呈梭形，其形状介于纺锤形和倒 S 形之间。在试件进入屈服状态以后，加载方式改用位移控制，在梁端荷载达到最大值前，荷载继续增加，变形也继续增大并且增大速度较初期更快。刚度与加载初期相比降低。随着梁端位移不断增大，在加载后期由于裂缝的发展以及梁端剪切破坏愈加严重，出现了一定程度的捏拢现象。总体来看，内置钢板节点试件的滞回曲线比较饱满，表现出较好的耗能能力。普通连梁与混凝土节点的滞回曲线捏拢现象则比较明显，主要是由于连梁本身跨高比很小，发生了脆性剪切破坏，并且该形式节点本身延性较差等原因造成。可见在连梁中内置钢板的作用十分显著，它能够明显改善节点的抗震性能，变形性能更加理想。

通过对比内置钢板的四种试件可以发现试件 SRCWJ-03 的滞回曲线最饱满，耗能能力和变形性能最好，可见钢板厚度的提高和全跨布置的栓钉所起到的作用很明显，而从试件 SRCWJ-01 和试件 SRCWJ-02 这两个只有栓钉布置不同试件的滞回曲线对比可以明显看出试件 SRCWJ-01 不仅承载力要比试件 SRCWJ-02 低之外，前者的滞回曲线也没有后者饱满，耗能性能明显不及后者。从中可以发现，在钢板上布置栓钉能够明显提高节点的承载力、延性和耗能能力。而对于在板的跨中开洞的试件 SRCWJ-04，其滞回曲线的饱满程度、耗能能力等指标均较其余三种内置钢板的试件低，但其各方面性能还是要远好于对比件 RCWJ。

（2）梁端骨架曲线

骨架曲线能反映出构件的屈服荷载和屈服位移，极限荷载和极限位移等特征点，同时它也能反映出在交替往复荷载作用下，结构或构件能量耗散、延性、强度、刚度及退化等力学特性。试验得到的各试件骨架曲线如图 5.1-19 所示。

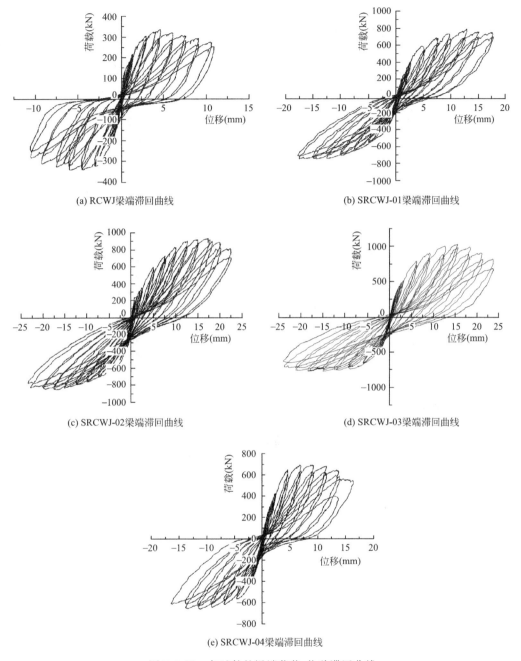

(a) RCWJ梁端滞回曲线

(b) SRCWJ-01梁端滞回曲线

(c) SRCWJ-02梁端滞回曲线

(d) SRCWJ-03梁端滞回曲线

(e) SRCWJ-04梁端滞回曲线

图 5.1-18 各试件的梁端荷载-位移滞回曲线

从图中可以看出，各试件的骨架曲线都大体包括弹性、屈服、破坏几个阶段，内置钢板试件的屈服段较长，变形能力较好。通过对比几个不同的试件可以看出：试件 RCWJ 的屈服位移约为 1.6mm，而其他内置钢板试件的屈服位移要远远大于 RCWJ 的屈服位移，可见内置钢板能够延缓试件发生屈服。由图 5.1-19 和表 5.1-4 还可看出，SRCWJ-03 的破坏位移最大，分别是 RCWJ、SRCWJ-01、SRCWJ-02、SRCWJ-04 的 2.6、1.4、1.1 和 1.5 倍，可见在连梁中内置钢板能够显著的提高节点的变形能力；钢板的厚度也能影响节

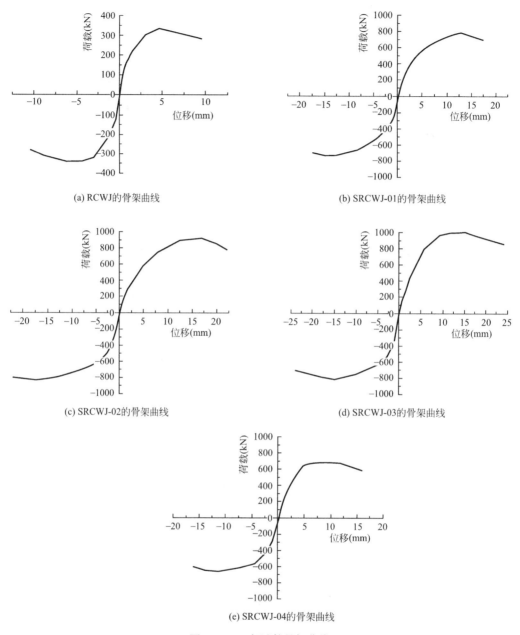

(a) RCWJ的骨架曲线

(b) SRCWJ-01的骨架曲线

(c) SRCWJ-02的骨架曲线

(d) SRCWJ-03的骨架曲线

(e) SRCWJ-04的骨架曲线

图 5.1-19 各试件骨架曲线

点变形性能，其他条件相同仅厚度不同的 SRCWJ-02 和 SRCWJ-03 两种试件，厚度大的钢板能提高节点的变形能力；而且由于栓钉能够提高混凝土与钢板的协同工作能力，全跨栓钉试件 SRCWJ-02 的变形能力要好于只在节点区布置栓钉的试件 SRCWJ-01；与其他试件相比，在钢板开洞的试件 SRCWJ-04 的变形能力要略差，但还是要远好于对比件 RCWJ。

（3）节点区的剪切变形和骨架曲线

图 5.1-20 为各试件荷载与节点区剪切变形滞回曲线。从图中可以发现，对比件 RCWJ 节点区处于弹性状态，滞回曲线很不饱满，面积较小，剪切变形产生的剪切角很小，卸载

后的残余剪切变形基本为零。节点区的塑性发展在整个加载过程中未得到充分发挥，由于连梁首先破坏导致其耗能能力没有得到很好发挥，而其他内置钢板的试件节点区已进入塑性状态，滞回曲线比较饱满，面积较大，剪切角也相对较大，卸载后有明显的残余剪切变形，节点区的塑性发展得到充分的发挥，能够耗散一定的能量。这些都与前面试验现象描述的试件开裂情况和节点区钢筋与钢板的应变情况相吻合，并且各试件均为连梁先开裂破坏，满足"强节点弱构件"的抗震设计思想。

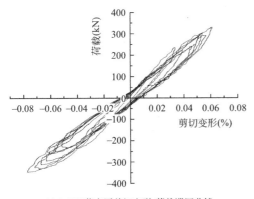

(a) RCWJ节点区剪切变形-荷载滞回曲线

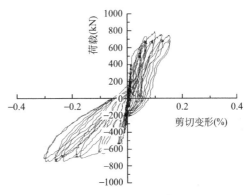

(b) SRCWJ-01节点区剪切变形-荷载滞回曲线

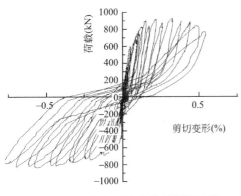

(c) SRCWJ-02节点区剪切变形-荷载滞回曲线

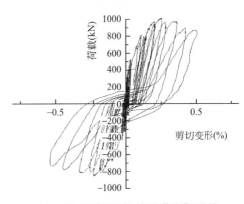

(d) SRCWJ-03节点区剪切变形-荷载滞回曲线

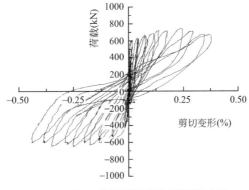

(e) SRCWJ-04节点区剪切变形-荷载滞回曲线

图 5.1-20　各试件荷载与节点区剪切变形滞回曲线

对比各试件的节点区滞回曲线可以发现，进入塑性状态的内置钢板试件的节点区滞回曲线虽然有不同程度的捏拢现象，但试件 SRCWJ-02 和试件 SRCWJ-03 的滞回曲线饱满程度要好于其他试件，可见在一定程度上加大钢板截面积并布置栓钉能够改善节点区的抗震性能；而没有在钢板全跨布置栓钉和在钢板上开洞的试件 SRCWJ-01 和 SRCWJ-04 的滞回环面积相对较小，节点区抗震性能相对弱一些，但其耗能性能要远远好于没有进入塑性状态的对比件 RCWJ。

根据上图的滞回曲线得到的节点区剪切变形骨架曲线如图 5.1-21 所示。

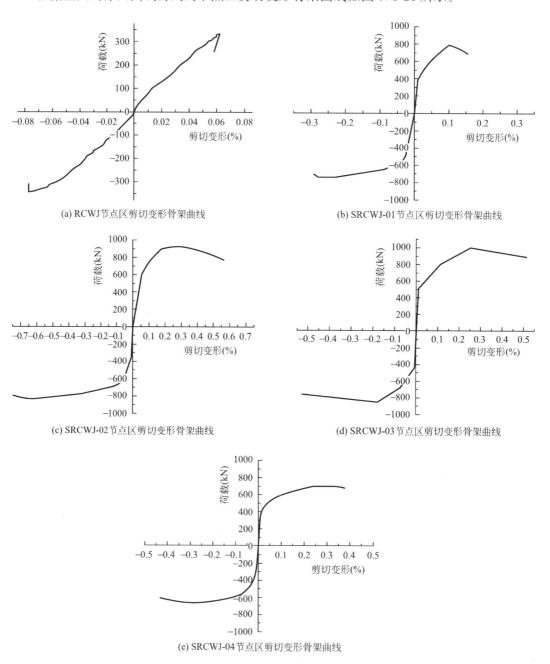

图 5.1-21　各试件节点区剪切变形骨架曲线

从图中可以看出，内置钢板试件的节点区剪切变形要远远大于对比件的节点区剪切变形，可见在连梁中内置钢板能够显著地提高节点区的变形性能。试件 SRCWJ-02 和试件 SRCWJ-03 的剪切变形较大，说明在一定程度上加大钢板截面积并布置栓钉能够提高节点区的变形性能；而试件 SRCWJ-01 和 SRCWJ-04 的节点区剪切变形相对较小，节点区变形性能相对弱一些，但要远远好于对比件 RCWJ，进一步说明内置钢板对提高节点区变形性能的有效性。

（4）刚度退化规律

图 5.1-22 给出了本次试验的各组试件在不同加载周数下的刚度变化。

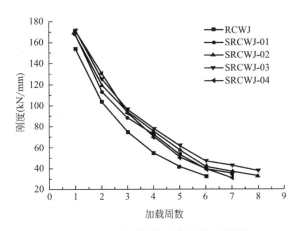

图 5.1-22 各试件的刚度退化示意图

从图中可以看出，各试件的初始刚度存在不同，内置钢板的各试件初始刚度比较接近，但均大于对比件 RCWJ 的初始刚度，可见内置钢板能够有效提高节点的初始刚度。随着加载周数的增加，各试件的刚度随着位移的增大而下降，下降的速度各有不同，对比件 RCWJ 的刚度退化速度要大于内置钢板各试件的退化速度，说明内置钢板能够延缓节点的刚度退化，而各内置钢板的试件在加载前几周期刚度退化速度比较接近，在加载后期，各试件的刚度退化速度减慢，并且试件 SRCWJ-02 与试件 SRCWJ-03 的刚度要略大一些，说明加大钢板截面积并布置栓钉能够一定程度上延缓节点的刚度退化，但延缓的效果并不显著，所起到的作用有限。

3. 试件耗能能力分析

（1）试件的延性与耗能能力

各试件的位移延性系数见表 5.1-5。对于混凝土结构，多要求延性系数不小于 2，本次试验的各试件的延性系数均大于 2，满足抗震时的延性要求。通过对比发现，SRCWJ-03 的延性系数最大，是试件 RCWJ 的延性系数的 1.5 倍，可见在连梁中内置钢板能够显著提高节点的延性系数；其他条件相同仅厚度不同的 SRCWJ-02 和 SRCWJ-03 两个试件的延性系数基本相同，而全跨布置栓钉的试件 SRCWJ-02 和 SRCWJ-03 的延性系数要好于只在节点区布置栓钉的试件 SRCWJ-01 和 SRCWJ-04，可见在增大节点的延性系数上，在钢板上全跨布置栓钉比增大钢板厚度更加有效。

试件编号	屈服位移(mm)	破坏位移(mm)	延性系数
RCWJ	1.6	9.5	5.9
SRCWJ-01	2.5	17.7	7.1
SRCWJ-02	2.6	22.5	8.7
SRCWJ-03	2.8	24.6	8.8
SRCWJ-04	2.3	16.1	7.0

计算得到各试件的等效黏滞阻尼系数 h_e 和能量耗散系数 E 列于表 5.1-6。

试件的耗能能力指标 表 5.1-6

试件编号	等效黏滞阻尼系数 h_e	能量耗散系数 E
RCWJ	0.14	0.88
SRCWJ-01	0.24	1.53
SRCWJ-02	0.27	1.71
SRCWJ-03	0.29	1.82
SRCWJ-04	0.23	1.49

由表 5.1-6 可以看出，内置钢板的试件的等效黏滞阻尼系数 h_e 均大于 0.2，而没有内置钢板的试件的等效黏滞阻尼系数 h_e 为 0.14。可见在连梁中内置钢板能够显著提高试件的耗能能力。通过比较内置钢板的试件可以发现，钢板的厚度是影响节点耗能能力的重要因素，其他条件相同仅厚度不同的 SRCWJ-02 和 SRCWJ-03 两个试件，钢板厚度大的试件 SRCWJ-03 具有更高的耗能能力；而且由于栓钉能够使混凝土与钢板更好地协同工作并充分发挥钢板的作用，全跨栓钉的试件 SRCWJ-02 的耗能能力要好于只在节点区布置栓钉的试件 SRCWJ-01；在钢板开洞的试件 SRCWJ-04 的耗能能力虽然比其他内置钢板的试件差，但还是明显好于对比件 RCWJ。

另一种评价结构或试件的耗能性能的方法是通过计算滞回曲线的滞回环的面积来计算出试件在每一级荷载循环过程中所耗散的能量。图 5.1-23 给出了几个试件累积耗散能量随加载循环次数的增加而变化的曲线。

由图 5.1-23 可以看出，内置钢板的试件累积耗散的能量随着加载级数的增加而明显增加，其耗能总量明显多于没有钢板的试件，内置的钢板使混凝土开裂后塑性发展得更加充分，充分说明了钢板对于提升试件总体耗能能力的重要性。对于跨高比较小的易发生脆性破坏且承载力低的连梁节点，内置钢板是提高其耗能能力的有效措施。通过观察有钢板的四组试件可以看出：钢板面积的增加和栓钉的布置对试件耗能的提高非常有利，试件 SRCWJ-03 最终耗散的能量分别是试件 RCWJ、SRCWJ-01、SRCWJ-02、SRCWJ-04 的 8.6 倍、1.7 倍、1.2 倍、2.1 倍。而栓钉的存在能够使钢板与混凝土很好地协同工作，使试件的弹塑性发展更加充分，能够在地震荷载作用下耗散更多的能量。故试件 SRCWJ-02 耗散的能量是 SRCWJ-01 的 1.5 倍。试件 SRCWJ-04 虽然节省钢材，便于管线穿过，但由于钢板面积较其他三组试件小，故其耗能能力略有不足，但其耗能能力仍要明显好于对比件 RCWJ。

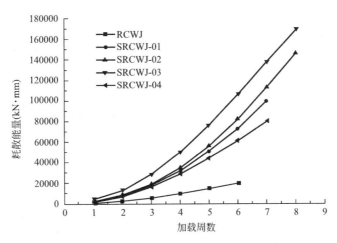

图 5.1-23　累计耗散能量随加载级数改变示意图

（2）试件节点区的耗能能力

各试件的等效黏滞阻尼系数 h_c 和能量耗散系数 E，计算结果列于表 5.1-7。

试件节点核心区的耗能能力指标   表 5.1-7

试件编号	等效黏滞阻尼系数 h_c	能量耗散系数 E
RCWJ	0.05	0.33
SRCWJ-01	0.17	1.07
SRCWJ-02	0.23	1.43
SRCWJ-03	0.22	1.41
SRCWJ-04	0.22	1.39

根据表 5.1-7 的计算结果可以发现，由于对比件 RCWJ 的节点区没有进入塑性状态，所以其在节点区耗散的能量要远远小于其他内置钢板的试件，而试件 SRCWJ-02 和 SRCWJ-03 的等效黏滞阻尼系数和能量耗散系数相对较大，说明这两个试件的节点区塑性发展较其他试件充分，但节点区的各项耗能能力指标仍然小于表 5.1-6 的数值，说明节点核心区还有一定的潜力储备。

4. 试件应变分析

（1）钢筋应变分析

各试件节点区附近的连梁纵向钢筋的应变（应变片编号为 7）随荷载的变化曲线如图 5.1-24 所示。

从图中可知，连梁在荷载作用下，当荷载比较小时，纵筋应变和荷载均呈线性变化。随着荷载的增大，钢筋开始屈服，各试件的最大微应变均超过 $2000\mu\varepsilon$（直径为 16mm 的三级钢的屈服应变），可知各试件的连梁纵筋都进入到了屈服状态，在连梁根部先形成塑性铰，这与试验现象描述的连梁首先开裂并发生破坏的情况相符合。

各试件节点区附近的连梁箍筋的应变（应变片编号为 9）随荷载的变化曲线如图 5.1-25 所示。

从图中可知，当荷载比较小时，连梁箍筋应变和荷载均呈线性变化。随着荷载的增

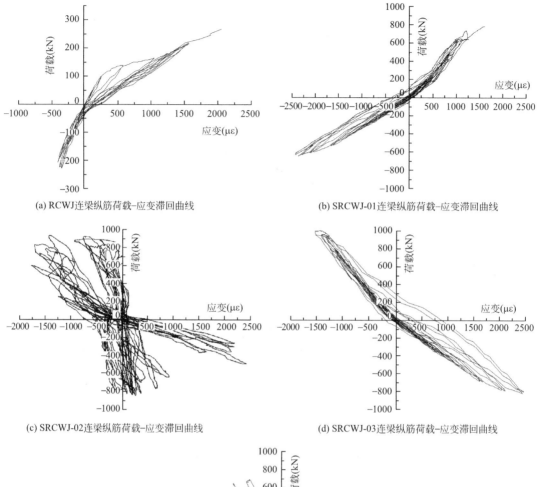

(a) RCWJ连梁纵筋荷载-应变滞回曲线

(b) SRCWJ-01连梁纵筋荷载-应变滞回曲线

(c) SRCWJ-02连梁纵筋荷载-应变滞回曲线

(d) SRCWJ-03连梁纵筋荷载-应变滞回曲线

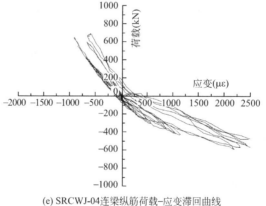

(e) SRCWJ-04连梁纵筋荷载-应变滞回曲线

图 5.1-24　连梁纵筋荷载-应变滞回曲线

大，钢筋开始屈服，各试件的最大微应变均超过 $1400\mu\varepsilon$（直径为 8mm 的一级钢的屈服应变），可知各试件的连梁箍筋都进入到了屈服状态，在连梁根部先形成塑性铰，这与试验现象描述的连梁首先开裂并发生破坏的情况相符合。

各试件剪力墙边缘构件纵筋的应变（应变片编号为 2）随荷载的变化曲线如图 5.1-26所示。

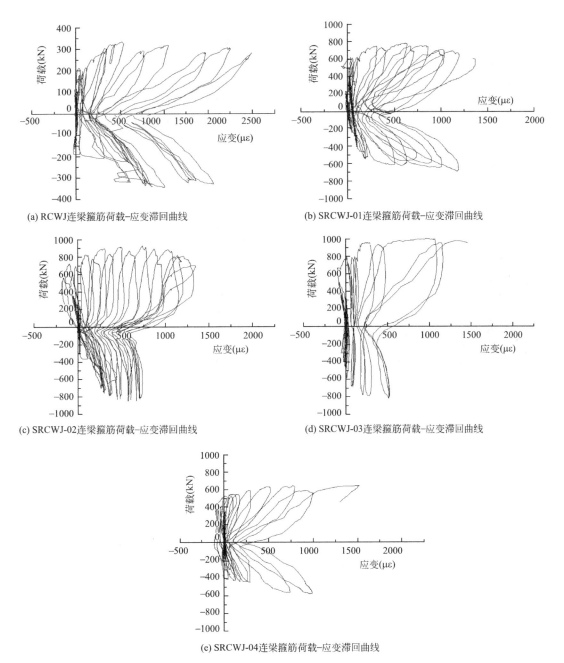

(a) RCWJ连梁箍筋荷载-应变滞回曲线

(b) SRCWJ-01连梁箍筋荷载-应变滞回曲线

(c) SRCWJ-02连梁箍筋荷载-应变滞回曲线

(d) SRCWJ-03连梁箍筋荷载-应变滞回曲线

(e) SRCWJ-04连梁箍筋荷载-应变滞回曲线

图 5.1-25　连梁箍筋荷载-应变滞回曲线

　　从图中可知，各墙肢纵筋当荷载比较小时，应变和荷载均呈线性变化。随着荷载的增大，内置钢板试件的纵筋开始屈服，各试件的最大微应变均超过 $2000\mu\varepsilon$（直径为 16mm的三级钢的屈服应变），可知内置钢板的各试件的节点区墙肢纵筋都进入到了屈服状态，而对比件的墙肢纵筋的最大应变仅为 $400\mu\varepsilon$，没有达到屈服应变。这与试验现象描述的对比件连梁首先开裂并发生破坏后墙肢没有开裂及内置钢板的各试件在连梁破坏后墙肢发生开裂并破坏相吻合。

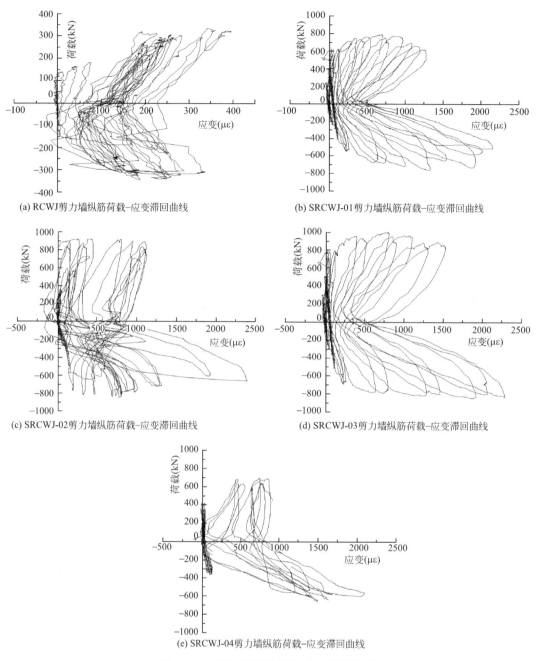

(a) RCWJ剪力墙纵筋荷载-应变滞回曲线

(b) SRCWJ-01剪力墙纵筋荷载-应变滞回曲线

(c) SRCWJ-02剪力墙纵筋荷载-应变滞回曲线

(d) SRCWJ-03剪力墙纵筋荷载-应变滞回曲线

(e) SRCWJ-04剪力墙纵筋荷载-应变滞回曲线

图 5.1-26   剪力墙纵筋荷载-应变滞回曲线

　　各试件剪力墙边缘构件箍筋的应变（应变片编号为 5）随荷载的变化曲线如图 5.1-27 所示。

　　由图可知，当荷载比较小时，各墙肢箍筋应变和荷载均呈线性变化。随着荷载的增大，内置钢板试件的箍筋开始屈服，各试件的最大微应变均超过 $1400\mu\varepsilon$（直径为 8mm 的一级钢的屈服应变），可知内置钢板试件的节点区墙肢箍筋都进入了屈服状态，而对比件墙肢箍筋的最大应变仅为 $600\mu\varepsilon$，没有达到屈服应变。这与试验现象描述一致，即对比件

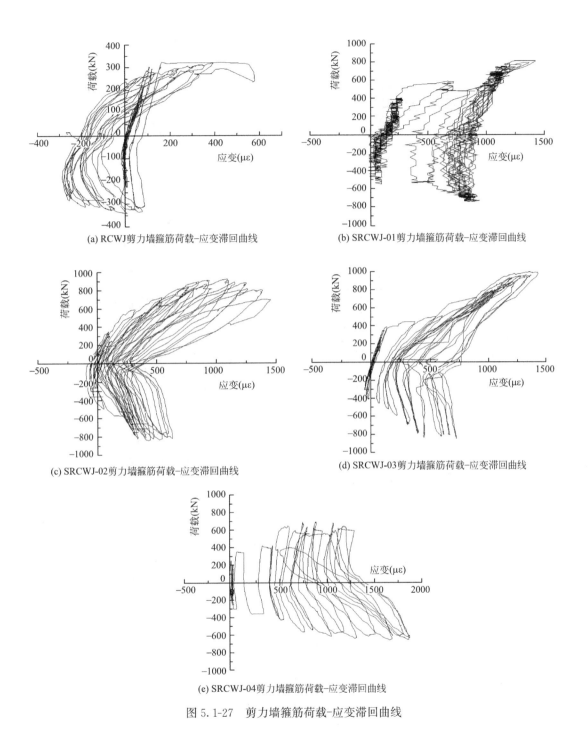

(a) RCWJ剪力墙箍筋荷载-应变滞回曲线

(b) SRCWJ-01剪力墙箍筋荷载-应变滞回曲线

(c) SRCWJ-02剪力墙箍筋荷载-应变滞回曲线

(d) SRCWJ-03剪力墙箍筋荷载-应变滞回曲线

(e) SRCWJ-04剪力墙箍筋荷载-应变滞回曲线

图 5.1-27　剪力墙箍筋荷载-应变滞回曲线

连梁首先开裂、破坏，而墙肢无裂缝，内置钢板试件在连梁破坏后墙肢也发生开裂、破坏。

（2）钢板应变分析

内置钢板的各试件处于梁墙交界处的钢板应变（应变片编号为 23）随荷载的变化曲线如图 5.1-28 所示。

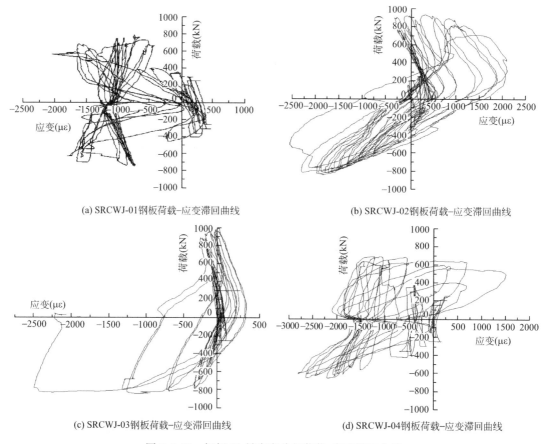

(a) SRCWJ-01钢板荷载-应变滞回曲线

(b) SRCWJ-02钢板荷载-应变滞回曲线

(c) SRCWJ-03钢板荷载-应变滞回曲线

(d) SRCWJ-04钢板荷载-应变滞回曲线

图 5.1-28　钢板 23 号应变片的荷载-应变滞回曲线

从图中可知，墙肢加载轴力后，埋入墙肢内的钢板承受压应力，各试件的钢板初始应变都为负值。当加载初期荷载较小时，该荷载对梁墙交界处的钢板起的作用很小，所以在加载初期，钢板的应变比较小；但随着荷载的增大，应变变化开始增大，到了加载后期，各试件钢板的最大微应变均超过 $2200\mu\varepsilon$（钢板的屈服应变），可知内置钢板各试件的钢板都进入到了屈服状态。说明在连梁首先开裂破坏并形成塑性铰后，钢板开始发挥作用，随着荷载的增大，塑性铰附件的钢板也开始屈服。

为了考察栓钉对钢板应变的影响，图 5.1-29 给出了试件 SRCWJ-01 和试件 SRCWJ-02 的钢板 28 号应变片的荷载-应变滞回曲线。

从图中可知，两个试件的 28 号应变片测得的微应变均没有超过 $1000\mu\varepsilon$，远小于钢板的屈服应变，可见靠近加载端的钢板在整个加载过程中没有进入屈服状态。但是试件 SRCWJ-02 的应变要略大于试件 SRCWJ-01 的应变并且荷载-应变滞回曲线比较规则，可能是因为栓钉提高了混凝土与钢板的协同工作能力并使钢板的作用充分发挥，使钢板与混凝土之间变形协调，减小了混凝土与钢板的粘结滑移。

为了考察钢板开洞对钢板应变的影响，图 5.1-30 给出了试件 SRCWJ-01 和试件 SRC-WJ-04 的钢板 30 号应变片的荷载-应变滞回曲线。

从图中可知，两个试件的 30 号应变片测得的微应变均没有超过各自的屈服应变，可

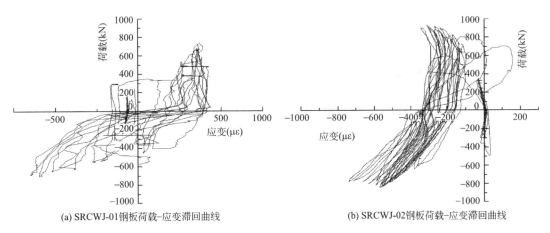

(a) SRCWJ-01钢板荷载-应变滞回曲线　　　　　(b) SRCWJ-02钢板荷载-应变滞回曲线

图 5.1-29　钢板 28 号应变片的荷载-应变滞回曲线

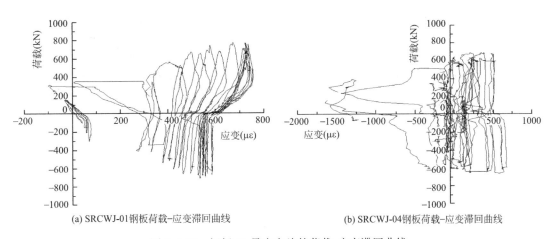

(a) SRCWJ-01钢板荷载-应变滞回曲线　　　　　(b) SRCWJ-04钢板荷载-应变滞回曲线

图 5.1-30　钢板 30 号应变片的荷载-应变滞回曲线

见在靠近加载端的钢板在整个加载过程中没有进入屈服状态。但是试件 SRCWJ-04 的应变要略大于试件 SRCWJ-01 的应变,可能是因为试件 SRCWJ-04 的钢板开洞后截面减小,刚度有所削弱导致变形较试件 SRCWJ-01 的变形大。

(3) 混凝土应变分析

混凝土 43 号应变片的荷载-应变滞回曲线如图 5.1-31 所示。

从图中可知,当加载初期荷载较小时,各试件的应变都比较小,随着荷载的增大,应变变化开始增大,但直到加载结束,对比件的 43 号应变片测得的微应变都没有超过 $300\mu\varepsilon$,远远没有达到破坏;而内置钢板的各试件当荷载增大到一定程度时,43 号应变片已经由于混凝土开裂而破坏,这些都与对比件墙肢没有发生开裂而内置钢板各试件的墙肢在连梁开裂后发生开裂的试验现象相符。

混凝土 45 号应变片的荷载-应变滞回曲线如图 5.1-32 所示。

从图中可知,当加载初期荷载较小时,各试件的应变都比较小,随着荷载的增大,应变变化开始增大,对比件的 45 号应变片测得的微应变超过 $1500\mu\varepsilon$,混凝土基本已经破坏;而内置钢板的各试件当荷载增大到一定程度时,试件 SRCWJ-01 和试件 SRCWJ-02 的 45

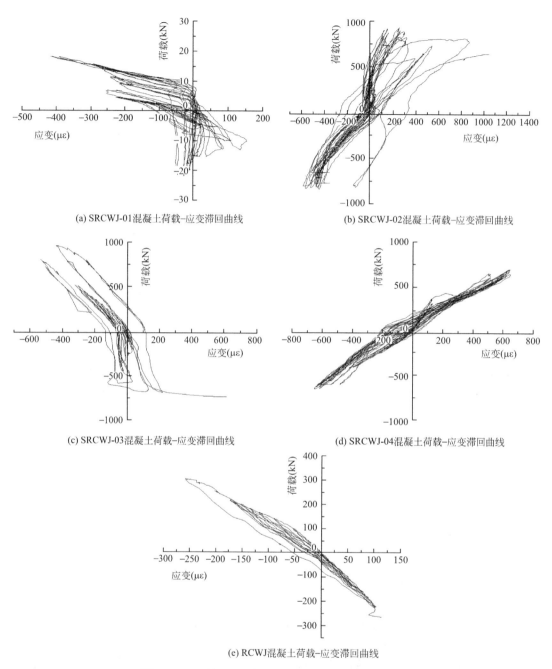

(a) SRCWJ-01混凝土荷载-应变滞回曲线

(b) SRCWJ-02混凝土荷载-应变滞回曲线

(c) SRCWJ-03混凝土荷载-应变滞回曲线

(d) SRCWJ-04混凝土荷载-应变滞回曲线

(e) RCWJ混凝土荷载-应变滞回曲线

图 5.1-31　混凝土 43 号应变片的荷载-应变滞回曲线

号应变片已经由于混凝土开裂而破坏，试件 SRCWJ-03 和试件 SRCWJ-04 的 45 号应变片测得的微应变都超过了 $1500\mu\varepsilon$，这些都与各试件的连梁首先开裂并破坏的试验现象相符。

5.1.3　内置钢板混凝土连梁与混凝土剪力墙节点有限元分析

前文的论述已经充分说明了内置钢板混凝土连梁与混凝土剪力墙节点优越的抗震性能，并且施工相对方便。为了进一步研究分析这种形式节点的抗震性能，利用大型通用有

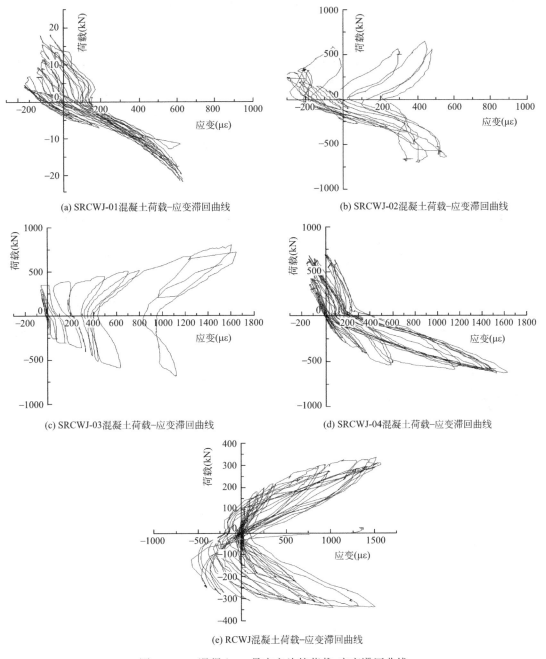

(a) SRCWJ-01混凝土荷载-应变滞回曲线

(b) SRCWJ-02混凝土荷载-应变滞回曲线

(c) SRCWJ-03混凝土荷载-应变滞回曲线

(d) SRCWJ-04混凝土荷载-应变滞回曲线

(e) RCWJ混凝土荷载-应变滞回曲线

图 5.1-32　混凝土 45 号应变片的荷载-应变滞回曲线

限元分析软件 ABAQUS 对各试件进行了非线性有限元分析。有限元模型采用和试验相同的加载方式与边界条件。

1. ABAQUS 有限元计算结果和试验结果的对比

（1）梁端荷载-位移曲线

运行 ABAQUS/STANDARD 进行分析计算后进入后处理界面对分析结果进行提取，通过提取梁端耦合约束参考点处的荷载及其相对应的 Y 方向的竖向位移数据，得到模型的梁端荷载-位移曲线，并与通过试验实测得到的梁端的荷载-位移曲线进行了比较，如图5.1-33所示。

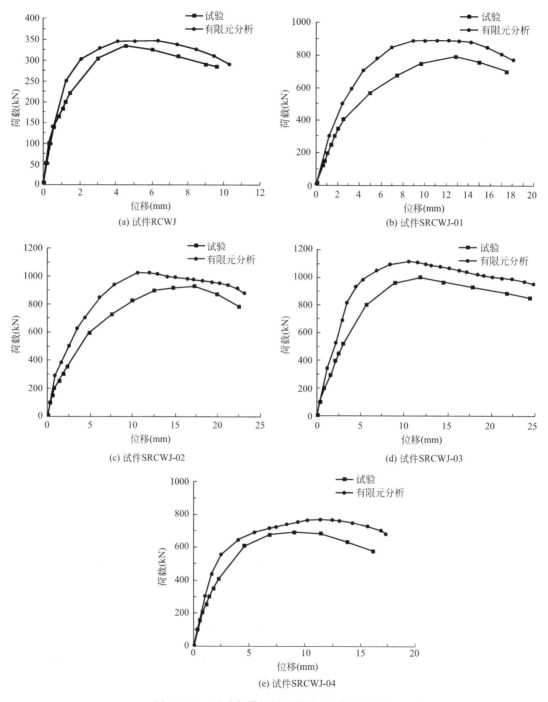

图 5.1-33 试验与模拟梁端荷载-位移对比曲线

从图 5.1-33 可以看出，试件通过 ABAQUS 有限元模拟得出的梁端荷载-位移曲线与试验测得的梁端荷载-位移曲线在试件加载初始阶段能很好地重合；但随着荷载的继续增加，接近屈服以后曲线出现偏差。同一荷载值时，有限元模拟得出的承载力与刚度要大于试验值，且峰值荷载的位置也有所不同。出现这种现象的原因在于：

1）实际的约束水平与模拟的约束水平存在不可避免的偏差；

2）材料的非线性，特别是受拉开裂后，钢筋、钢板与混凝土之间出现粘结滑移等无法准确考虑；

3）没有考虑试件的初始缺陷，比如：模型的尺寸与实际试件的差异等；

4）试件的实际强度以及材料的本构关系与有限元分析计算时设定的数值与理论模型存在偏差。

试验与模拟极限承载力对比及误差见表5.1-8。

<table>
<tr><td colspan="3">试验与模拟极限承载力对比及误差</td><td>表 5.1-8</td></tr>
<tr><td>试件编号</td><td>试验值(kN)</td><td>模拟值(kN)</td><td>误差</td></tr>
<tr><td>RCWJ</td><td>335</td><td>350</td><td>4.5%</td></tr>
<tr><td>SRCWJ-01</td><td>790</td><td>893</td><td>13%</td></tr>
<tr><td>SRCWJ-02</td><td>929</td><td>1023</td><td>10%</td></tr>
<tr><td>SRCWJ-03</td><td>1001</td><td>1130</td><td>11%</td></tr>
<tr><td>SRCWJ-04</td><td>692</td><td>768</td><td>11%</td></tr>
</table>

（2）试件开裂形状

运用 ABAQUS 的后处理模块对分析结果进行处理，绘制出模型达到极限承载力的情况下的 Von Mises 应力云图，通过应力云图可以看出最大应力发生的部位及最终的破坏形式，如图 5.1-34 所示。由图可以看出，有限元模拟计算出的破坏形式与试验得到的破坏形式基本吻合。

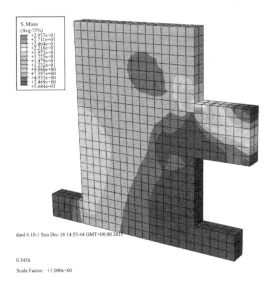

(a) RCWJ模拟破坏形式　　　　　　　　　　(b) SRCWJ-01模拟破坏形式

图 5.1-34　试件模拟破坏形式对比（一）

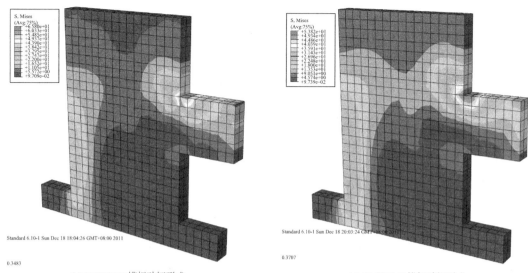

(c) SRCWJ-02模拟破坏形式   (d) SRCWJ-03模拟破坏形式

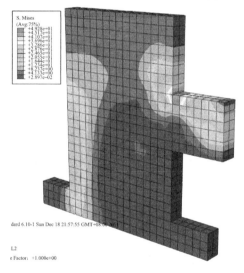

(e) SRCWJ-04模拟破坏形式

图 5.1-34　试件模拟破坏形式对比（二）

（3）结果对比总结

通过将有限元分析得到的荷载-位移曲线以及试件的破坏形态与试验数据进行对比，发现有限元模型能够较好地模拟出试验的加载以及边界条件，并能得到与试验结果基本吻合的数据。同时还发现，有限元结果与试验结果之间的误差均在15％以内，说明利用有限元软件对其进行分析是可行的，可以运用上述建模方式对本类型的试件进行进一步的研究与分析。

2. 影响节点抗震性能的因素分析

为了分析影响内置钢板混凝土连梁与混凝土剪力墙节点的抗震性能的因素，本节运用ABAQUS软件建立了有限元模型。除为了分析影响节点抗震性能的因素而针对该因素对模型做的调整外，模型的尺寸、配筋、钢板等与试件 SRCWJ-02 的形式基本相同。

（1）配板率

根据前文试验结果发现，配有钢板可以明显提高节点的承载力。为了进一步分析配板率对节点承载力的影响，本节对五组钢板配板率不同的试件进行模拟分析。钢板信息见表5.1-9。

钢板信息 表 5.1-9

编号	高度(mm)	厚度(mm)	配板率(%)
1	400	14	4.67
2	350	10	2.92
3	300	8	2
4	320	6	1.6
5	240	8	1.6

根据有限元计算得到的各试件承载力与配板率的关系曲线及骨架曲线如图5.1-35所示。从图中可以看出随着配板率的增加，试件承载力有增加的趋势，但是有一定离散性，对于配板率相同的4号和5号试件，试件承载力存在差异。说明除了配板率外还有其他影响节点性能的因素，将在后面做叙述。从总体来看配板率高的试件的承载力和抗震性能要明显好于配板率低的。

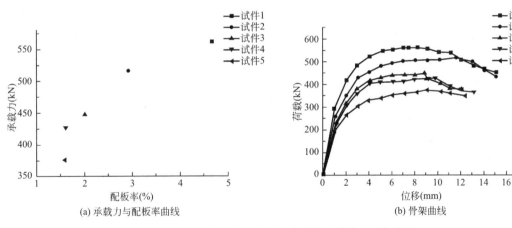

(a) 承载力与配板率曲线　　(b) 骨架曲线

图 5.1-35　各试件承载力与配板率的关系曲线及骨架曲线

（2）钢板高度

本节对六组钢板高度不同的试件进行模拟分析。钢板信息见表5.1-10。

钢板信息 表 5.1-10

编号	高度(mm)	厚度(mm)
1	400	10
2	350	10
3	300	10
4	320	6
5	270	6
6	220	6

根据有限元计算得到的各试件承载力与钢板高度关系曲线及骨架曲线如图 5.1-36 所示。

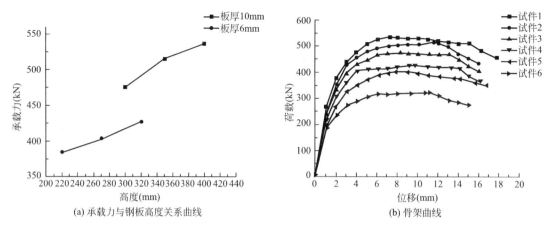

(a) 承载力与钢板高度关系曲线　　　　(b) 骨架曲线

图 5.1-36　各试件承载力与钢板高度关系曲线及骨架曲线

从图中可以发现，试件的承载力随着钢板高度的增加而增加，而且试件的厚度越大，承载力增加的速度越快。但 4 号试件的高度大于 3 号试件，承载力却低于 3 号试件。可见当钢板厚度较小时，单纯提高钢板高度效果并不明显，钢板的厚度有必要满足一个最小值。从骨架曲线可以发现，抗震性能也随着钢板高度的增加而增强，所以钢板高度是影响试件的承载力和抗震性能的因素。

（3）钢板厚度

本节对六组钢板厚度不同的试件进行模拟分析。钢板信息见表 5.1-11。

钢板信息　　　　　　　　　　　　　　　　　　表 5.1-11

编号	高度（mm）	厚度（mm）
1	400	10
2	400	8
3	400	4
4	160	10
5	160	8
6	160	4

根据有限元计算得到的各试件承载力与钢板厚度关系曲线及骨架曲线如图 5.1-37 所示。

从图中可以发现，试件的承载力随着钢板厚度的增加而增加，而且试件的高度越大，承载力增加的速度越快。而高度小的钢板，增加其厚度对承载力的提高不明显，可见钢板高度要满足一个最小值且试件的配板率要满足一个最低值即最小配板率才能使钢板的性能得到充分发挥。从骨架曲线可以发现，抗震性能也随着钢板厚度的增加而增强，所以钢板厚度是影响试件承载力和抗震性能的因素。

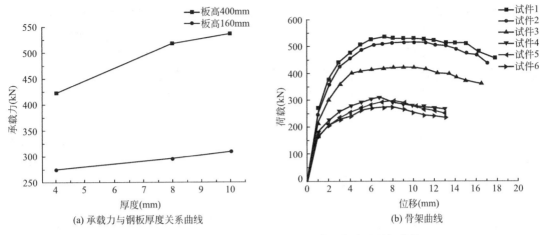

(a) 承载力与钢板厚度关系曲线　　　　(b) 骨架曲线

图 5.1-37　各试件承载力与钢板厚度关系曲线及骨架曲线

（4）钢板高厚比

本节对六组钢板高厚比不同的试件进行模拟分析，钢板信息见表 5.1-12。

钢板信息　　　　　　　　　　　　　　　　表 5.1-12

编号	高度（mm）	厚度（mm）	高厚比	配板率（%）
1	360	10	36	3
2	300	12	25	3
3	180	20	9	3
4	180	10	18	1.5
5	150	12	12.5	1.5
6	90	20	4.5	1.5

根据有限元计算结果得到的各试件承载力与钢板高厚比的关系曲线及骨架曲线如图 5.1-38 所示。

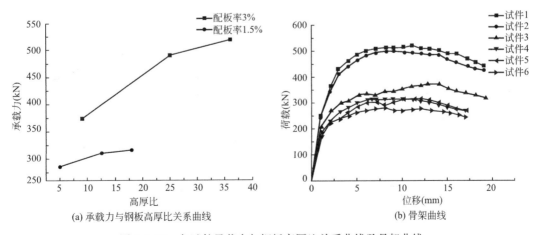

(a) 承载力与钢板高厚比关系曲线　　　　(b) 骨架曲线

图 5.1-38　各试件承载力与钢板高厚比关系曲线及骨架曲线

从图中可以发现，各试件的承载力不但与试件的高厚比有关，而且与配板率有关，在相同的配板率时，钢板的高厚比越大试件的承载力也越大，但增大的速度与配板率有关。配板率较大时钢板试件承载力随高厚比增大的速度大于配板率小时的增大速度。从骨架曲线可以看出配板率相同时，钢板的高厚比越大试件的抗震性能也越好。由此可见钢板的配板率要满足一个最小配板率，设计时需要限制钢板的最小配板率。建议最小配板率不宜低于2.0%。由于厚度也是影响节点性能的一个因素，因此不能一味采用大高厚比的钢板而削弱钢板的厚度，钢板的最小厚度与钢板的高厚比也要满足一定要求。钢板的截面高度建议不小于连梁截面高度的50%，钢板厚度不宜小于6mm，为使钢板在混凝土开裂后充分发挥作用，最大高厚比建议不超过80。

（5）钢板埋入长度

当配板率较低时，其他影响因素对节点的承载力与抗震性能的提高幅度有限，并且前文已经建议了内置钢板节点试件的配板率不宜低于2.0%，并建议钢板的高度、厚度、高厚比等限值。为了避免因钢板配板率不足而忽略影响节点性能的因素，在后面的有限元分析模型中钢板的配板率、高度、厚度、高厚比均满足上述建议。

对五组钢板埋入长度不同的试件进行模拟分析，钢板信息见表5.1-13。

钢板信息　　　　　　　　　　　　　　表 5.1-13

编号	高度（mm）	厚度（mm）	埋入长度（mm）
1	400	10	200
2	400	10	400
3	400	10	600
4	400	10	800
5	400	10	1200

根据有限元计算结果得到的各试件承载力与钢板埋入长度关系曲线及骨架曲线如图5.1-39所示。

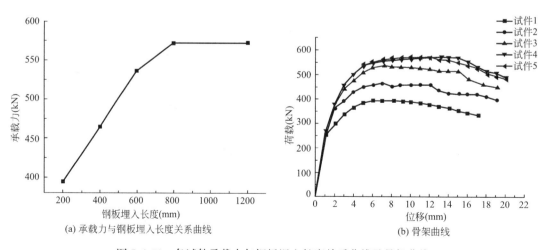

图 5.1-39　各试件承载力与钢板埋入长度关系曲线及骨架曲线

从图中可以发现：试件的承载力和抗震性能随着钢板埋入长度的增加而明显增加，可见钢板的埋入长度是影响试件承载力和抗震性能的因素之一。但当埋入长度达到800mm（钢板高度的2倍）及以上时，试件的承载力基本不再提高，试件的抗震性能也都比较接近，没有明显提高。所以无限制的增大钢板的埋入长度是不必要也是不经济的。故建议钢板的埋入长度取钢板高度的2倍。

（6）轴压比

对三组轴压比不同的试件进行模拟分析，模型信息见表5.1-14。

模型信息　　　　　　　　　　表5.1-14

编号	高度（mm）	厚度（mm）	轴压比
1	400	10	0.3
2	400	10	0.5
3	400	10	0.8

根据有限元计算结果得到的各试件承载力与墙肢轴压比关系曲线及骨架曲线如图5.1-40所示。

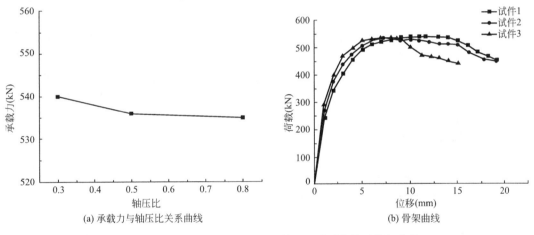

(a) 承载力与轴压比关系曲线　　　　(b) 骨架曲线

图5.1-40　各试件承载力与墙肢轴压比关系曲线及骨架曲线

从图中可以发现，轴压比能够影响节点的承载力和抗震性能，节点的承载力和抗震性能随着轴压比的改变而略有不同。当轴压比较小时，节点的承载力和抗震性能要略好于轴压比较大时的情况，但提高的幅度很不明显。但是当试件的轴压比大于0.5以后，试件的延性下降比较多。可见轴压比主要影响节点的延性，对节点其他方面的性能影响较少。

（7）栓钉布置

本节对三组栓钉布置位置不同的试件进行模拟分析，钢板信息见表5.1-15。

钢板信息　　　　　　　　　　表5.1-15

编号	高度（mm）	厚度（mm）	栓钉布置位置
1	400	10	全跨
2	400	10	节点区
3	400	10	连梁

根据有限元计算结果得到的各试件承载力与栓钉布置位置关系曲线及骨架曲线如图 5.1-41 所示。

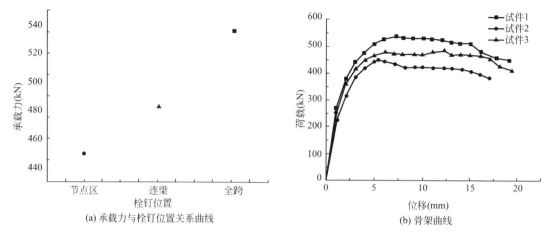

(a) 承载力与栓钉位置关系曲线　　　　　　(b) 骨架曲线

图 5.1-41　各试件承载力与栓钉布置位置关系曲线及骨架曲线

从图中可以发现，栓钉的位置是影响节点承载力和抗震性能的因素之一。节点的承载力和抗震性能随着栓钉布置位置的改变而改变。在钢板全跨布置栓钉试件的承载力和抗震性能要好于其他两种试件，而在连梁部位布置栓钉试件的承载力和抗震性能要好于在节点区布置栓钉的试件。可见栓钉能够显著改善节点的性能，栓钉的布置能够使钢板与混凝土更好地协同工作，充分发挥钢板的作用。故建议：在条件允许的情况下，应尽量在钢板全跨布置栓钉或者采用其他能够有效保证钢板与混凝土充分锚固而不发生滑移的措施。

（8）混凝土强度

对三组混凝土强度不同的试件进行模拟分析，试件信息见表 5.1-16。

模型信息　　　　　　　　　　　　　　　　　　　　　　　　表 5.1-16

编号	混凝土强度
1	C30
2	C40
3	C50

根据有限元计算结果得到的各试件承载力与混凝土强度关系曲线及骨架曲线如图 5.1-42 所示。

从图中可以发现，混凝土强度的提高能够提高试件的承载力，但对试件抗震性能的提高不是很明显，混凝土强度的提高反而会使试件的延性有所降低。故建议：在满足基本要求的前提下，可无需采用过高强度的混凝土，如试件的承载力不足而需提高试件的承载力可以通过调整钢板的尺寸来实现。

5.1.4　小结

本节在连梁与混凝土剪力墙中内置钢板，并对这种内置钢板连梁与混凝土剪力墙节点进行了抗震试验研究并做了大量的有限元分析，得到的主要结论如下：

（1）试验结果说明内置钢板混凝土连梁与混凝土剪力墙节点的承载力、变形性能、延

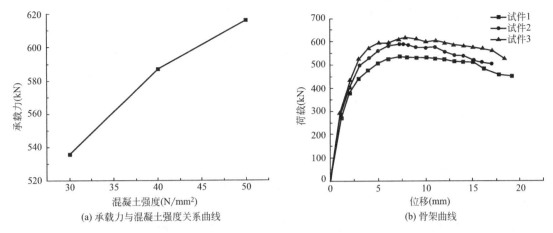

图 5.1-42　各试件承载力与混凝土强度关系曲线及骨架曲线

性与耗能能力要远好于普通钢筋混凝土连梁与混凝土剪力墙节点；

（2）通过试验结果对比发现：钢板的截面面积和栓钉的布置方式是影响节点承载力、变形性能和耗能能力的重要因素；在满足基本构造要求的前提下，增大钢板截面面积和钢板全跨布置栓钉能显著提高节点的抗震性能；

（3）对比件的节点区在整个加载过程基本处在弹性状态，而内置钢板试件的节点区随着荷载的增大进入了塑性状态并且具有良好的抗震性能，但其各项抗震指标均略低于梁端的抗震指标；

（4）通过有限元分析发现：在满足基本构造要求的前提下，提高试件的配板率、钢板高度、厚度、钢板高厚比、钢板埋入长度，能够明显提高节点的承载力和抗震性能，栓钉的布置能改善节点的性能，高强度混凝土虽然能提高节点的承载力，但高强度混凝土和较高的轴压比会使节点的延性有所降低；

（5）建议最小配板率不宜低于 2.0%，钢板的截面高度建议不小于连梁截面高度的 50%，钢板厚度不宜小于 6mm，为使钢板在混凝土开裂后充分发挥作用，钢板最大高厚比建议不超过 80，钢板的埋入长度宜取钢板高度的 2 倍，应尽量在钢板全跨布置栓钉或采取其他有效措施；

（6）通过试验试件的加工、制造与施工，发现该节点形式施工方便，适合应用于实际工程之中，所以该节点形式具有良好的应用和发展前景。

5.2　钢梁与混凝土剪力墙正交节点的试验研究与分析

5.2.1　钢梁与混凝土剪力墙正交节点的试验

1. 试验目的

本试验共三组节点形式，分别为采用梁头锚固节点、90°弯钩锚固节点和双锚板穿筋锚固节点，试验目的如下：

（1）分析钢梁与混凝土剪力墙平面外节点在反复荷载作用下的延性、耗能能力、刚度退化规律等抗震性能。

（2）通过钢梁与混凝土剪力墙节点的对比，检验梁头锚固和双锚板穿筋锚固方式是否比90°弯钩锚固方式在承载力及抗震性能方面有所提高。

（3）了解钢梁与混凝土剪力墙平面外节点的破坏形态，讨论剪力墙有效受力范围。

（4）明确锚板厚度，锚板上锚筋布置形式及轴压比等因素的不同对平面外梁墙节点的承载力、受力特征和抗震性能的影响。

2. 试验设计及试件制作

（1）试件尺寸及配筋

为达到上述试验目的，共设计制作了三组不同连接形式的试件，为了使试验更具有代表性，每组包括3个完全相同的试件，共9个试件。为了能够较好地反映节点的真实工作情况，为工程实际提供理论支持，本次试验采用了接近实际结构的大尺寸试件。

根据节点形式的不同，将9个试件分为SRCWBJ-1组、SRCWBJ-2组和SRCWBJ-3组，编号依次为SRCWBJ-1-1、SRCWBJ-1-2、SRCWBJ-1-3、SRCWBJ-2-1、SRCWBJ-2-2、SRCWBJ-2-3、SRCWBJ-3-1、SRCWBJ-3-2和SRCWBJ-3-3。三组试件钢梁的截面尺寸、长度、剪力墙配筋情况相同，而在钢梁与剪力墙连接形式上完全不同。试件主要参数见表5.2-1。

试件主要参数（mm） 表5.2-1

试件名称	钢梁截面			剪力墙	锚板	梁头
	高×宽	翼缘厚	腹板厚	高×宽×厚	高×宽×厚	长×宽×高
SRCWBJ-1	300×150	10	8	2400×1100×200	460×220×14	—
SRCWBJ-2	300×150	10	8	2400×1100×200	460×220×14	200×190×440
SRCWBJ-3	300×150	10	8	2400×1100×200	460×220×14(2)	200×190×440

各试件尺寸与梁截面示意如图5.2-1所示，钢梁与锚板采用对接焊缝连接，预埋锚板与锚筋连接采用了穿孔塞焊，焊条采用E43系列，焊缝质量控制为Ⅱ级；钢梁的材料和尺寸误差均符合验收标准。钢梁长度为1600mm，加载中心点在距剪力墙1400mm处，剪力墙厚200mm，高2400mm，宽1100mm。试件所用钢材为Q345B钢，混凝土强度等级为C35。

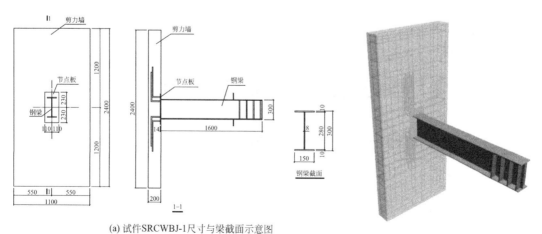

(a) 试件SRCWBJ-1尺寸与梁截面示意图

图5.2-1 各试件尺寸与梁截面示意图（一）

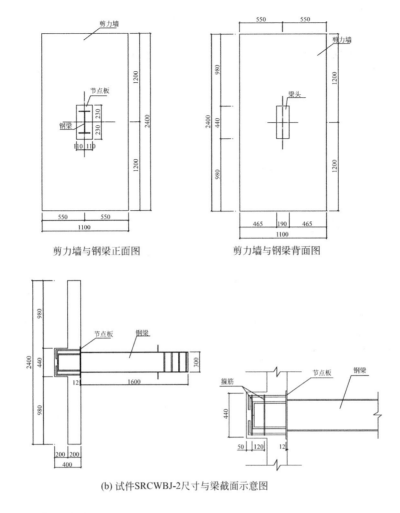

剪力墙与钢梁正面图　　　　　剪力墙与钢梁背面图

(b) 试件SRCWBJ-2尺寸与梁截面示意图

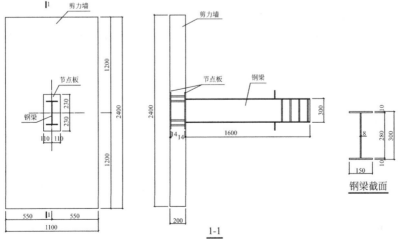

(c) 试件SRCWBJ-3尺寸与梁截面示意图

图5.2-1　各试件尺寸与梁截面示意图（二）

混凝土剪力墙是按照《混凝土结构设计规范》GB 50010—2010 的要求进行配筋的。根据剪力墙竖向和水平分布筋的配筋率不应少于 0.25% 的要求，剪力墙布置双层双向钢筋，竖向和水平分布筋分别为⌀8@180 和⌀8@200。在预埋锚板上下两侧放了两排⌀14 水平分布筋（双层），形成了剪力墙加密区。SRCWBJ-1 和 SRCWBJ-2 的剪力墙配筋相同且均没有设置暗柱。各试件剪力墙配筋示意如图 5.2-2 所示。

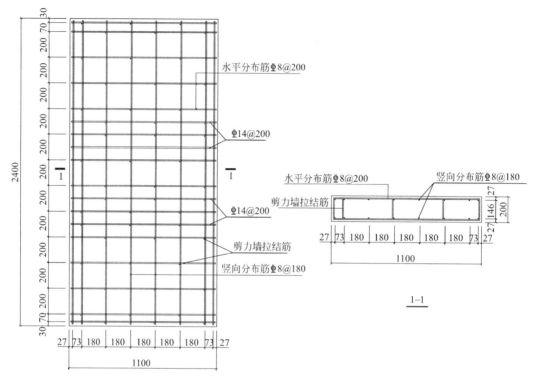

图 5.2-2　各试件剪力墙配筋示意图

预埋件部分是根据《混凝土结构设计规范》GB 50010—2010 的要求进行的设计。预埋件部分由锚板和锚筋组成，三组试件的锚筋都采用⌀16 钢筋。SRCWBJ-1 的锚固长度均设为 600mm，SRCWBJ-2 的预埋件是通过梁头形成的，SRCWBJ-3 的预埋件是通过锚筋来连接两个锚板形成的。各试件预埋件详图如图 5.2-3 所示，各试件 BIM 三维立体图如图 5.2-4 所示。

（2）试件制作

在试件的制作过程中，混凝土及钢筋分项工程应按照《混凝土结构工程施工质量验收规范》GB 50204—2015 中相关要求完成，钢结构分项工程应按照《钢结构工程施工质量验收标准》GB 50205—2020 中相关要求完成。试件制作过程如图 5.2-5 所示。

3. 材料力学性能

（1）钢材的材性试验

钢梁和锚板采用 Q345B 钢，钢筋采用⌀14、⌀8、⌀16 等规格，钢材材料力学性能见表 5.2-2。

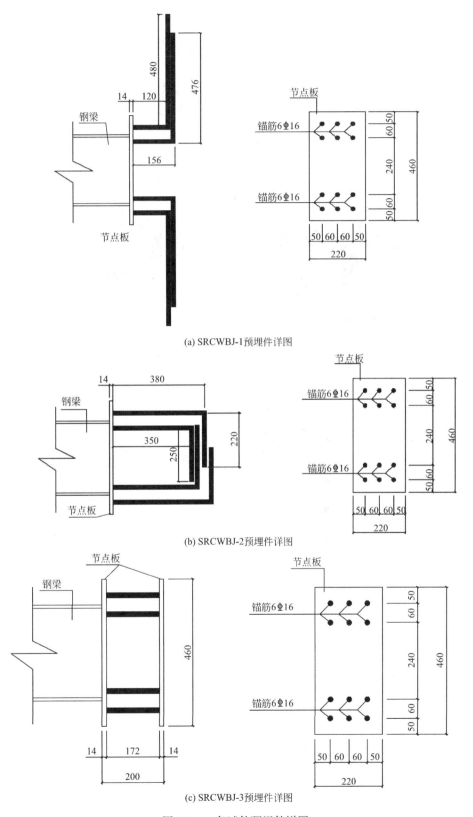

(a) SRCWBJ-1预埋件详图

(b) SRCWBJ-2预埋件详图

(c) SRCWBJ-3预埋件详图

图 5.2-3   各试件预埋件详图

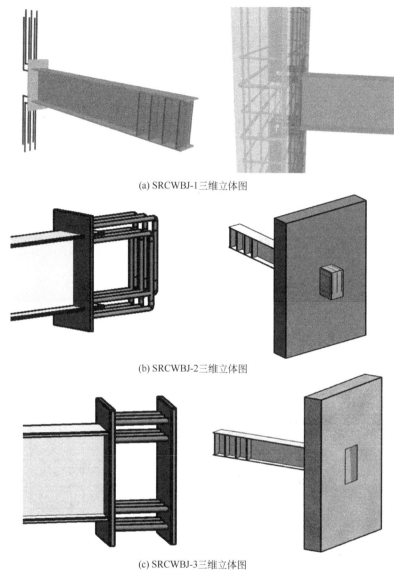

(a) SRCWBJ-1三维立体图

(b) SRCWBJ-2三维立体图

(c) SRCWBJ-3三维立体图

图 5.2-4　各试件 BIM 三维立体图

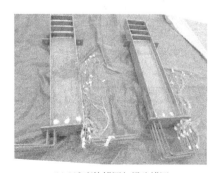

(a) 90°弯钩锚固与梁头锚固

(b) 锚板锚固与90°弯钩锚固

图 5.2-5　试件制作过程（一）

(c) 各试件钢筋与钢梁布置示意图

(d) 试件成型示意图

图 5.2-5　试件制作过程（二）

钢材材料力学性能　　表 5.2-2

类型	规格	屈服强度（MPa）				抗拉强度（MPa）			
		1	2	3	平均值	1	2	3	平均值
钢筋	⏀14	374.8	378.9	384.4	379.3	595.1	595.6	597.1	595.5
	⏀8	468.6	466.9	448.3	461.2	556.6	561.3	565.8	561.2
	⏀16	434.4	436.1	432.6	434.3	618.5	623.1	623.3	621.6
钢板	8mm	412.0	403.6	417.1	410.9	515.3	530.3	544.1	529.9
	10mm	351.6	370.7	329.6	350.6	439.2	410.3	431.8	427.1
	14mm	346.7	341.5	340.1	342.7	519.4	502.8	516.2	512.8

（2）混凝土的材性试验

采用商品混凝土，强度等级为 C35，混凝土实测立方体抗压强度见表 5.2-3。

混凝土实测立方体抗压强度　　表 5.2-3

试件	龄期（d）	尺寸（mm）	抗压强度（MPa）
SRCWBJ-1-1	28	100×100×100	31.1
SRCWBJ-1-2	28	100×100×100	33.3
SRCWBJ-1-3	28	100×100×100	34.4
SRCWBJ-2-1	28	100×100×100	34.5
SRCWBJ-2-2	28	100×100×100	34.1
SRCWBJ-2-3	28	100×100×100	35.0
SRCWBJ-3-1	28	100×100×100	30.3
SRCWBJ-3-2	28	100×100×100	34.5
SRCWBJ-3-3	28	100×100×100	37.7

4. 试验过程与现象

试验加载装置包括油压千斤顶、电液伺服程控结构试验机（MTS）、反力墙、侧向支撑等装置。试验加载装置如图 5.2-6 所示。

根据本节研究的主要内容，本次试验中主要量测内容如下：

1）钢梁自由端拉压荷载值和墙顶轴力；

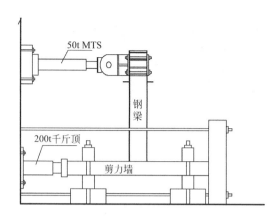

(a) 试件加载装置侧面示意图

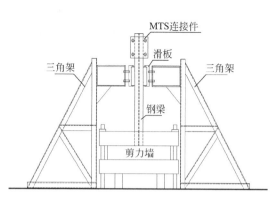

(b) 试件加载装置正面示意图

(c) 试件加载装置右侧面示意图

(d) 试件加载装置左侧面示意图

图 5.2-6   试验加载装置图

2）接近锚板部位的钢梁翼缘与钢梁腹板的应力状况；

3）在节点核心区范围内的剪力墙水平分布筋和竖向分布筋的应变值；

4）预埋锚板和锚筋的应变值；

5）剪力墙节点周围混凝土应变；

6）墙平面外变形情况；

7）钢梁与混凝土剪力墙节点的梁端荷载-位移曲线（P-Δ 滞回曲线）；

量测方法与测点布置：

1）在钢梁自由端处连接电液伺服程控试验机，通过动态应变仪进行试验全程监控。由拉压传感器量测钢梁自由端所加的荷载大小，钢梁自由端位移由大量程位移计获得，并将位移计通过信号源与 X-Y 记录仪连接，从而绘制 P-Δ 滞回曲线。

2）本次试验轴压比选定为 $\mu=0.4$。

3）应变片布置如图 5.2-7～图 5.2-12 所示。

4）为了测出剪力墙平面外的变形，沿着墙高的方向在剪力墙中心线上布置了两个位移计。位移计数据线与数据采集板连接，通过计算机采集位移计的伸长量和缩短量，从而利用对称关系得知剪力墙平面外变形。

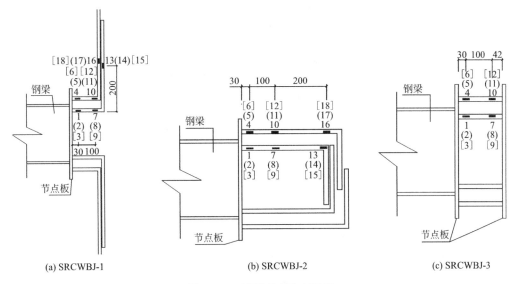

(a) SRCWBJ-1   (b) SRCWBJ-2   (c) SRCWBJ-3

图 5.2-7 锚筋应变片布置图

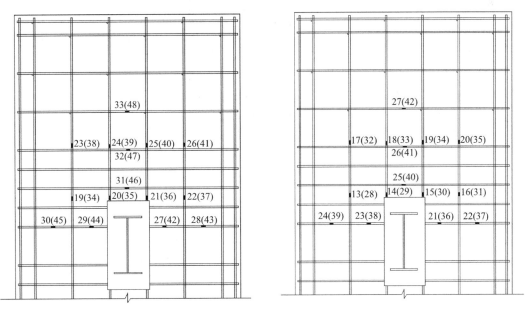

(a) SRCWBJ-1、2剪力墙钢筋应变片布置   (b) SRCWBJ-3剪力墙钢筋应变片布置

图 5.2-8 剪力墙钢筋应变片布置图

在钢梁自由端施加反复荷载之前，先在混凝土剪力墙顶部施加 1250kN 轴向力，所有试件的轴压力相同，并且在整个试验过程中荷载值保持不变。根据《建筑抗震试验规程》JGJ/T 101—2015 的要求，在钢梁自由端施加反复荷载，本试验加载制度分为荷载控制阶段和位移控制阶段。

本次钢梁与混凝土剪力墙平面外节点试验共包含 9 个试件，对试验现象描述之前，进行以下约定：

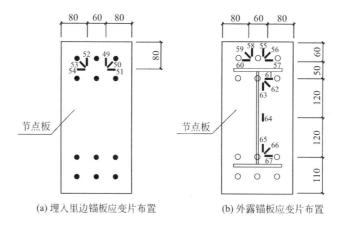

(a) 埋入里边锚板应变片布置　　　　(b) 外露锚板应变片布置

图 5.2-9　SRCWBJ-1、2 锚板应变片布置图

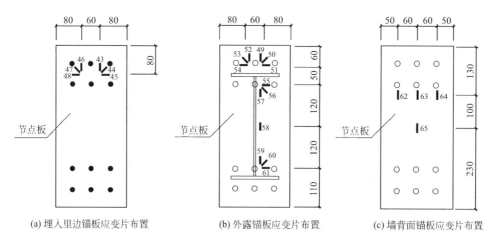

(a) 埋入里边锚板应变片布置　　　(b) 外露锚板应变片布置　　　(c) 墙背面锚板应变片布置

图 5.2-10　SRCWBJ-3 锚板应变片布置图

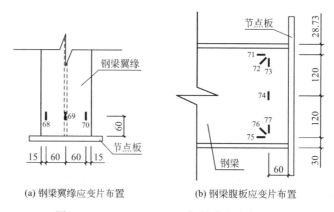

(a) 钢梁翼缘应变片布置　　　　(b) 钢梁腹板应变片布置

图 5.2-11　SRCWBJ-1、2 钢梁应变片布置图

1）在剪力墙上有钢梁的一侧定义为墙正面，没有钢梁的一侧定义为墙背面。

2）本节定义以电液伺服程控结构试验机（MTS）作动器推的方向为正向加载，作动器拉的方向为反向加载。

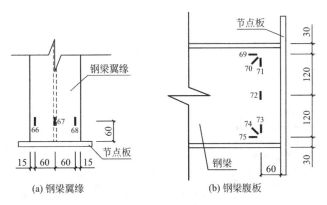

图 5.2-12　SRCWBJ-3 钢梁应变片布置图

3）靠近千斤顶部位的剪力墙定义为钢梁上部墙，另一个部位定义为钢梁下部剪力墙。

4）沿着墙高的方向假定为纵向，沿着墙宽的方向假定为横向。

（1）试件 SRCWBJ-1 的破坏过程

钢梁自由端加载到 50kN 时，试件的荷载-位移曲线基本呈线性关系，剪力墙表面无裂缝出现。反向加载 64.9kN 时，在墙正面上锚板下侧周围混凝土产生了两条纵向裂缝，裂缝宽度很小。继续循环加载，当加至反向 65.6kN 时，原先产生的纵向裂缝沿着墙高方向继续开展，在锚板右侧产生了第一道横向裂缝。此时，荷载-位移曲线上出现了明显的拐点，锚筋上的几个应变片的数值超过了屈服应变，位移达到了 8.7mm。在此循环之后由荷载控制加载改为位移控制加载，屈服位移 $\Delta = 8.5mm$。

位移控制加载后，加载至 17mm（2Δ）时，墙正面从锚板下角边起产生了与水平方向呈 45°角的斜裂缝，也出现了几条新的纵向裂缝。围绕着锚板横向裂缝与纵向裂缝继续延伸呈放射状发展，钢梁自由端位移仅有微小的变化。加载至 25.5mm（3Δ）时，又出现新的几条斜裂缝并已出现斜裂缝继续延伸，锚板左右两侧横向裂缝延伸到墙侧边上。加载至 34mm（4Δ）时，锚板上的应变片读数超过了屈服应变，锚板边缘与混凝土接触处有了微小的缝，怀疑锚板与混凝土开始无接触，横向裂缝与纵向裂缝继续增加并加宽。加载至 42.5mm（5Δ）时，墙正面裂缝相互贯通，部分混凝土保护层出现"起皮"现象，墙正面锚板进入墙体 3mm。加载至 51mm（6Δ）时，不再产生新的裂缝，只是裂缝宽度在增加，大部分墙表面鼓起。墙正面锚板进入墙体 12mm，钢梁有明显的倾斜现象。此时，承载力已下降至最大值的 85% 以下，试件破坏，停止加载。试件 SRCWBJ-1 的裂缝开展及破坏形式如图 5.2-13 所示。

（2）试件 SRCWBJ-2 破坏过程

正向加载到 80kN 时，钢梁根部墙正面左侧后方出现一条新的横向裂缝。正向加载至 90kN 时，原有的横向裂缝横向延伸，同时在剪力墙中部产生一条新的横向裂缝，当正向加载至 100kN 时，先前产生的裂缝继续发展，裂缝变宽。

因为正向加载至 115kN 时，荷载-位移曲线出现明显的拐点，所以此时改用位移加载控制。在采用位移控制加载初期，裂缝继续延伸，当正向加载到 2Δ 时，钢梁根部墙正面左侧锚板前面出现一条新的横向裂缝，同时钢梁根部墙正面左侧后方出现一条新的竖向裂缝。当正向加载到 3Δ 时，钢梁根部墙正面左侧连接板前面出现一条新的竖向裂缝，剪力

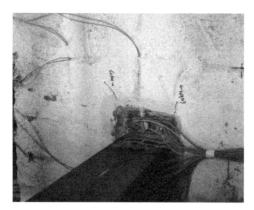
(a) 开裂荷载裂缝图

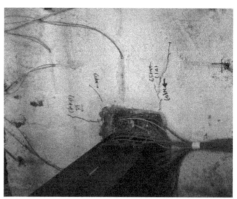
(b) 屈服荷载裂缝图

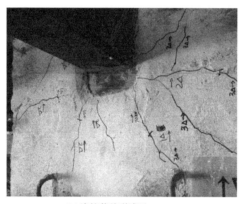
(c) 峰值荷载裂缝图

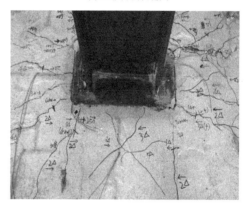
(d) 试验结束墙正面裂缝图

图 5.2-13　试件 SRCWBJ-1 的裂缝开展及破坏形式

墙中部产生新的横向裂缝，原有裂缝继续发展，裂缝宽度增加，此时试件承载力达到了峰值（142.3kN）。当正向加载至 4Δ 时，连接板和剪力墙开始脱离，宽度达 10mm，核心区的混凝土开始压碎，同时剪力墙内部钢筋屈服，试件承载力突然下降，由 100kN 下降到 60kN 左右，此后平稳下降，此时试件承载力已经下降到峰值的 85% 以下，认为试件破坏，停止加载。试件 SRCWBJ-2 的裂缝开展及破坏形式如图 5.2-14 所示。

（3）试件 SRCWBJ-3 的破坏过程

钢梁自由端加载到 80kN 时，试件的荷载-位移曲线基本呈线性关系，剪力墙表面无裂缝出现。正向加载 91.4kN 时，墙正面锚板左侧上边缘混凝土产生了两条横向裂缝，裂缝宽度很小。反向加载 89.6kN 时，墙正面锚板下侧边缘混凝土出现两条纵向裂缝，墙正面锚板左右两侧均出现横向裂缝，这些裂缝宽度很小。继续循环加载，当加至正向 108.8kN 时，原先产生的纵向裂缝顺着墙高方向继续开展，出现新的横向裂缝和纵向裂缝，钢梁和锚板没有变化。此时，荷载-位移曲线上出现了明显的拐点，锚筋上的几个应变片的数值超过了屈服应变，位移达到了 18.7mm。在此循环之后由荷载控制加载改为位移控制加载，屈服位移取为 Δ=18mm。

位移控制加载后，加载至 36mm（2Δ）时，墙正面从锚板上侧右边缘出现了与水平方向呈 45° 角的斜裂缝，也出现了新的纵向裂缝和横向裂缝。先出现的横向裂缝与纵向裂缝

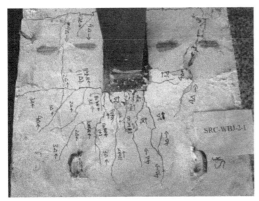

(a) 破坏时钢梁左侧剪力墙部分

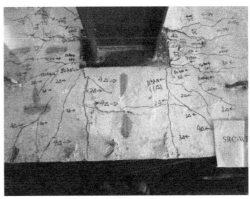

(b) 破坏时钢梁前面剪力墙部分

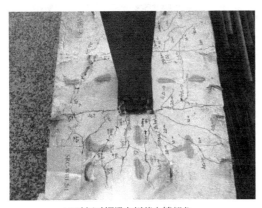

(c) 破坏时钢梁右侧剪力墙部分

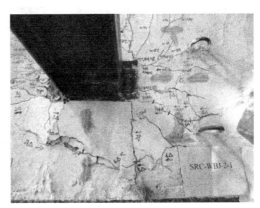

(d) 破坏时钢梁后面剪力墙部分

图 5.2-14　试件 SRCWBJ-2 的裂缝开展及破坏形式

继续延伸呈放射状发展，钢梁有微小的倾斜趋势。锚板边缘与混凝土接触处有了微小的缝，怀疑锚板与混凝土开始无接触。加载至 54mm（3Δ）时，又出现新的几条斜裂缝并先出现的斜裂缝继续延伸，锚板左右两侧横向裂缝延伸到墙侧边上，锚板上侧纵向裂缝延伸至压梁边缘上。锚板上的应变片读数超过了屈服应变，墙正面锚板受压区进入墙体 3mm。加载至 72mm（4Δ）时，横向裂缝与纵向裂缝继续增加并加宽，墙正面裂缝相互贯通，部分混凝土保护层出现"起皮"现象。在地面上能观察到从墙背面剥落下来小块混凝土，墙背面锚板应变片读数还在弹性阶段。加载至 90mm（5Δ）时，不再出现新的裂缝，墙正面大部分混凝土鼓起，墙背面大量混凝土剥落。墙正面锚板受压区进入墙体 18mm，钢梁有明显的倾斜现象。此时，承载力已下降至最大值的 85％以下，宣告试件破坏，停止加载。

试件 SRCWBJ-3 的裂缝开展及破坏形式如图 5.2-15 所示。

5.2.2　钢梁与混凝土剪力墙平面外节点抗震性能研究

1. 试件承载力分析

（1）试件承载力的确定与分析

各试件屈服、极限和破坏状态时的荷载、位移与转角见表 5.2-4。试件 SRCWBJ-2 的屈服荷载为试件 SRCWBJ-1 的 1.74 倍，最大荷载为试件 SRCWBJ-1 的 1.72 倍。采用梁

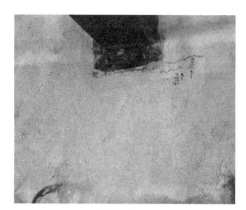
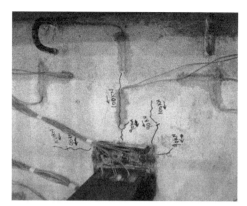

(a) 开裂荷载裂缝图　　　　　　　　　　　(b) 屈服荷载裂缝图

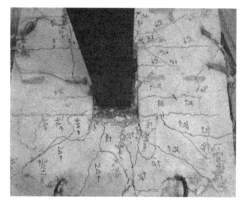

(c) 峰值荷载裂缝图　　　　　　　　　　　(d) 试验结束墙正面裂缝图

图 5.2-15　试件 SRCWBJ-3 的裂缝开展及破坏形式

头锚固的节点相比于单锚板弯曲锚筋锚固的节点在承载力方面有明显提高。试件 SRCW-BJ-2 的极限位移是试件 SRCWBJ-1 的 1.84 倍,表示采用梁头的节点要比单锚板弯曲锚筋的节点有很大的变形能力。

试件 SRCWBJ-3 的屈服荷载与极限荷载都远大于试件 SRCWBJ-1。试件 SRCWBJ-3 的屈服荷载为试件 SRCWBJ-1 的 1.59 倍,最大荷载为试件 SRCWBJ-1 的 1.52 倍。双锚板穿筋节点相比于 90°弯钩锚固节点在承载力方面有明显提高。试件 SRCWBJ-3 的极限位移是试件 SRCWBJ-1 的 2 倍,表示双锚板穿筋节点要比单 90°弯钩锚固的节点有很大的变形能力。

各试件屈服、极限和破坏状态时的荷载、位移与转角　　　　　　　　表 5.2-4

试件编号		屈服荷载 (kN)	屈服位移 (mm)	峰值荷载 (kN)	极限位移 (mm)	塑性极限转角 (rad)
SRCWBJ-1	1	68.6	8.6	84.2	34.8	0.025
	2	65.9	9.4	80.7	47.9	0.034
	3	64.9	8.8	85.6	45.2	0.032
	均值	66.4	8.9	83.5	42.6	0.030

试件编号		屈服荷载 (kN)	屈服位移 (mm)	峰值荷载 (kN)	极限位移 (mm)	塑性极限转角 (rad)
SRCWBJ-2	1	112.4	20.4	141.3	67.5	0.048
	2	112.5	19.3	148.1	84.0	0.060
	3	122.2	21.7	142.6	83.8	0.060
	均值	115.7	20.4	144.0	78.4	0.056
SRCWBJ-3	1	108.8	18.2	129.6	78.3	0.055
	2	108.2	16.2	128.3	85.9	0.061
	3	101.3	18.3	125.9	89.1	0.063
	均值	106.1	17.5	127.9	84.4	0.059

(2) 承载力退化分析

图 5.2-16 为三组试件的承载力退化规律曲线对比图。

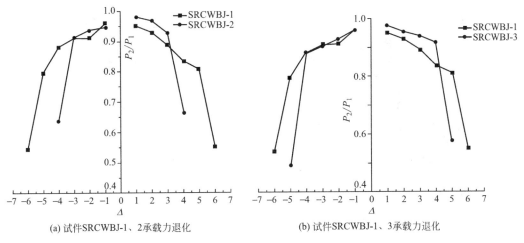

(a) 试件SRCWBJ-1、2承载力退化　　　　　(b) 试件SRCWBJ-1、3承载力退化

图 5.2-16　试件的承载力退化规律曲线对比图

由图 5.2-16 可见，随着位移的增大承载力的降低越来越明显，而且在正向和反向加载中承载力降低的程度大体对称，不同试件在加载后期的承载力降低幅度不同是由于预埋件与混凝土墙开裂不均等因素造成。3 个 SRCWBJ-1 试件的 P_2 与 P_1 的比值均在 0.6 以上，而 SRCWBJ-2 和 SRCWBJ-3 试件均大于 0.4。在试件 SRCWBJ-1 与 SRCWBJ-2 的承载力退化对比中能看出，加载前期 SRCWBJ-2 承载力降低的幅度比 SRCWBJ-1 缓慢一些，在后期位移加载中，SRCWBJ-2 的承载力降低的速度比 SRCWBJ-1 快很多。锚板投影区的锚筋与混凝土粘结力未出现破坏时，承载力降低比较缓慢，而 SRCWBJ-2 的梁头混凝土压碎情况比 SRCWBJ-1 更严重，导致后期承载力降低比 SRCWBJ-1 快很多。在试件 SRCWBJ-1 与 SRCWBJ-3 的承载力退化对比中能看出，加载前期 SRCWBJ-3 的承载力降低的幅度要比 SRCWBJ-1 缓慢一些，在后期位移加载中 SRCWBJ-3 的承载力降低的速度比 SRCWBJ-1 快很多。锚板投影区的锚筋与混凝土粘结力未出现破坏时，承载力降低比较缓慢，而 SRCWBJ-3 的正面与背面的锚板压碎混凝土情况比 SRCWBJ-1 更严重，导致后期承载力降

低比 SRCWBJ-1 快很多。

2. 试件变形分析

（1）梁端滞回曲线分析

结构或构件在反复荷载试验中得到的荷载-位移曲线是研究抗震性能的重要指标，能够充分反映构件的变形特征、刚度退化及耗能能力等。各试件梁端滞回曲线如图 5.2-17 所示。

在荷载控制加载时，墙表面没有裂缝，滞回曲线基本呈直线型，卸载后的残余变形较小，认为试件处于弹性状态。随着荷载的增加，位移增大的速度稍大于荷载增长的速度，滞回曲线发生弯曲，滞回环的面积略有增大。试件的滞回曲线均呈倒 S 形。在试件屈服后，进入位移控制加载阶段，荷载继续增加，变形继续增大且增大速度比初期加载时更快，试件的刚度有所降低但不是很明显。各试件的滞回曲线在加载后期达到最大荷载之后，出现了一定程度的捏拢现象。因为剪力墙中部横向裂缝加宽之后，剪力墙的抗弯刚度主要由钢筋骨架来提供，所以出现了捏拢现象。

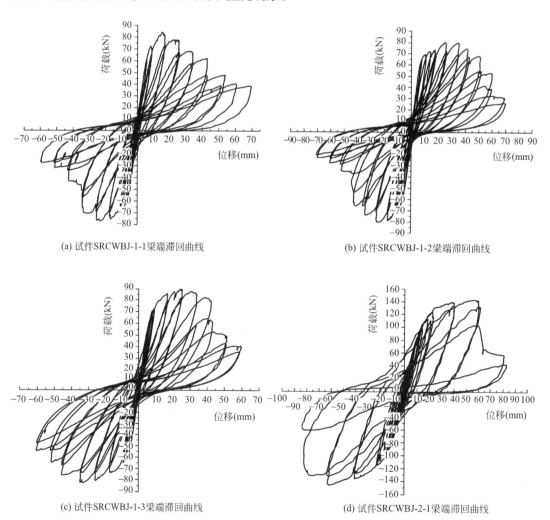

(a) 试件SRCWBJ-1-1梁端滞回曲线

(b) 试件SRCWBJ-1-2梁端滞回曲线

(c) 试件SRCWBJ-1-3梁端滞回曲线

(d) 试件SRCWBJ-2-1梁端滞回曲线

图 5.2-17 各试件梁端滞回曲线（一）

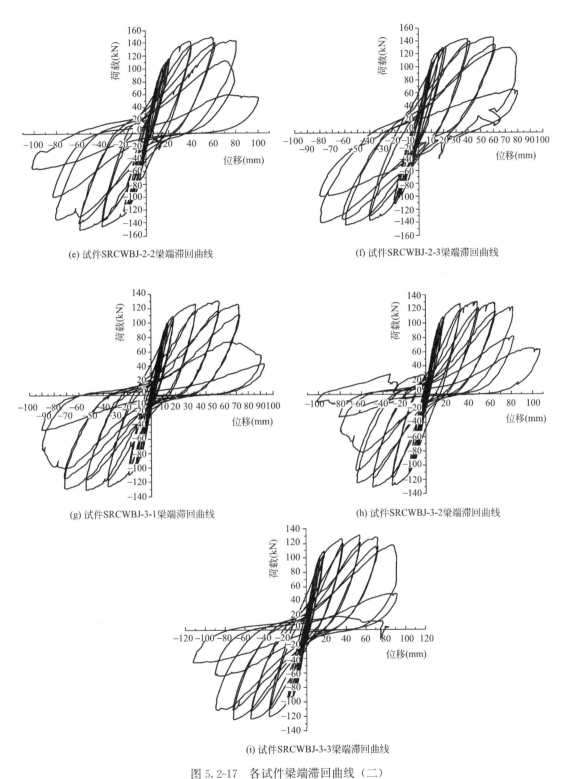

(e) 试件SRCWBJ-2-2梁端滞回曲线

(f) 试件SRCWBJ-2-3梁端滞回曲线

(g) 试件SRCWBJ-3-1梁端滞回曲线

(h) 试件SRCWBJ-3-2梁端滞回曲线

(i) 试件SRCWBJ-3-3梁端滞回曲线

图 5.2-17　各试件梁端滞回曲线（二）

　　通过对比发现，试件 SRCWBJ-2、SRCWBJ-3 的滞回曲线比试件 SRCWBJ-1 更饱满、承载力高，耗能能力和变形性能较好。可见 SRCWBJ-2 梁头的作用和 SRCWBJ-3 的背面锚板作用很明显，比90°弯钩锚固连接方式更加有效地将钢梁与剪力墙连接起来。

（2）梁端骨架曲线

由滞回曲线能得出骨架曲线，通过骨架曲线确定出屈服荷载、屈服位移、最大荷载、极限位移等特征值。图5.2-18为试件各节点骨架曲线对比图。

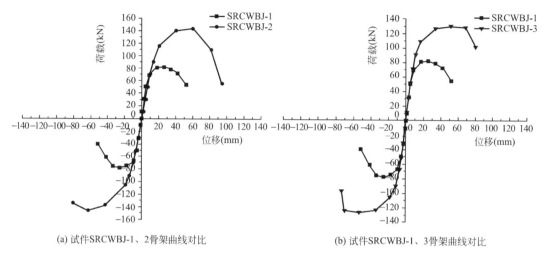

(a) 试件SRCWBJ-1、2骨架曲线对比　　　　　　(b) 试件SRCWBJ-1、3骨架曲线对比

图 5.2-18　试件各节点骨架曲线对比图

从图中可以看出，各试件的骨架曲线均出现明显的弹性阶段、屈服阶段、峰值点等重要特征，采用梁头和双锚板穿筋锚固试件的屈服阶段较长，而90°弯钩锚固试件的屈服阶段不是很明显。三种节点的骨架曲线对比发现，试件 SRCWBJ-2 和 SRCWBJ-3 的屈服位移分别为 20mm 和 18mm 左右，远大于试件 SRCWBJ-1 的 8.5mm 屈服位移。试件 SRC-WBJ-2 和 SRCWBJ-3 的最大荷载与极限位移均大于试件 SRCWBJ-1，可见采用梁头锚固和双锚板穿筋锚固方式能显著提高承载力和变形能力。在双锚板锚固中，形成混凝土破坏面锥体时，试件 SRCWBJ-3 由于背面锚板的参与，锥体体积量大于试件 SRCWBJ-1，因而两种试件在试验中的表现有很大差异。

3. 刚度退化规律

图 5.2-19 给出了试件刚度退化对比。

从图中可看出，试件 SRCWBJ-1 与 SRCWBJ-3 的初始刚度不同，90°弯钩锚固试件初始刚度比采用梁头和双锚板穿筋锚固试件大一些。试件 SRCWBJ-2 和 SRCWBJ-3 的屈服荷载是试件 SRCWBJ-1 的 1.74 和 1.5 倍，而相应的屈服位移分别为试件 SRCWBJ-1 的 2.5 和 2 倍左右，因此初始刚度没有试件 SRCWBJ-1 大。随着位移的增大试件的刚度在下降，两种节点形式的下降速度有所不同。试件 SRCWBJ-2 和 SRCWBJ-3 的刚度退化速度要比试件 SRCWBJ-1 缓慢一些，说明采用梁头锚固和双锚板穿筋锚固节点在保持刚度稳定方面优于90°弯钩锚固节点。

在地震作用下，理想的结构或构件应能在经历多次循环荷载后，仍能保证一定的承载力水平，且不出现显著的刚度退化。在钢梁与混凝土剪力墙节点的抗震设计中，不应该对在罕遇地震作用下发生刚度退化的限制过于苛刻。问题的关键是允许刚度退化到何种程度，在刚度退化对整体结构影响分析的基础上，确定出可以接受的强度和刚度退化指标。

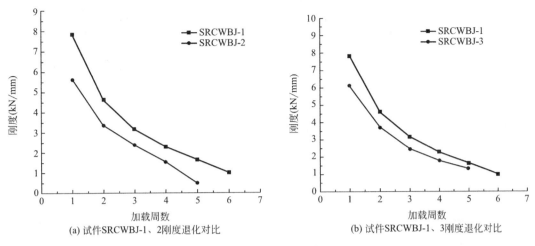

(a) 试件SRCWBJ-1、2刚度退化对比   (b) 试件SRCWBJ-1、3刚度退化对比

图 5.2-19　试件刚度退化对比

4. 试件耗能能力分析

（1）试件的延性

采用位移延性系数来衡量试件的延性，各试件的位移延性系数见表 5.2-5。

各试件的位移延性系数　　　　　　　　　　　　　　　表 5.2-5

试件编号		屈服位移 （mm）	极限位移 （mm）	延性系数	平均值
SRCWBJ-1	1	8.6	34.8	4.04	4.77
	2	9.3	47.9	5.15	
	3	8.8	45.2	5.13	
SRCWBJ-2	1	20.4	67.5	3.31	3.84
	2	19.3	84.0	4.35	
	3	21.7	83.8	3.86	
SRCWBJ-3	1	18.2	78.3	4.30	4.82
	2	16.2	85.9	5.30	
	3	18.3	89.1	4.86	

　　所有试件的延性系数均大于 2，满足混凝土结构对延性系数的要求。试件 SRCWBJ-1 与 SRCWBJ-3 的延性系数基本相同，说明两种节点在塑性变形能力方面差别不大，两种节点的延性在同范围以内。通过两种节点的延性比较，认为双锚板穿筋锚固方式比 90°弯钩锚固方式在延性方面没有提高。试件 SRCWBJ-2 比 SRCWBJ-1 的延性系数小，说明采用梁头锚固方式的试件比 90°弯钩锚固方式的试件变形能力差。

　　（2）试件的耗能能力

计算所得各试件的等效黏滞阻尼系数 h_e 和能量耗散系数 E，试件的耗能能力指标见表 5.2-6。

试件编号		等效黏滞阻尼系数 h_e	平均值	能量耗散系数 E	平均值
SRCWBJ-1	1	0.77		5.46	
	2	0.81	0.82	4.84	5.13
	3	0.87		5.09	
SRCWBJ-2	1	0.68		4.27	
	2	0.78	0.70	4.90	4.41
	3	0.65		4.08	
SRCWBJ-3	1	0.78		4.90	
	2	0.78	0.78	4.90	4.92
	3	0.79		4.96	

由表 5.2-6 可以看出，试件 SRCWBJ-1 和 SRCWBJ-3 的等效黏滞阻尼系数 h_e 大于 0.7，能量耗散系数也是均在 5.0 左右，SRCWBJ-2 则稍差。采用梁头锚固和双锚板锚固的试件在滞回曲线中每个滞回环面积比 90°弯钩锚固的试件要大。可见在耗能能力方面，90°弯钩锚固方式与双锚板穿筋锚固方式差别不大，梁头锚固方式稍差。

5. 试件应变分析

（1）钢梁翼缘的应变分析

在各组试件上依次选取 70 号应变片和 68 号应变片作为研究对象，这两个应变片测量位置相同。根据应变片测量结果作出了各节点试件在对应点处的荷载-应变滞回曲线，试件的钢梁翼缘荷载-应变曲线如图 5.2-20 所示。

从图中可以看出，SRCWBJ-1 的三个试件的钢梁固端翼缘从开始到结束一直处于弹性状态，说明试件屈服和破坏都发生在预埋件和剪力墙上。SRCWBJ-2 和 SRCWBJ-3 试件的荷载-应变滞回曲线大致相同，钢梁固端翼缘在荷载小于 120kN 时基本处于弹性状态，变形可以恢复；当荷载继续增大时，部分数据点溢出 1800，表示该点处应变较大，钢梁固端翼缘屈服。在加载后期试件 SRCWBJ-2、3 的钢梁固端翼缘应变较大，SRCWBJ-3 最大微应变约为 4000$\mu\varepsilon$，SRCWBJ-2 最大微应变达到 7000$\mu\varepsilon$。试件 SRCWBJ-2、3 的钢梁固端翼

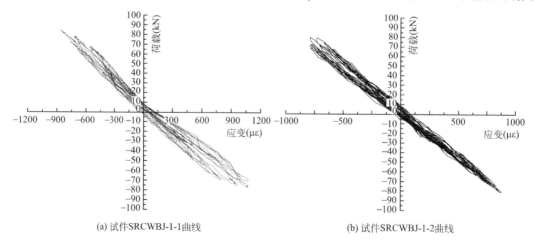

(a) 试件SRCWBJ-1-1曲线　　　　　　(b) 试件SRCWBJ-1-2曲线

图 5.2-20　试件的钢梁翼缘荷载-应变曲线（一）

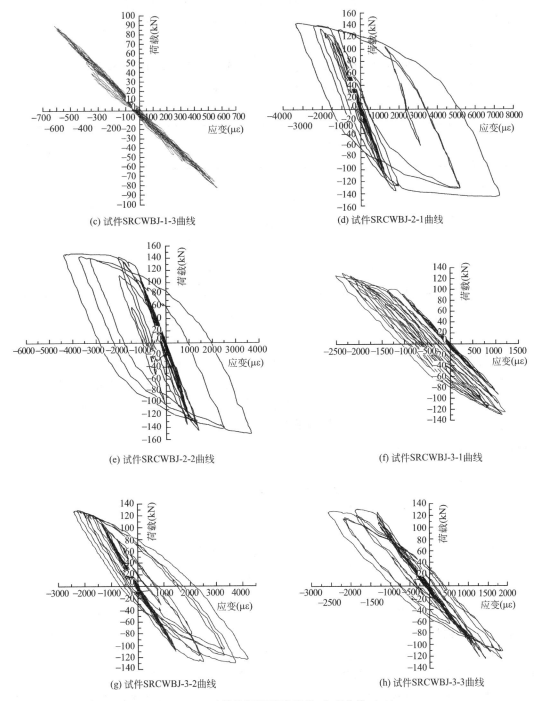

(c) 试件SRCWBJ-1-3曲线

(d) 试件SRCWBJ-2-1曲线

(e) 试件SRCWBJ-2-2曲线

(f) 试件SRCWBJ-3-1曲线

(g) 试件SRCWBJ-3-2曲线

(h) 试件SRCWBJ-3-3曲线

图 5.2-20　试件的钢梁翼缘荷载-应变曲线（二）

缘在弹性阶段拉压应变几乎一致，荷载增大之后拉压应变不相等。通过三种节点试件的荷载-应变滞回曲线比较，发现在钢梁与锚板的尺寸及锚筋截面面积相同的条件下试件SRCWBJ-2、3 的锚固方式要强于试件 SRCWBJ-1 的锚固方式，能使钢梁进入塑性阶段。试件 SRCWBJ-1 墙正面的混凝土被前锚板压碎锚筋失去与混凝土的粘结力，锚筋的拉力达不到钢梁翼缘屈服强度。而 SRCWBJ-2 存在梁头、SRCWBJ-3 存在背面锚板的原因是靠近背面锚板的锚筋仍然与混凝土保持着粘结力，能使钢梁翼缘进入屈服状态。

（2）锚板的应变分析

在钢梁与混凝土剪力墙平面外节点中，锚板是钢梁与剪力墙的传力枢纽，更是应力分布比较复杂的部位，屈服荷载作用下锚板主应变、主应力及等效应力见表 5.2-7。

屈服荷载作用下锚板主应变、主应力及等效应力表　　　　　　表 5.2-7

试件编号	屈服荷载（kN）	应变花编号	ε_1（$\mu\varepsilon$）	ε_2（$\mu\varepsilon$）	σ_1（MPa）	σ_2（MPa）	σ_r（MPa）
SRCWBJ-1	66.4	49-50-51	188	−1687	−69.9	−358.3	329.0
		52-53-54	356	−999	12.3	196.1	202.5
SRCWBJ-2	112.5	49-50-51	2148	−94	—	—	—
		52-53-54	−461	−1738	−215.9	−412.4	357.3
SRCWBJ-3	106.3	43-44-45	1415	−85	305.4	74.6	275.7
		46-47-48	2358	−1438	—	—	—

从表 5.2-7 中可以看出，由钢梁传来的荷载作用和受到周围锚筋的影响，锚板处于复杂应力状态。在试件达到屈服荷载时，试件 SRCWBJ-1 的锚筋周围锚板的等效应力小于钢材本身的屈服强度，说明锚板还未进入塑性状态。在试件达到屈服荷载时，试件 SRCWBJ-2 和 SRCWBJ-3 的锚筋周围锚板的第一主应变为分别为 $2148\mu\varepsilon$ 和 $2358\mu\varepsilon$（屈服应变 $1700\mu\varepsilon$），表明锚板已经屈服。三种节点试件虽然锚筋布置情况与截面面积相等，但由于锚筋锚固方式的不同，锚筋作用于锚板的荷载有很大的差别。因此，说明了锚筋的锚固方式可能有助于改善锚筋周围锚板的应力分布。

（3）锚筋的应变分析

主要研究接近锚板和弯折处的锚筋，挑选数据比较齐全的锚筋应变片进行阐述，图中应变值为 $6000\mu\varepsilon$ 时表示应变片数据溢出或应变片数据为零。图 5.2-21 列举了试件 SRCWBJ-1 锚筋在屈服荷载和峰值荷载作用下的应变分布规律。

从图中看出，屈服荷载时，接近锚板的锚筋进入屈服，而弯折处锚筋还在弹性范围之内。到达峰值荷载时，弯折处锚筋的个别应变片读数超过屈服应变值 $2150\mu\varepsilon$，说明从接近锚板处开始到弯折处锚筋应变有变小的趋势。

试件 SRCWBJ-2 和试件 SRCWBJ-3 与试件 SRCWBJ-1 相似，SRCWBJ-2 在屈服荷载作用下，接近锚板的锚筋进入屈服，而梁头锚筋还在弹性范围之内。到达峰值荷载时，弯折处锚筋的个别应变片读数超过屈服应变值 $2150\mu\varepsilon$，说明从接近锚板处开始到弯折处锚筋应变有变小的趋势。试件 SRCWBJ-3 在屈服荷载作用下，接近正面锚板的锚筋进入屈服，而接近背面锚板的锚筋还在弹性范围之内。到达峰值荷载时，接近背面锚板处锚筋的个别应变片读数超过屈服应变值 $2200\mu\varepsilon$，说明从接近正面锚板处开始到接近背面锚板处锚筋应变均匀变小。

（4）剪力墙钢筋的应变分析

1）试件 SRCWBJ-1 的剪力墙钢筋应变

图 5.2-22 给出了剪力墙纵向钢筋在梁端反复荷载作用下的荷载-应变滞回曲线。选取

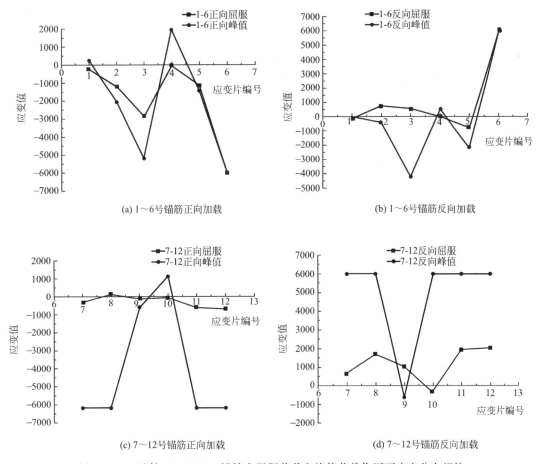

图 5.2-21　试件 SRCWBJ-1 锚筋在屈服荷载和峰值荷载作用下应变分布规律

具有代表性的应变片 20 号和 35 号进行分析，剪力墙纵向钢筋的屈服应变为 $2300\mu\varepsilon$，20 号应变片位于正面锚板上侧位置，35 号应变片位于背面锚板上侧位置。

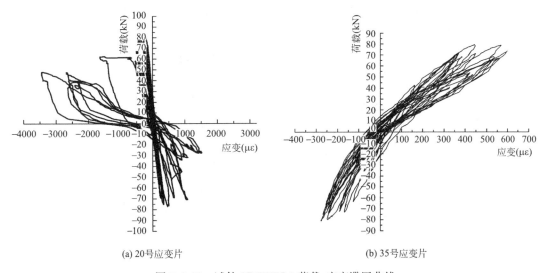

图 5.2-22　试件 SRCWBJ-1 荷载-应变滞回曲线

从图 5.2-22 可以看出，20 号应变片达到最大荷载时仍处于弹性范围内；在反复加载后期，试件 SRCWBJ-1-1 的应变片读数超过了 $2300\mu\varepsilon$，说明该钢筋受压屈服；试件 SRC-WBJ-1-2 和 SRCWBJ-1-3 在整个试验过程中，应变介于$-2000\sim1250\mu\varepsilon$ 之间，没有达到屈服。35 号应变片在整个试验过程中，应变介于$-400\sim600\mu\varepsilon$ 之间，没有达到屈服。

2）试件 SRCWBJ-2 的剪力墙钢筋应变

图 5.2-23 给出了剪力墙纵向钢筋在梁端反复荷载作用下的荷载-应变滞回曲线。选具有代表性的应变片 20 号和 35 号来进行分析。20 号应变片位于锚板上侧位置，35 号应变片位于锚板投影区对称位置。

由图可以看出，20 号应变片和 35 号应变片达到最大荷载时均处于弹性范围内。反复加载，应变值未超过 $2300\mu\varepsilon$，表明剪力墙纵向钢筋没有屈服。

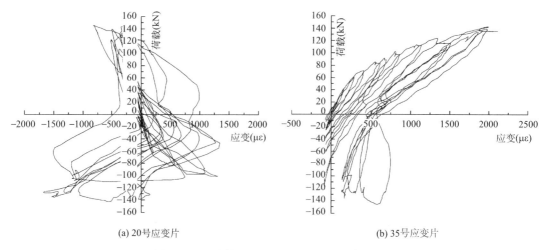

(a) 20号应变片　　　　　　　　　　(b) 35号应变片

图 5.2-23　试件 SRCWBJ-2 荷载-应变滞回曲线

3）试件 SRCWBJ-3 的剪力墙钢筋应变

图 5.2-24 给出了剪力墙纵向钢筋在梁端反复荷载作用下的荷载-应变滞回曲线。选取具有代表性的 14 号和 29 号应变片进行分析。14 号应变片位于正面锚板紧上侧位置，29 号应变片位于背面锚板紧上侧位置。

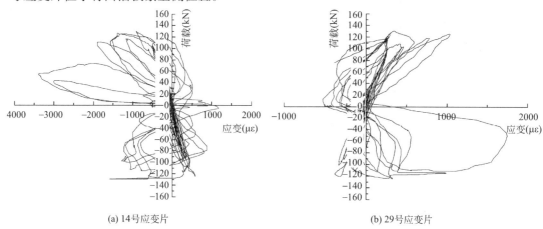

(a) 14号应变片　　　　　　　　　　(b) 29号应变片

图 5.2-24　试件 SRCWBJ-3 荷载-应变滞回曲线

由图 5.2-24 可以看出，14 号应变片在达到最大荷载时仍处于弹性范围内；在反复加载后期，应变片读数变得越来越大，最大微应变超过 $-3000\mu\varepsilon$，该应变片受压屈服。由于在反复荷载作用下部分表层混凝土损伤，再加上轴压力较大，该纵向钢筋属于失稳屈曲。

29 号应变片在达到最大荷载之前应变片读数一直处于弹性范围以内，反复加载后期反向加载时，应变片读数由负变为正，并逐渐增大到受拉屈服。该钢筋在背面锚板变形不大时，该应变片在墙顶轴向力和反向弯矩作用下处于受压状态；背面锚板变形变大进入墙体之后，背面锚板压着该钢筋使其处于受拉状态并受拉屈服，因此出现了反向加载过程中负值变为正值的现象。

5.2.3 钢梁与混凝土剪力墙平面外节点有限元分析

为了进一步分析钢梁与混凝土剪力墙平面外节点的抗震性能，利用 ABAQUS 对本次试验的各试件进行了非线性有限元分析，通过调整节点中的锚板的长度、锚板的厚度、锚筋截面面积、锚筋布置方式、轴压比、混凝土强度等参数，分析此各形式节点的抗震性能。根据有限元分析与试验结果，提出了钢梁与混凝土剪力墙平面外节点抗震性能的影响因素和设计建议，为实际工程设计提供参考。

1. 试验结果和有限元计算结果的对比

（1）梁端荷载-位移曲线

经过 ABAQUS/Standard 的分析计算之后，对试验实测得到的梁端荷载-位移曲线与有限元分析中得到的曲线进行比较，如图 5.2-25 所示。

从图 5.2-25 可以看出，在试件的弹性阶段，试验测得的梁端荷载-位移曲线与通过 ABAQUS 有限元分析得出的梁端荷载-位移曲线基本重合；在明显的拐点处即屈服荷载，ABAQUS 有限元分析得出的屈服荷载与试验的屈服荷载偏差不是很大；但屈服以后随着荷载的继续增加，有限元分析得出的梁端荷载-位移曲线与试验测得的曲线偏差增大。在同一个位移值下，有限元模拟得出的承载力小于试验值，且出现最大荷载的位置也有所不同。试验结果与有限元模拟的极限承载力对比见表 5.2-8。

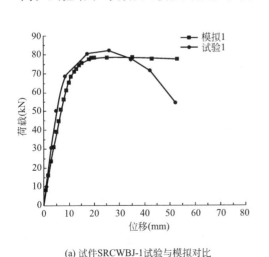

(a) 试件SRCWBJ-1试验与模拟对比

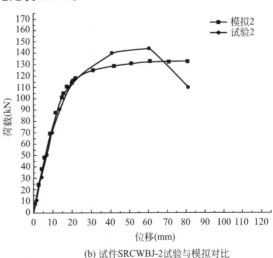

(b) 试件SRCWBJ-2试验与模拟对比

图 5.2-25　试验与模拟梁端荷载-位移对比曲线（一）

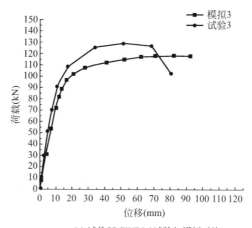

(c) 试件SRCWBJ-3试验与模拟对比

图 5.2-25 试验与模拟梁端荷载-位移对比曲线 （二）

试验结果与有限元模拟的极限承载力对比 表 5.2-8

试件编号	模拟值(kN)	试验平均值(kN)	误差(%)
SRCWBJ-1	77.4	83.5	7.4
SRCWBJ-2	132.4	144.0	8.1
SRCWBJ-3	118.3	127.9	7.5

出现误差的原因有：

1）试验装置的约束条件与模拟的约束效果存在一些偏差；

2）混凝土受拉开裂后，钢筋与混凝土之间出现粘结滑移等因素无法准确计算；

3）有限元分析中没有考虑试件的原始缺陷；

4）在材料的属性上，试件中各材料的实际强度与有限元分析计算时设定的数值存在偏差。

（2）试件开裂形状

运用 ABAQUS 的后处理模块对分析结果进行处理，绘制出模型达到极限承载力的情况下的 Von Mises 应力云图，通过应力云图可以看出最大应力发生的部位及最终的破坏形式，由图 5.2-26 可知，通过有限元模拟计算出的破坏形式与试验得到的破坏形式基本吻合。

（3）结果对比总结

通过将有限元分析得到的荷载-位移曲线以及试件的破坏形态与试验数据进行对比，发现有限元模型能够较好地模拟出试验的加载以及边界条件，有限元结果与试验结果之间的误差均在10%以内，说明利用有限元软件对其进行分析是可行的，可以运用上述建模方式对本类型的试件进行进一步的研究与分析。

2. 影响节点抗震性能的因素分析

为了分析影响钢梁与混凝土剪力墙平面外节点抗震性能的因素，利用 ABAQUS 软件建立了有限元模型。在试验试件尺寸、配筋等情况不变的情况下，修改混凝土强度等级、锚筋截面面积、锚板厚度、锚筋布置方式及轴压比等参数研究节点的抗震性能。

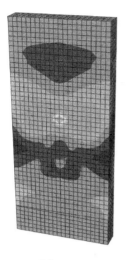

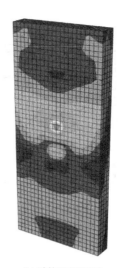

| (a) 试件SRCWBJ-1 | (b) 试件SRCWBJ-2 | (c) 试件SRCWBJ-3 |

图 5.2-26　试件的模拟破坏应力云图

（1）轴压比

采用三个不同的轴压比来模拟分析轴压比对三种节点试件的承载力及抗震性能的影响，节点轴压比信息见表 5.2-9。

节点轴压比信息 表 5.2-9

试件编号		轴压比
SRCWBJ-1	1	0.4
	2	0.6
	3	0.8
SRCWBJ-2	1	0.4
	2	0.6
	3	0.8
SRCWBJ-3	1	0.4
	2	0.6
	3	0.8

图 5.2-27 给出了根据有限元计算得到的各试件骨架曲线及承载力与轴压比的关系曲线。

从图中可以看出，试件 SRCWBJ-1 的承载力和抗震性能随着轴压比的改变而有明显不同，说明轴压比对试件 SRCWBJ-1 的影响很大。与轴压比 0.4 的情况相比，轴压比 0.6 时承载力无明显下降，而延性略有降低。当轴压比 0.8 时，在承载力和延性方面下降幅度明显。对于试件 SRCWBJ-2 和 SRCWBJ-3，承载力和延性随着轴压比的增大也有下降的趋势，但幅度不大。由于钢梁传过来的弯矩作用，剪力墙产生微小的变形和裂缝，轴力越大影响越大，因此导致承载力和延性下降趋势。比较试件 SRCWBJ-1 和试件 SRCWBJ-2、3，发现试件 SRCWBJ-1 受轴压比的影响要比试件 SRCWBJ-2、3 大，因此在进行结构设计

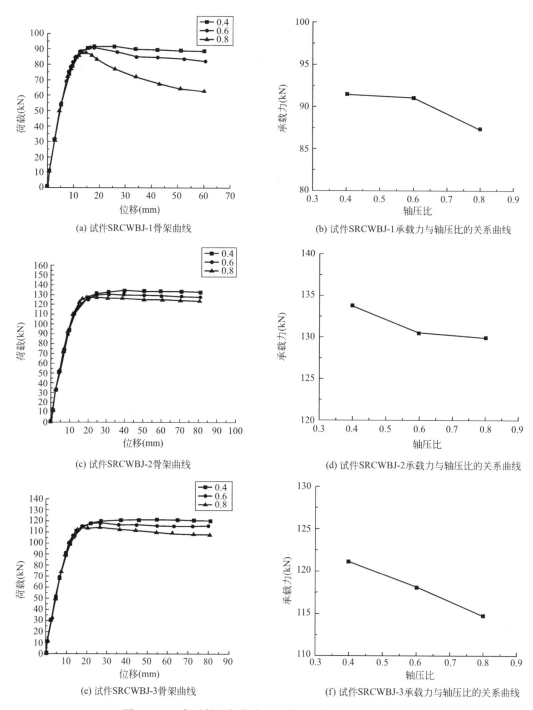

(a) 试件SRCWBJ-1骨架曲线

(b) 试件SRCWBJ-1承载力与轴压比的关系曲线

(c) 试件SRCWBJ-2骨架曲线

(d) 试件SRCWBJ-2承载力与轴压比的关系曲线

(e) 试件SRCWBJ-3骨架曲线

(f) 试件SRCWBJ-3承载力与轴压比的关系曲线

图 5.2-27　各试件骨架曲线及承载力与轴压比的关系曲线

中，对试件 SRCWBJ-1 的轴压比限制要更严格。

（2）混凝土强度

采用三种不同的混凝土强度模拟分析混凝土强度对三种节点承载力及抗震性能的影响，三种形式节点 SRCWBJ-1～SRCWBJ-3 的模型信息见表 5.2-10。

混凝土强度信息		表 5. 2-10
试件编号		混凝土强度等级
SRCWBJ-1	1	C30
	2	C40
	3	C50
SRCWBJ-2	1	C30
	2	C40
	3	C50
SRCWBJ-3	1	C30
	2	C40
	3	C50

图 5.2-28 给出了根据有限元计算得到的各试件骨架曲线及承载力与混凝土强度的关系曲线。

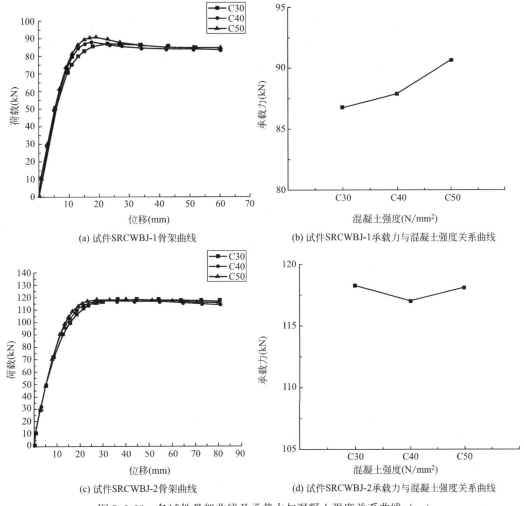

(a) 试件SRCWBJ-1骨架曲线

(b) 试件SRCWBJ-1承载力与混凝土强度关系曲线

(c) 试件SRCWBJ-2骨架曲线

(d) 试件SRCWBJ-2承载力与混凝土强度关系曲线

图 5.2-28 各试件骨架曲线及承载力与混凝土强度关系曲线（一）

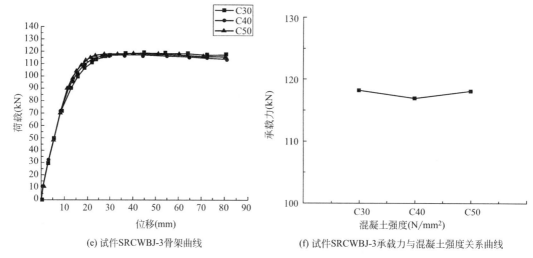

(e) 试件SRCWBJ-3骨架曲线　　　　　(f) 试件SRCWBJ-3承载力与混凝土强度关系曲线

图 5.2-28　各试件骨架曲线及承载力与混凝土强度关系曲线（二）

从图中可以看出，试件 SRCWBJ-1 的承载力随着混凝土强度的提高而提高，但延性有所下降。混凝土强度对试件 SRCWBJ-2、3 承载力和延性的影响不明显，而试件 SRCWBJ-1 受混凝土强度影响更明显一些，这与锚筋与混凝土接触区域面积大小有关。试件 SRCWBJ-1 的锚筋在锚入长度范围内均与混凝土接触，而试件 SRCWBJ-2、3 的锚筋与混凝土接触区域少一些，因此试件 SRCWBJ-1 受混凝土强度影响更加显著。

建议：在满足基本要求的前提下，采用这两种节点时不需要使用过高强度的混凝土，如需提高承载力，可以通过调整锚板厚度和锚筋实现。

（3）锚板厚度

采用三个不同的锚板厚度来模拟分析锚板厚度对三种节点试件的承载力及抗震性能的影响，三种节点形式 SRCWBJ-1～SRCWBJ-3 的锚板厚度信息见表 5.2-11。

锚板厚度信息　　　　　　　　　　　　表 5.2-11

试件编号		锚板厚度（mm）
SRCWBJ-1	1	10
	2	14
	3	18
SRCWBJ-2	1	10
	2	14
	3	18
SRCWBJ-3	1	10
	2	14
	3	18

图 5.2-29 依次给出了各试件骨架曲线及承载力与锚板厚度关系曲线。

从图中可以看出，三种试件的承载力和抗震性能随着锚板厚度的增加显著提高，可见锚板厚度是影响试件承载力和抗震性能的因素之一。在试件 SRCWBJ-1 中，2 号试件的锚

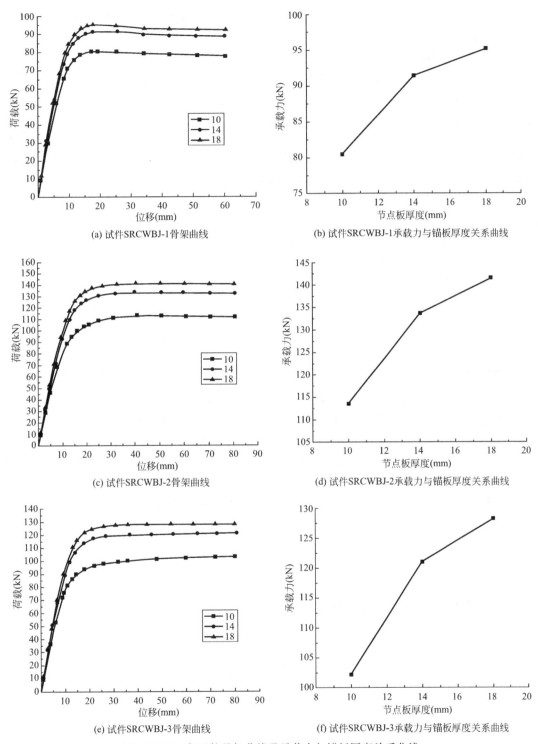

(a) 试件SRCWBJ-1骨架曲线

(b) 试件SRCWBJ-1承载力与锚板厚度关系曲线

(c) 试件SRCWBJ-2骨架曲线

(d) 试件SRCWBJ-2承载力与锚板厚度关系曲线

(e) 试件SRCWBJ-3骨架曲线

(f) 试件SRCWBJ-3承载力与锚板厚度关系曲线

图 5.2-29　各试件骨架曲线及承载力与锚板厚度关系曲线

板厚度比 1 号试件增加了 40%，承载力提高了 24%；3 号试件的锚板厚度比 1 号试件增加了 80%，而承载力提高了 31%。在试件 SRCWBJ-2、3 中，2 号试件和 3 号试件的锚板厚度比 1 号试件依次增加了 40% 和 80%，承载力也依次提高了 24% 和 31%。当锚板厚度达到一定的厚度时，试件承载力提高的幅度不再明显，试件的延性也没有显著变化，因此无限制地增加锚板厚度是没有意义的。

（4）锚筋纵向间距

三种试件中，在纵向改变锚筋间距来分析锚筋纵向间距对节点试件的承载力及抗震性能的影响。在锚板上将第一行与第二行锚筋间距变大，由 60mm 改变为 90mm、120mm，第三行与第四行类同。各节点的锚筋纵向间距信息见表 5.2-12。

锚筋纵向间距信息

表 5.2-12

试件编号		纵向间距(mm)
SRCWBJ-1	1	60
	2	90
	3	120
SRCWBJ-2	1	60
	2	90
	3	120
SRCWBJ-3	1	60
	2	90
	3	120

图 5.2-30 依次给出了各试件骨架曲线及承载力与锚筋纵向间距关系曲线。

从图中可以看出，三种节点的承载力和抗震性能随着锚筋纵向间距的增加而有显著变化，可见锚筋的布置方式也是影响试件承载力和抗震性能的因素之一。试件承载力随着锚筋纵向间距的增大有较大幅度降低，而延性随着纵向间距的增大有所提高。在锚板上，由于第二行和第三行锚筋远离第一行和第四行锚筋，钢梁传来的弯矩分配到第一行和第四行的锚筋比较多，因此第一行和第四行锚筋先达到屈服点而导致承载力下降。采用这三种节点形式时，在满足锚筋之间最小距离的前提下，应尽量使两行锚筋的纵向距离缩短一些，使钢梁传来的弯矩分配得均匀。

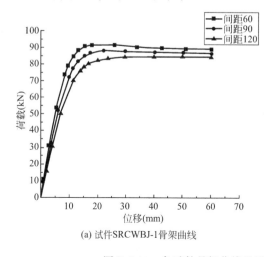

(a) 试件SRCWBJ-1骨架曲线

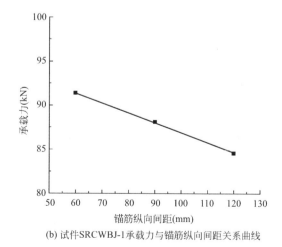

(b) 试件SRCWBJ-1承载力与锚筋纵向间距关系曲线

图 5.2-30　各试件骨架曲线及承载力与锚筋纵向间距关系曲线（一）

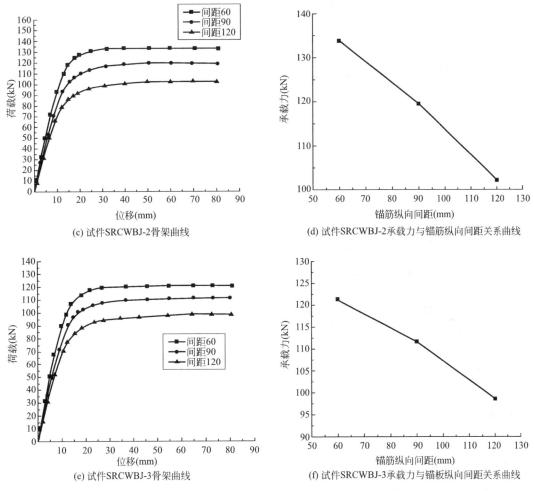

图 5.2-30　各试件骨架曲线及承载力与锚筋纵向间距关系曲线（二）

（5）锚筋截面面积

　　各节点试件中，采用不同直径的锚筋来模拟分析锚筋截面面积对节点试件的承载力及抗震性能的影响。节点锚筋信息见表 5.2-13。

节点锚筋信息			表 5.2-13
试件编号		锚筋直径(mm)	锚筋截面面积(mm²)
SRCWBJ-1	1	16	2412
	2	20	3768
	3	25	5880
SRCWBJ-2	1	16	2412
	2	20	3768
	3	25	5880
SRCWBJ-3	1	16	2412
	2	20	3768
	3	25	5880

图 5.2-31 依次给出了各试件骨架曲线及承载力与锚筋直径关系曲线。

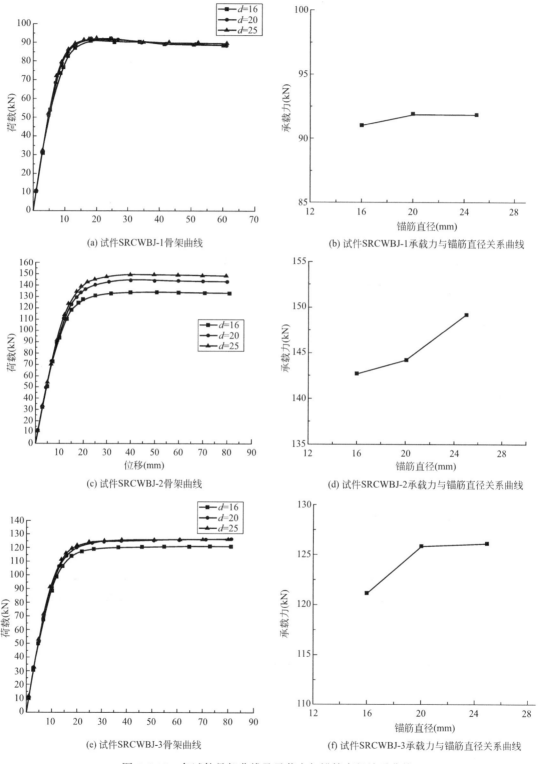

(a) 试件SRCWBJ-1骨架曲线

(b) 试件SRCWBJ-1承载力与锚筋直径关系曲线

(c) 试件SRCWBJ-2骨架曲线

(d) 试件SRCWBJ-2承载力与锚筋直径关系曲线

(e) 试件SRCWBJ-3骨架曲线

(f) 试件SRCWBJ-3承载力与锚筋直径关系曲线

图 5.2-31　各试件骨架曲线及承载力与锚筋直径关系曲线

从图中可以看出，试件 SRCWBJ-1 的承载力和延性随着锚筋直径的增大没有明显变化，可知锚筋直径对该节点的承载力和延性影响很小。试件 SRCWBJ-2、3 的承载力随着锚筋直径的增大略有提高。三种节点中，钢梁传来的荷载靠锚筋和混凝土的粘结力承担，被锚筋所包围的混凝土体积是有限的，因此增大锚筋直径对提高承载力的效果不明显。

建议：在锚筋截面积不小于钢梁翼缘截面积的条件下，不需要使用过粗直径的钢筋。

5.2.4 小结

本节通过对钢梁与混凝土剪力墙平面外节点的低周往复荷载试验，观察了试件在反复荷载作用下的破坏形态和破坏过程，研究了节点的传力路径、受力状态及工作性能，应用有限元分析软件 ABAQUS 对试件性能的影响因素进行了模拟分析，得出以下结论：

（1）强梁弱墙、弱节点型试件在梁端往复竖向荷载作用下的破坏形态为：钢梁周围的剪力墙混凝土首先受拉出现裂缝，由于未设置沿厚度方向的抗剪钢筋，剪切裂缝不是穿过剪力墙，而是沿梁周边发展，在剪压力共同作用下剪力墙破坏，破坏集中在梁周围。

（2）在平面外弯矩和轴压力作用下，剪力墙受力不均匀并使其纵向钢筋和水平钢筋应变较大，围绕着锚板沿墙高和墙宽的方向有一个有效受力范围；剪力墙高度和宽度方向上，在锚板附近区域的应力高于远离锚板的区域。

（3）梁头锚固节点与 90°弯钩锚固节点的试验结果对比，表明梁头锚固能够提高锚筋的锚固性能，有效提高承载力和变形能力，但延性和耗能能力没有明显差别。

（4）通过有限元模拟分析得知，在满足基本构造要求的前提下，改变锚板厚度、锚筋布置方式能显著改变这三种节点的承载力和抗震性能；较高的轴压比对承载力和延性有不利影响。

（5）在三种节点试验中，反复荷载作用下与钢梁翼缘连接处锚板出现向外鼓屈现象，这种破坏对锚筋的受力性能不利，应采取措施改变构造。

（6）通过双锚板穿筋锚固节点与 90°弯钩锚固节点的对比，表明墙背面锚板能够提高锚筋的锚固性能，有效提高承载力和变形能力。锚板厚度不宜小于钢梁翼缘厚度，锚板厚度的经济范围在 10～20mm；锚筋截面积不小于钢梁翼缘截面积的条件下，不需要使用过粗钢筋的直径。

5.3 钢板混凝土连梁节点新锚固形式的试验研究与分析

5.3.1 钢板混凝土连梁节点新锚固形式的试验研究

为了深入研究内置钢板对提高连梁的承载力及抗震性能的有效性和可行性，观察钢板混凝土连梁在地震作用下的破坏形态，探索连梁与剪力墙节点区的锚固构造要求，对三组不同钢板锚固形式的钢板混凝土连梁节点以及一组普通配筋的试件进行模拟地震作用的低周往复荷载试验，研究并对比分析了开槽钢板节点锚固形式、T 形钢板节点锚固形式以及普通直锚钢板节点锚固形式对钢板混凝土连梁性能的影响。

1. 试验目的

钢板混凝土连梁节点新锚固形式的试验目的主要有以下几个方面：

（1）检验在普通钢筋混凝土连梁中配置钢板能否提高连梁的承载力和抗震性能，以此验证在普通钢筋混凝土中配置钢板的有效性，通过试件的制作也可检验其在实际工程中的可行性；

（2）考察不同锚固形式的钢板混凝土连梁在低周往复荷载作用下的破坏形态（如裂缝发展、变形特点等）以及抗震性能（如延性、耗能能力）；

（3）对比三种不同钢板锚固形式对钢板混凝土连梁的承载力、变形特点和抗震性能的影响，检验钢板节点区开槽和 T 形两种新锚固形式的有效性与可行性；

（4）通过试件的制作检验新锚固形式在实际工程中的可行性。

2. 节点选择

根据水平荷载作用下洞口剪力墙变形特点，本试验选取连梁及其两端墙肢作为试验单元（图 5.3-1 阴影部分），中间部分为连梁，两端为混凝土剪力墙。为了减小尺寸效应，试件几何尺寸尽量与实际工程接近。根据试验需要及试验室的条件，将试件旋转 90°进行试验。

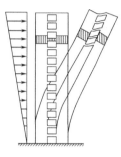

图 5.3-1　试件原型

3. 试验设计与制作

连梁与剪力墙节点是连接连梁与剪力墙之间的传力枢纽，在地震作用下最理想的情况是连梁首先屈服，在连梁上形成塑性铰，进而吸收和耗散地震能量，梁上出现塑性铰后，经过一段时间的裂缝发展后，节点锚固区破坏。但为了研究节点区的破坏形态及传力方式，采用了"强梁弱墙"和"强构件弱节点"的设计原则。

（1）试件的设计

本次试验包括四组连梁节点试件，为了使试验更具代表性，每组包括 3 个完全相同的试件，共 12 个试件。根据钢板锚固形式的不同，对每个试件进行编号，分别为 RCB-1～3、SRCB-1-1～3、SRCB-2-1～3 和 SRCB-3-1～3。RCB 为普通配筋形式连梁试件，SRCB-1、SRCB-2、SRCB-3 为节点区不同锚固形式的钢板连梁试件。试件编号及节点构造形式见表 5.3-1。

试件编号及节点构造形式　　　　　　　　　　　表 5.3-1

试件编号	节点构造
SRCB-1	连梁内置矩形钢板，混凝土剪力墙锚固区锚固长度 500mm
SRCB-2	连梁内置开槽钢板，混凝土剪力墙锚固区锚固长度 500mm
SRCB-3	连梁内置钢板，混凝土剪力墙锚固区为 T 形锚固钢板
RCB	普通配筋混凝土连梁剪力墙节点

试件的设计主要考虑以下几个方面：试验室条件，即结构工程试验室场地条件、电液伺服程控结构试验机（MTS）的加载能力（不超过 1500kN）等；混凝土强度等级（取 C30）和钢材的牌号（Q345B）；连梁的跨高比，本次试验主要研究小跨高比连梁，故跨高比取 1.5；钢板尺寸（厚度均取 12mm）、钢板锚固形式、钢板埋入长度；为了提高钢板与混凝土之间的协同作用，在钢板上配有抗剪栓钉；栓钉布置位置。

考虑以上几方面因素后，以连梁与剪力墙几何尺寸不变、连梁与剪力墙配筋不变、钢板厚度不变、满足构造条件下栓钉数量不变为前提，只改变钢板的锚固形式来考察不同钢板锚固形式对连梁的影响。

本次试验中，试件的几何尺寸均相同。连梁截面宽度与剪力墙厚度均取 200mm，连梁高度为 500mm，连梁的跨度为 750mm。此外，根据试验室场地条件拟定上下剪力墙尺寸分别为 1100mm×600mm×200mm 和 1500mm×700mm×200mm。各试件尺寸与梁截面示意如图 5.3-2 所示。

各试件采用相同的配筋形式，连梁受拉纵筋均采用 2Φ22，配筋率为 0.76%，箍筋选用二肢箍Φ8@100，面积配筋率 0.50%。由于梁高较大，在梁中部设置 4Φ12 腰筋，腰筋配筋率为 0.45%。连梁具体配筋如图 5.3-3（a）所示。

剪力墙布置双层双向钢筋，竖向和水平分布筋分别为Φ10@100 和Φ10@150，并根据构造要求采用 ϕ6@200 的拉结筋并按梅花形布置。剪力墙具体配筋如图 5.3-3（b）所示。

内置钢板厚度均为 12mm，矩形钢板及开槽钢板的锚固长度均为 500mm。

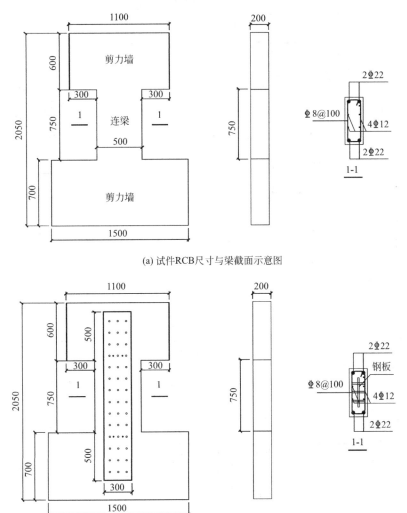

(a) 试件RCB尺寸与梁截面示意图

(b) 试件SRCB-1尺寸与梁截面示意图

图 5.3-2　各试件尺寸与梁截面示意图（单位：mm）（一）

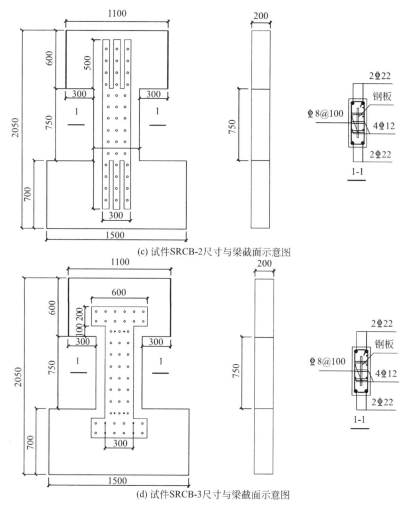

(c) 试件SRCB-2尺寸与梁截面示意图

(d) 试件SRCB-3尺寸与梁截面示意图

图 5.3-2　各试件尺寸与梁截面示意图（单位：mm）（二）

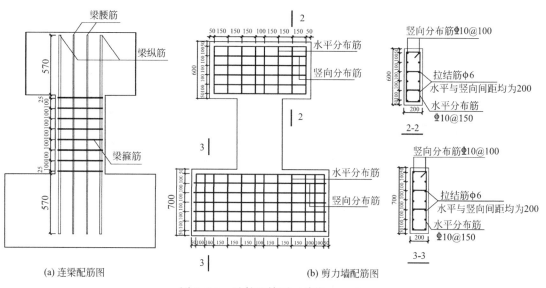

(a) 连梁配筋图

(b) 剪力墙配筋图

图 5.3-3　试件配筋图（单位：mm）

试验采用直径 16mm，长 64mm 的栓钉，所需栓钉最少数量通过计算得到，在构造上均满足《钢骨混凝土结构技术规程》YB 9082—2006 的要求。钢板尺寸及栓钉布置如图 5.3-4 所示。

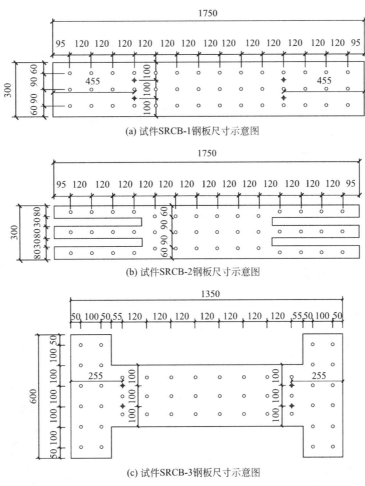

(a) 试件SRCB-1钢板尺寸示意图

(b) 试件SRCB-2钢板尺寸示意图

(c) 试件SRCB-3钢板尺寸示意图

图 5.3-4　钢板尺寸及栓钉布置图（单位：mm）

（2）试件的制作

试验所用的钢筋与钢板材性试验采用标准试件，尺寸根据《金属材料 拉伸试验 第 1 部分：室温试验方法》GB/T 228.1—2010 确定，主要进行单项拉伸试验，测定钢材的屈服强度和极限强度。钢板和钢筋牌号均为 Q345B，钢筋采用⸋8、⸋10、⸋12、⸋22，钢板采用 12mm 规格。钢材材料力学性能试验详见表 5.3-2。

钢材材料力学性能试验			表 5. 3-2
类型	屈服强度 （N/mm²）	极限强度 （N/mm²）	弹性模量 （×10⁵N/mm²）
12mm 钢板	452	531	2.10
⸋8 钢筋	518	642	1.94

类型	屈服强度 （N/mm²）	极限强度 （N/mm²）	弹性模量 （×10⁵N/mm²）
Φ10 钢筋	447	471	2.03
Φ12 钢筋	377	547	2.12
Φ22 钢筋	426	609	1.98

采用 C30 商品混凝土，混凝土材料力学性能见表 5.3-3。

混凝土材料力学性能　　　　　　　　　　　　表 5.3-3

试件编号	立方体抗压强度 $f_{cu,k}$ （N/mm²）	轴心抗压强度 f_{ck} （N/mm²）	轴心抗拉强度 f_{tk} （N/mm²）	弹性模量 E_c （×10⁴N/mm²）
RCB	29.08	22.10	2.17	2.95
SRCB-1	30.03	22.82	2.22	2.98
SRCB-2	30.75	23.37	2.25	3.00
SRCB-3	28.13	21.38	2.13	2.91

试件钢筋与钢板布置如图 5.3-5 所示。

(a) SRCB-1钢板

(b) SRCB-2开槽钢板

(c) SRCB-3 T形钢板

(d) RCB钢筋与钢板布置图

(e) SRCB-1钢筋与钢板布置图

图 5.3-5　试件钢筋与钢板布置图（一）

(f) SRCB-2钢筋与钢板布置图

(g) SRCB-3钢筋与钢板布置图

图 5.3-5　试件钢筋与钢板布置图（二）

4. 试验过程与现象

本试验以剪力墙连梁节点为模型，研究不同锚固形式钢板连梁在受剪作用下的抗震性能。根据相关研究发现，对于小跨高比连梁，位移边界条件对连梁影响显著。故本试验尽可能地模拟连梁在墙肢中的实际受力状态。试验加载装置示意图如图 5.3-6（a）所示，受力简图如图 5.3-6（b）所示，试件上实际作用的弯矩和剪力图如图 5.3-6（c）所示。试验现场加载装置图如 5.3-7 所示。

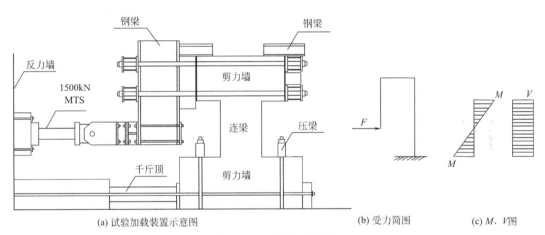

(a) 试验加载装置示意图　　　　　　　　　(b) 受力简图　　　(c) M、V图

图 5.3-6　试件加载简图

本试验加载分荷载控制阶段和位移控制阶段。位移计布置如图 5.3-8 所示。D1 采用量程为 200mm 的位移计，D2、D4～D6 采用量程为 50mm 的位移计，D3 采用量程为 15mm 的位移计。钢板上的应变片及应变花根据不同钢板类型有不同的测点布置，但在关键部位均采用应变花测量该测点处三个方向的应变。混凝土表面应变片布置如图 5.3-9 所示。试件钢板与钢筋应变测点布置如图 5.3-10 所示。

图 5.3-7　试验现场加载装置图

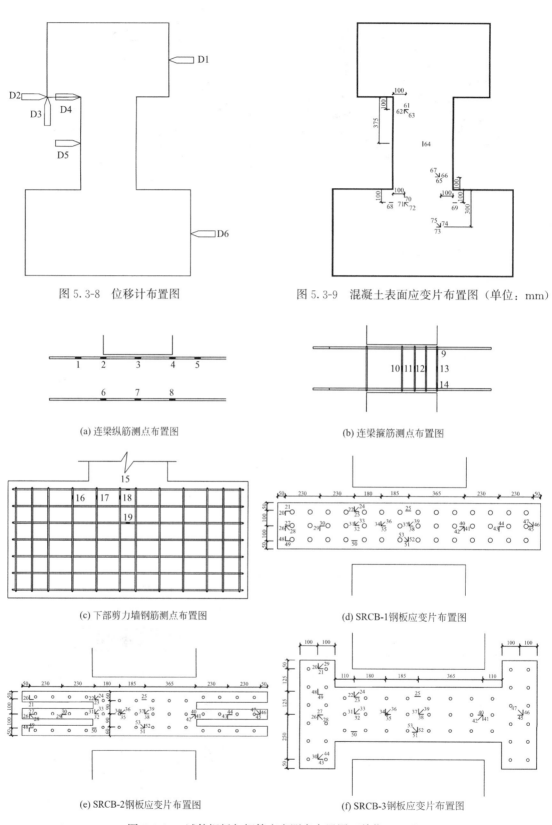

图 5.3-8　位移计布置图

图 5.3-9　混凝土表面应变片布置图（单位：mm）

(a) 连梁纵筋测点布置图

(b) 连梁箍筋测点布置图

(c) 下部剪力墙钢筋测点布置图

(d) SRCB-1钢板应变片布置图

(e) SRCB-2钢板应变片布置图

(f) SRCB-3钢板应变片布置图

图 5.3-10　试件钢板与钢筋应变测点布置图（单位：mm）

（1）试件 RCB 的破坏过程

由于 RCB 组 3 个试件的试验现象大致相同，用试验效果相对理想的 RCB-2 进行主要叙述。

荷载控制阶段，RCB 组试件均以 30kN 的步长进行循环加载，前 3 次循环无裂缝出现。当正向加载至 120kN 和反向加载至 120kN 时，在连梁与下墙交界面分别出现第一条剪切裂缝，并略向下墙锚固区内延伸，且裂缝宽度较小。当正向加载至 150kN 时，在连梁与上墙交界面处出现细微弯曲裂缝；反向加载至 150kN 时，连梁下部出现第一道剪切斜裂缝，裂缝宽度较小，下墙锚固区裂缝继续延伸扩展。当正向加载至 180kN 时，连梁下部出现一条反向细微斜裂缝，与原有斜裂缝交叉，连梁与上墙交接处裂缝继续延伸开展。当反向加载至 180kN 时，连梁与上墙交接处出现新的反向细微斜裂缝，荷载-位移曲线出现拐点，此时认为试件已屈服，采用位移控制加载，位移增量 $\Delta = 4\text{mm}$。

当正向加载至 1Δ 时，试件上无明显裂缝出现；当反向加载至 1Δ 时，连梁上出现一道极其明显且贯通连梁的剪切斜裂缝，但裂缝宽度较小。当正向加载至 2Δ 时，连梁上出现反向贯通剪切斜裂缝，与原斜裂缝交叉贯通；当反向加载至 2Δ 时，连梁上出现新的剪切斜裂缝，连梁上裂缝宽度已达 1mm，下墙锚固区斜裂缝继续延伸扩展，此时与斜裂缝相交的箍筋屈服，箍筋应变达到 $2488\mu\varepsilon$；当正向加载至 3Δ 时，连梁上迅速出现较多剪切斜裂缝，连梁下部斜裂缝向下墙锚固区发展，下墙锚固区斜裂缝已出现较多且交叉贯通；当反向加载至 3Δ 时，连梁上裂缝迅速增多，裂缝宽度已达 2mm，下墙锚固区斜裂缝继续开展至墙肢内。当正向发展到 4Δ 时，连梁上混凝土略微鼓起，裂缝已开展明显，上墙锚固区裂缝继续延伸开展，试件正向加载的峰值荷载为 352kN，此时试件上墙中点位移为 15.12mm；当反向加载至 4Δ 时，连梁上剪切斜裂缝急剧增多并交叉贯通，裂缝宽度已达 3mm，可听到混凝土细碎脱落的声音，试件峰值荷载为 368kN，对应的顶点位移为 15.85mm。当正向加载至 5Δ 时，连梁上斜裂缝宽度急剧增大到 20mm，试件承载力急剧下降为 173kN（相当于峰值荷载的 49%）；当反向加载至 5Δ 时，连梁上在跨中的区域交叉汇合，试件承载力急剧下降为 209kN（相当于峰值荷载的 57%），顶部位移已达 16mm，试验停止，试件 RCB-2 的裂缝分布如图 5.3-11 所示。各控制点出现的顺序如下：弯曲开裂→剪切开裂→试件屈服→梁箍筋屈服→峰值荷载→试验结束，根据裂缝情况可知连梁属于剪切破坏，节点区受到剪切作用，但破坏不严重。

(a) 屈服荷载时裂缝分布　　　(b) 峰值荷载时裂缝分布　　　(c) 试件破坏时裂缝分布

图 5.3-11　试件 RCB-2 的裂缝分布图

（2）试件 SRCB-1 的破坏过程

由于 SRCB-1 组 3 个试件试验现象大致相同，用试验效果相对好的 SRCB-1-2 进行主要叙述。

荷载控制阶段，SRCB-1 组试件均以 50kN 的步长进行循环加载。当正向加载至 50kN 时，在连梁与下墙交界面出现第一条长度较小的细微剪切斜裂缝，略向下墙锚固区内延伸。反向 50kN 和正向 100kN 荷载时无明显裂缝出现。当反向加载至 100kN 时，连梁与下墙交界面出现反向的长度较小的细微斜裂缝。随着荷载的增大，当正向加载至 150kN 时，连梁与下墙交界面的斜裂缝向下墙锚固区发展。当正向加载至 200kN 时，连梁与下墙交界面的斜裂缝继续向下墙锚固区延伸，裂缝宽度达到 1mm，此时荷载-位移曲线出现拐点，钢板跨中部位已达到屈服，最大应变达到 $4352\mu\varepsilon$，此时认为试件已屈服，采用位移控制加载，位移增量 $\Delta=4\text{mm}$。

当正向加载至 1Δ 和反向加载至 1Δ 时，试件上无明显裂缝出现。当正向加载至 2Δ 时，连梁上出现一道极其明显且贯通连梁的剪切斜裂缝，但裂缝宽度较小，连梁与下墙交接处裂缝宽度已达 2mm，此时梁纵筋屈服，最大拉应变达到 $2673\mu\varepsilon$；当反向加载至 2Δ 时，连梁上出现反向贯通剪切斜裂缝，与原斜裂缝交叉贯通。当正向加载至 3Δ 时，连梁上剪切斜裂缝逐渐增多，锚固区斜裂缝继续延伸并增多，在连梁根部已横向贯通，此时梁箍筋达到屈服，最大拉应变达到 $2766\mu\varepsilon$；当反向加载至 3Δ 时，连梁上反向斜裂逐渐增多，但裂缝宽度均较小，下墙锚固区裂缝发展明显。当正向加载到 4Δ 时，连梁上细微斜裂缝继续增多，上墙裂缝向锚固区发展，下墙锚固区出现一道竖向裂缝，连梁与下墙交接处裂缝已达 3mm。随着位移的加大，连梁上出现密集的斜裂缝，但裂缝宽度均不大，下墙锚固区裂缝继续延伸开展，竖向裂缝逐渐增多。当正向加载到 5Δ 时，试件正向加载的峰值荷载为 496kN，此时试件上墙中点位移为 23.48mm；当反向加载至 5Δ 时，试件峰值荷载为 541kN，对应的顶点位移为 24.51mm。随着位移的继续加大，连梁上细微斜裂缝已很密集，并交叉贯通，下墙锚固区混凝土大量鼓起，当正向加载到 6Δ 时梁箍筋达到屈服，最大拉应变为 $2710\mu\varepsilon$。当正向加载至 9Δ 时，试件承载力急剧下降为 242kN（相当于峰值荷载的 48%），顶部位移已达 36.81mm，下墙锚固区混凝土大块脱落，连梁上斜裂缝宽度已达 2mm；当反向加载至 9Δ 时，连梁上在跨中的区域裂缝交叉汇合，梁根部及下墙锚固区混凝土大量脱落已露出内部钢筋，试件承载力急剧下降到 343kN（相当于峰值荷载的 63%），顶部位移已达 34.68mm，试验停止，试件 SRCB-1-2 的裂缝分布如图 5.3-12 所示。各控制点出现的顺序如下：弯曲开裂→剪切开裂→钢板跨中屈服（试件屈服）→梁纵筋屈服→梁箍筋屈服→峰值荷载→试验结束，根据裂缝情况可知连梁剪切破坏不严重，锚固区钢板受剪滑移破坏严重。

（3）试件 SRCB-2 的破坏过程

由于 SRCB-2 组 3 个试件试验现象大致相同，用试验效果相对好的 SRCB-2-1 进行主要叙述。

荷载控制阶段，SRCB-2 组试件均以 50kN 的步长进行循环加载。当正向加载至 100kN 时，在连梁与下墙交界面出现第一条长度较小的细微剪切斜裂缝，略向下墙锚固区内延伸；当反向加载至 100kN 时，连梁与下墙交界面出现反向长度较小的细微斜裂缝。在 150kN 级循环时，连梁与下墙交界斜裂缝继续向锚固区延伸扩展。当正向加载至

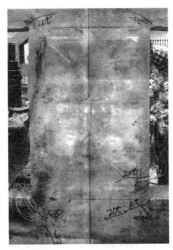

| (a) 屈服荷载时裂缝分布 | (b) 峰值荷载时裂缝分布 | (c) 试件破坏时裂缝分布 |

图 5.3-12　试件 SRCB-1-2 的裂缝分布图

200kN 时，连梁与下墙交界裂缝开始向水平锚固区发展；当反向加载至 200kN 时，下墙锚固区出现第一条剪切斜裂缝。当正向加载至 225kN 时，连梁与下墙交界处斜裂缝宽度已达 1mm，此时荷载-位移曲线出现拐点，对应上墙中点记录的位移为 7.26mm；当反向加载至 244kN 时，连梁与下墙交界斜裂缝继续向锚固区发展，连梁背面出现第一条明显的剪切斜裂缝，此时荷载位移曲线出现拐点，梁箍筋达到屈服，对应上墙中点记录的位移为 4.92mm，认为试件已屈服，采用位移控制加载，位移增量 $\Delta=5$mm。

当正向加载至 1Δ 和反向加载至 1Δ 时，试件上无明显裂缝出现。当反向加载至 2Δ 时，连梁上逐渐出现明显的剪切斜裂缝，但裂缝宽度较小，下墙锚固区细微斜裂缝逐渐增多，且下墙锚固区边缘沿着钢板长度方向出现竖向裂缝，下墙肢出现剪切斜裂缝，钢板跨中达到屈服应变。当正向加载至 3Δ 和反向 3Δ 时，连梁上剪切斜裂缝急剧增多，并与原有斜裂缝交叉贯通，下墙锚固区剪切斜裂缝和沿着内部钢板长度方向的竖向裂缝均继续向下墙内部延伸扩展。当正向加载至 4Δ 时，连梁背面剪切斜裂缝宽度已达 2mm；反向加载至 4Δ 时，连梁与下墙交界处斜裂缝宽度已达 3mm，连梁上斜裂缝继续开展，此时试件加载的峰值荷载为 453kN，对应的顶点位移读数为 20.31mm。当正向加载至 5Δ 时，连梁上斜裂缝继续增多，下墙混凝土局部鼓起，此时试件正向加载的峰值荷载为 412kN，此时试件上墙中点位移为 23.7mm。随着位移的继续加大，下墙锚固区混凝土大量鼓起，连梁与下墙交界处裂缝宽度已达 6mm；当反向加载至 5Δ 时，梁纵筋达到屈服。当反向加载至 7Δ 时，试件承载力急剧下降为 315kN（相当于峰值荷载的 69%），顶部位移已达 34.68mm，连梁与下墙交界处混凝土小面积局部脱落，试验停止，试件 SRCB-2-1 的裂缝分布如图 5.3-13 所示。各控制点出现的顺序如下：剪切开裂→梁箍筋屈服（试件屈服）→钢板跨中屈服→梁纵筋屈服（峰值荷载）→试验结束，根据裂缝情况可知连梁剪切破坏不严重，锚固区钢板由受剪破坏转为滑移破坏。

（4）试件 SRCB-3 的破坏过程

由于 SRCB-3 组 3 个试件试验现象大致相同，用试验效果相对好的 SRCB-3-2 进行主

| (a) 屈服荷载时裂缝分布 | (b) 峰值荷载时裂缝分布 | (c) 试件破坏时裂缝分布 |

图 5.3-13　试件 SRCB-2-1 的裂缝分布图

要叙述。

荷载控制阶段，SRCB-3 组试件均以 50kN 的步长进行循环加载。当正向加载至 100kN 时，在连梁与下墙交界面出现第一条长度较小的细微剪切斜裂缝，略向下墙锚固区内延伸；当反向加载至 100kN 时，连梁与下墙交界面出现反向长度较小的细微斜裂缝，连梁与上墙交界处出现第一条长度较短的剪切斜裂缝。随着荷载的加大，连梁与下墙交界处斜裂缝逐渐往锚固区延伸，并出现沿着钢板 T 形翼缘的水平裂缝。当正向加载至 250kN 时，连梁上部出现第一条剪切斜裂缝，但裂缝宽度较小，下墙斜裂缝宽度已达 2mm，此时荷载-位移曲线出现拐点，对应上墙中点记录的位移为 5.61mm；当反向加载至 250kN 时，荷载-位移曲线也出现拐点，对应上墙中点记录的位移为 5.08mm，认为试件已屈服，采用位移控制加载，位移增量 $\Delta=5mm$。

当正向加载至 1Δ 和反向加载至 1Δ 时，试件上无明显裂缝出现。当正向加载及反向加载至 2Δ 时，连梁上迅速出现较多细微斜裂缝且与原有斜裂缝交叉贯通整个连梁，下墙锚固区出现斜向剪切裂缝，下墙墙肢出现的斜向裂缝沿着 T 形钢板翼缘板斜向发展，此时锚固区钢板部分达到屈服。当正向加载至 3Δ 时，连梁上的斜裂缝逐渐增多并交叉贯通，但裂缝宽度均不大，上墙锚固区斜向裂缝发展明显，下墙锚固区裂缝均沿着 T 形翼缘斜向发展，可见 T 形钢板可有效抑制连梁与下墙交界处裂缝宽度的发展，梁纵筋应变已达到屈服，此时试件峰值荷载为 452kN，对应的顶点位移为 14.23mm；当反向加载至 3Δ 时，连梁上的斜裂缝已交叉贯通，可听见明显的混凝土劈裂声音。随着位移的不断加大，连梁上形成了明显十字交叉型剪切斜裂缝，裂缝宽度已达 4mm，下墙锚固区沿 T 形钢板翼缘混凝土大量鼓起。当反向加载至 10Δ 时，连梁上斜裂缝宽度已达 10mm，下墙肢混凝土大量脱落，露出内部钢筋，此时承载力已下降到 309kN（相当于峰值荷载的 73%），顶部位移已达 $-50.29mm$，试验停止，试件 SRCB-3-2 的裂缝分布如图 5.3-14 所示。各控制点出现的顺序如下：弯曲开裂→剪切开裂→试件屈服→钢板屈服→梁纵筋屈服（峰值荷载）→试验结束，根据裂缝情况可知连梁属于剪切破坏，锚固区内部钢板有效抑制梁根部裂缝发展。

| (a) 屈服荷载时裂缝分布 | (b) 峰值荷载时裂缝分布 | (c) 试件破坏时裂缝分布 |

图 5.3-14　试件 SRCB-3-2 的裂缝分布图

5.3.2　试验结果分析

主要分析四组试件的承载能力、变形特点、延性和耗能能力等性能，并对比分析三种钢板锚固形式对连梁承载力、变形及耗能方面的影响，分析节点锚固区以及连梁内部各应变状态，并提出相应的设计建议。

1. 试件承载力分析

（1）承载力

根据"通用屈服弯矩法"测定试件的屈服点，各试件屈服、极限和破坏状态时的荷载和位移详见表 5.3-4。

各试件屈服、极限和破坏状态时的荷载和位移　　　　　　　　表 5.3-4

试件编号	屈服状态		极限状态		破坏状态	
	荷载(kN)	位移(mm)	荷载(kN)	位移(mm)	荷载(kN)	位移(mm)
RCB-1	162	3.26	308	11.80	262	18.92
RCB-2	148	3.37	352	15.12	299	16.68
RCB-3	150	4.02	370	20.21	314	26.68
RCB 均值	153	3.55	343	15.71	291	20.76
SRCB-1-1	219	4.38	492	23.88	418	29.14
SRCB-1-2	212	4.29	496	23.48	422	33.18
SRCB-1-3	234	4.92	489	18.57	414	38.91
SRCB-1 均值	222	4.53	492	21.98	418	33.74
SRCB-2-1	240	4.82	453	20.31	385	32.73
SRCB-2-2	225	4.54	410	14.67	349	33.43
SRCB-2-3	236	4.98	472	19.84	401	30.52
SRCB-2 均值	234	4.78	445	18.27	348	32.23

试件编号	屈服状态		极限状态		破坏状态	
	荷载(kN)	位移(mm)	荷载(kN)	位移(mm)	荷载(kN)	位移(mm)
SRCB-3-1	227	4.09	477	17.54	405	25.42
SRCB-3-2	199	4.88	419	29.86	376	50.66
SRCB-3-3	236	4.98	479	24.04	407	30.52
SRCB-3 均值	221	4.65	458	23.81	396	35.53

由表 5.3-4 可看出，SRCB-1 组试件承载力最大，分别是 RCB、SRCB-2、SRCB-3 的 1.4、1.1、1.07 倍，可见在连梁中配置钢板可有效提高节点的承载力；而 SRCB-2 和 SRCB-3 组试件均与 SRCB-1 组试件承载力相差无几，说明开槽锚固方式及 T 形锚固方式均可有效提高连梁的承载力。

（2）强度衰减

各组试件的强度衰减如图 5.3-15 所示，其中，μ 为位移延性系数。

从图 5.3-15 中可看出，四组试件在位移加载初期承载力降低程度很小且降低幅度基本相同，随着位移的增大，承载力降低越来越明显。每组试件正向加载和反向加载中的承

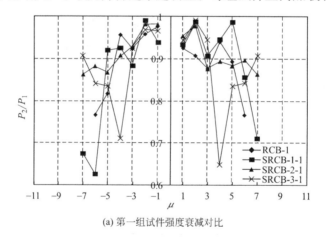

(a) 第一组试件强度衰减对比

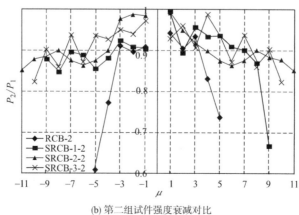

(b) 第二组试件强度衰减对比

图 5.3-15　试件的强度衰减（一）

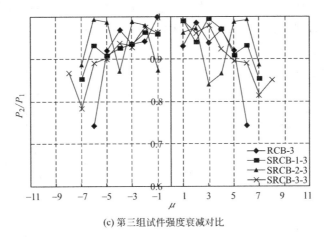

(c) 第三组试件强度衰减对比

图 5.3-15　试件的强度衰减（二）

载力降低程度基本对称，但不同试件在位移控制后期承载力下降不同，这是由于钢板的受力情况、混凝土裂缝分布不同等原因导致。RCB 组试件强度衰减速度在加载后期均比配板试件快，可见钢板可有效阻止强度的衰减；SRCB-2 组试件加载前期和加载后期强度衰减幅度均较小，可见开槽锚固方式具有很好维持承载力稳定的能力；SRCB-3 组试件强度衰减程度与 SRCB-1 组试件相似，在位移加载前期承载力较稳定，加载后期出现大幅度下降。由图可发现，SRCB-2 组试件和 SRCB-3 组试件随着位移的增加，试件承载力降低的幅度反而有所减小，说明试件屈服后钢板起到了稳定承载力的作用。

2. 变形特点分析

（1）滞回曲线

试验记录的各试件的滞回曲线如图 5.3-16 所示。考虑到下部剪力墙变形及滑移影响，滞回曲线位移取 1 号位移计记录的位移值与 6 号位移计记录的位移值之差。

在荷载控制阶段，连梁及剪力墙表面上裂缝较少，滞回曲线基本呈直线型，卸载后的残余变形较小，认为试件处于弹性状态。在试件屈服后，进入位移控制加载阶段，位移增大的速度稍大于荷载增长的速度，滞回曲线发生弯曲，滞回环的面积略有增大，试件的刚度有所降低但不是很明显。试件 SRCB-1、SRCB-2 和 SRCB-3 的滞回曲线在加载后期达到极限荷载之后，出现了一定程度的捏拢现象。因为连梁与剪力墙表面裂缝的开闭以及钢筋滑移，试件的抗剪承载力主要由钢板来提供，所以出现了一定程度的捏拢现象。试件 RCB、SRCB-1、SRCB-2 和 SRCB-3 的滞回曲线均呈弓形，反映出构件的塑性变形能力比较强，节点低周反复荷载试验研究性能较好，能较好地吸收地震能量。

通过对比可以发现，试件 SRCB-1、SRCB-2 和 SRCB-3 的滞回曲线比试件 RCB 更饱满，承载力高，耗能能力和变形性能较好。可见钢板可有效地提高连梁的耗能能力及抗剪承载力。而 SRCB-2 和 SRCB-3 组试件滞回曲线比 SRCB-1 组试件滞回曲线要饱满，捏拢现象明显得到改善，在达到极限荷载后承载力没有明显下降，表现出良好的延性和耗能能力。故开槽锚固形式及 T 形锚固形式均可有效保证内置钢板连梁的耗能能力及承载力。

（2）骨架曲线

试验所得各试件的骨架曲线如图 5.3-17 所示。由图可以看出，各试件的骨架曲线大体包括四个阶段：弹性阶段、屈服阶段、强化阶段和破坏阶段。可明显看出配置钢板的试件骨架曲线均高于普通配筋混凝土试件，且配置钢板的试件屈服、强化及破坏阶段均较长，

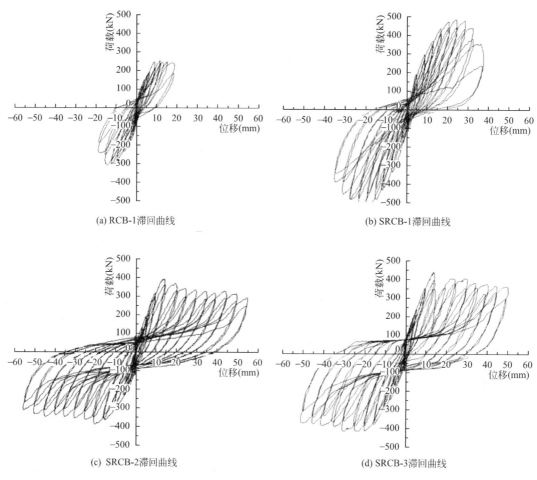

(a) RCB-1滞回曲线

(b) SRCB-1滞回曲线

(c) SRCB-2滞回曲线

(d) SRCB-3滞回曲线

图 5.3.16　各试件的滞回曲线

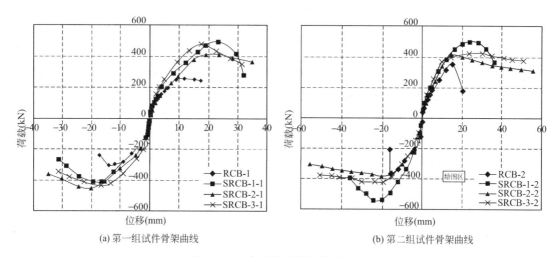

(a) 第一组试件骨架曲线

(b) 第二组试件骨架曲线

图 5.3-17　各试件的骨架曲线（一）

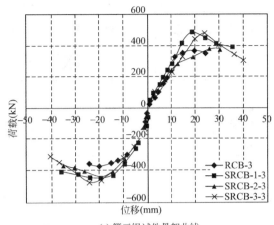

(c) 第三组试件骨架曲线

图 5.3-17　各试件的骨架曲线（二）

可见配板连梁的变形能力较好。RCB 组试件的平均屈服位移 3.5mm，而其他配板试件的屈服位移约是其 1.3 倍，可见钢板可有效延缓试件发生屈服。通过骨架曲线可以明显地看出配置钢板试件的极限承载力均高于 RCB 组试件极限承载力，SRCB-1 组试件、SRCB-2 组试件和 SRCB-3 组试件的极限承载力分别是 RCB 组试件承载力的 1.43 倍、1.29 倍和 1.33 倍，可见钢板可有效提高连梁的抗剪承载力。在试件达到极限荷载后，RCB 迅速发生脆性破坏，延性最差，而其他配置钢板的三种试件均表现出良好的延性与耗能能力。在弹性、屈服阶段，SRCB-2、SRCB-3 组试件的骨架曲线与 SRCB-1 组试件的骨架曲线类似，但在强化阶段可以看出，SRCB-2 组试件由于钢板开槽，削弱了连梁的承载能力，故峰值荷载均小于直接锚固的 SRCB-1 组试件，但削弱程度并不多，仅有 9.5%。在破坏阶段，SRCB-2 组试件表现出了良好的延性与变形能力，这是由于钢板开槽，可有效抑制锚固区裂缝开展。SRCB-3 组试件在强化阶段可有效保证连梁的承载能力，并在破坏阶段，由于翼缘的作用可有效抑制连梁裂缝向锚固区发展，并抑制了锚固区裂缝向剪力墙下部发展，表现出良好的延性与变形能力。

（3）刚度退化

通过计算得到的各组试件在不同加载周期下刚度变化如图 5.3-18 所示，其中 K_i 为刚度退化系数，μ 为位移延性系数。

从图中可以看出，各试件的初始刚度存在不同，SRCB-1 组试件初始刚度均高于 RCB 组试件的初始刚度，可见配置钢板可有效提高节点的初始刚度。随着水平位移的增大，试件割线刚度下降，下降速度各有不同。通过对比发现 RCB 组试件下降速度均大于配置钢板的其他三组试件，说明配置的钢板可有效缓解节点的刚度退化。SRCB-2 组试件刚度退化速度与 SRCB-1 组刚度退化速度较相似，说明开槽锚固方式并未对连梁刚度造成较大影响，且在加载后期刚度退化速度减慢，原因是锚固区由于钢板开槽可有效抑制锚固区裂缝的发展，刚度退化减弱。SRCB-3 组试件刚度退化速度要略低于 SRCB-1 组试件，说明 T 形锚固钢板可缓解节点区的刚度退化，但延缓效果并不显著。

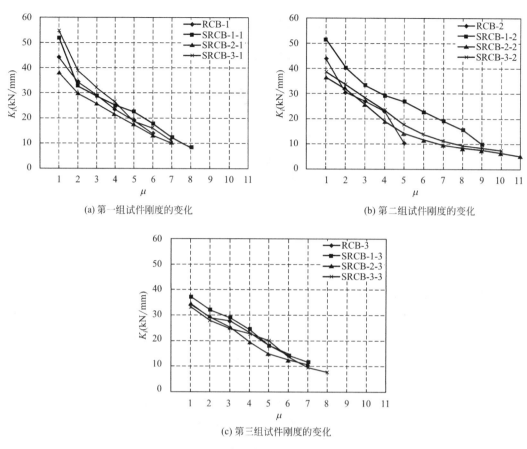

(a) 第一组试件刚度的变化

(b) 第二组试件刚度的变化

(c) 第三组试件刚度的变化

图 5.3-18　各试件的刚度退化示意图

3. 试件延性分析

各试件的位移延性系数详见表 5.3-5。

各试件的位移延性系数　　　　　　　　　　　　表 5.3-5

试件编号	屈服位移(mm)	破坏位移(mm)	延性系数	延性系数均值
RCB-1	3.26	18.92	5.8	
RCB-2	3.37	16.68	4.9	5.8
RCB-3	4.02	26.68	6.6	
SRCB-1-1	5.38	29.14	5.4	
SRCB-1-2	4.29	33.18	7.7	7
SRCB-1-3	4.92	38.91	7.9	
SRCB-2-1	4.82	32.73	6.8	
SRCB-2-2	4.54	33.43	7.4	6.8
SRCB-2-3	4.98	30.52	6.1	

试件编号	屈服位移(mm)	破坏位移(mm)	延性系数	延性系数均值
SRCB-3-1	4.08	25.42	6.2	
SRCB-3-2	4.88	50.66	10.38	7.6
SRCB-3-3	4.98	30.52	6.1	

对于混凝土结构框架梁来说，一般要求延性系数不小于 3，本次试验各试件的延性系数均大于 3，满足抗震时的延性要求。通过对比几个试件可以发现：SRCB-3 组试件的延性系数最大，是 RCB 组试件的延性系数的 1.3 倍，可见在连梁中配置钢板能够显著地提高节点的延性；SRCB-2 组试件的延性系数与 SRCB-1 组试件基本相同，试件在屈服后塑性变形能力较好，可见开槽钢板锚固形式可有效保证配板连梁的延性；SRCB-3 组试件的延性系数最大，在试件达到屈服后，T 形翼缘可有效抑制锚固区及连梁根部裂缝发生剪切斜裂缝，可充分发挥钢板的塑性变形能力，说明 T 形锚固形式在延性方面有很大优势。

4. 试件耗能能力分析

各试件屈服后每加载等级的能量消耗如图 5.3-19 所示。各试件的平均耗能系数详见表 5.3-6。由表 5.3-6 可以看出，随着加载级数的增加，各试件的耗散能量明显增加；在加载后期，由于构件有所破坏，试件耗散的能量有所降低。通过三组试件对比发现：普通配筋的 RCB 组 3 个试件其每次循环所耗散的能量均低于其他三组试件，说明了配板连梁对于提升试件总体耗能能力的重要性；直接锚固钢板的 SRCB-1 组 3 个试件在加载前期，耗散的能量随着加载级数的增长明显，在加载后期，耗散的能量趋于平缓，耗能能力突变比较小，说明直接锚固钢板可有效保证连梁的耗能性能，充分发挥钢板的塑性变形能力；开槽锚固形式的 SRCB-2 组 3 个试件耗散的能量与 SRCB-1 组试件类似，但在加载后期 SRCB-2 组试件耗散的能量突变较大，说明由于开槽锚固形式对钢板的削弱，影响了连梁加载后期的耗能能力；T 形钢板锚固的 SRCB-3 组 3 个试件每级耗散的能量与 SRCB-1 组试件类似，不同之处在于在加载后期，每级耗散的能量下降明显，说明 T 形钢板锚固形式加载后期会削弱连梁的耗能能力。通过表 5.3-6 可以看出，配板试件的耗能能力均优于普通配筋连梁的耗能能力；直接锚固形式的耗能能力优于开槽钢板及 T 形钢板锚固形式试件。

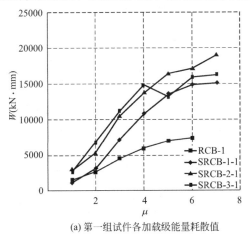

(a) 第一组试件各加载级能量耗散值

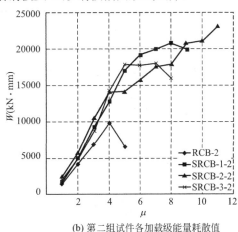

(b) 第二组试件各加载级能量耗散值

图 5.3-19　耗散能量随延性比改变示意图（一）

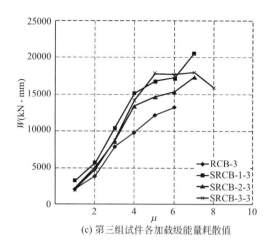

(c) 第三组试件各加载级能量耗散值

图 5.3-19　耗散能量随延性比改变示意图（二）

各试件的平均耗能系数　　　　　　　　　表 5.3-6

试件	μ_e	试件	μ_e	试件	μ_e	试件	μ_e
RCB-1	11.11	SRCB-1-1	28.46	SRCB-2-1	30.88	SRCB-3-1	21.68
RCB-2	12.41	SRCB-1-2	35.10	SRCB-2-2	30.52	SRCB-3-2	29.21
RCB-3	16.58	SRCB-1-3	37.73	SRCB-2-3	25.28	SRCB-3-3	23.06
均值	13.37	均值	33.76	均值	28.89	均值	24.65

5. 关键点应变分布情况

（1）梁纵筋

图 5.3-20 给出实测的四组试件中梁纵筋应变在不同加载阶段时沿梁跨度方向的分布情况。水平轴为应变片的位置，每个连梁净跨为 750mm，沿梁跨方向布置 5 个应变片，分别布置在梁跨中、梁端、锚固区内，试件加载端为正向，另一端为负向；竖轴为实测应变值，单位为微应变 $\mu\varepsilon$（$1\mu\varepsilon=1\times10^{-6}$），钢筋屈服前由于荷载较小，钢筋的应变值较小，图中给出的钢筋应变正向和反向加载时的状态，分别为开裂时、屈服时（$u=1$）、2 倍屈服位移时（$u=2$）和峰值荷载时的应变分布情况，实线为正向加载时状态，虚线为反向加载时状态。

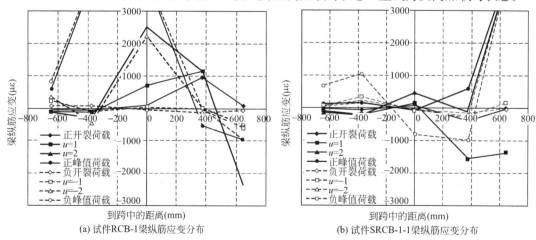

(a) 试件RCB-1梁纵筋应变分布　　　　(b) 试件SRCB-1-1梁纵筋应变分布

图 5.3-20　梁跨方向纵筋的应变分布（一）

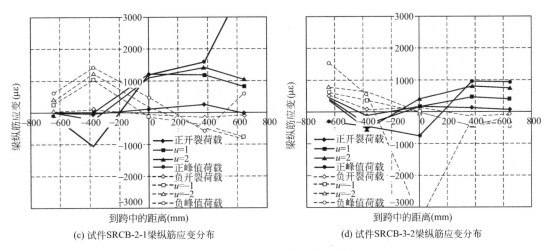

(c) 试件SRCB-2-1梁纵筋应变分布   (d) 试件SRCB-3-2梁纵筋应变分布

图 5.3-20　梁跨方向纵筋的应变分布（二）

由图 5.3-20 可以看出，在荷载较小时连梁纵筋应变图基本是反对称的，一端受拉，另一端受压，跨中部位附近应变为零；当混凝土开裂后，梁截面中和轴移动沿着梁跨方向向受压区移动，纵筋中的应变逐渐由受拉转为受压，离跨中越远压应变越大。

普通配筋连梁、钢板开槽锚固形式连梁、钢板 T 形锚固形式连梁试件中的纵筋在峰值荷载前均未达到屈服，而钢板直接锚固形式连梁试件中的纵筋在锚固区内部分在试件达到屈服后纵筋应变超过最大微应变 $2150\mu\varepsilon$（直径为 22mm 钢筋的屈服应变），证明已屈服。

随着加载循环的增加，测得的纵筋应力规律变得混乱，其主要是钢筋屈服后有很大残余变形，应变片在大的变形下会失效，测得数值不可靠，但总体规律应该与低应力时相差不大。

（2）钢板

由于钢板受力状态复杂，考虑用主应变来考察钢板的应变分布情况。图 5.3-21 给出了实测的三组带钢板试件中正向加载各阶段的钢板沿梁跨度方向的主应变分布情况。

由图 5.3-21 可以看出，当荷载较小时，钢板应变分布较均匀，连梁与剪力墙交界处钢板的应变较大。当荷载逐渐增大到峰值荷载时，各试件锚固区部分钢板应变均远大于跨中及梁端部位应变。直接锚固型钢板在锚固区达到屈服，应变超过最大微应变 $2150\mu\varepsilon$（厚度为 12mm 钢板的屈服应变），开槽钢板屈服位置从锚固区增大到梁跨中，T 形钢板在锚固区部分达到屈服。

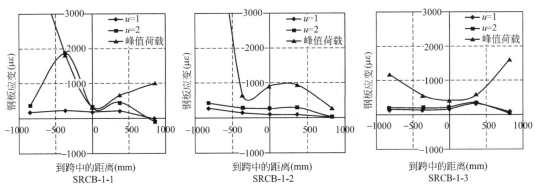

图 5.3-21　梁跨方向钢板的应变分布（一）

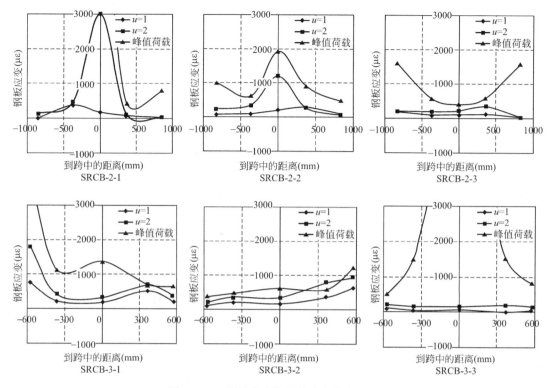

图 5.3-21　梁跨方向钢板的应变分布（二）

为了研究锚固区其他位置钢板的应变分布，选取 SRCB-1 和 SRCB-2 中 48 号、49 号应变片以及 26-27-28 号应变花的主应变进行分析，图 5.3-22 给出了正向加载时各阶段锚固区钢板的应变分布情况，横坐标分别代表开裂荷载时、屈服时、2 倍屈服位移时和峰值荷载时。

由图 5.3-22（a）、（b）可以看出，直接锚固钢板和开槽钢板在锚固区边缘的钢板未达到屈服，对比图 5.3-22（c）可知，SRCB-1 锚固区中部钢板已经屈服，而 SRCB-2 在锚固区钢板中部的受力要比钢板边缘的大，故应加强其钢板中部的锚固。总体上看，SRCB-1 锚固区应变各阶段应变均大于 SRCB-2 的相应应变。

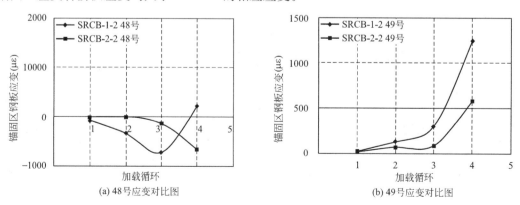

图 5.3-22　SRCB-1 与 SRCB-2 组锚固区钢板应变分布图（一）

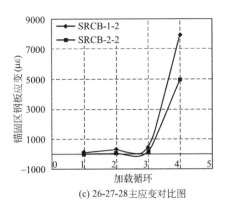

(c) 26-27-28主应变对比图

图 5.3-22　SRCB-1 与 SRCB-2 组锚固区钢板应变分布图（二）

　　为了研究 T 形钢板锚固区应变选取 30-43-44 号及 26-27-28 号应变花做分析，其在各阶段主应变分布如图 5.3-23 所示。横坐标分别代表开裂荷载时、屈服时、2 倍屈服位移时和峰值荷载时。由图可知 T 形钢板翼缘部分中部比边缘主应变大，钢板翼缘中部已超过屈服应变 $2150\mu\varepsilon$。而钢板翼缘边缘应变较小，当试件达到峰值荷载时，仍未达到屈服。

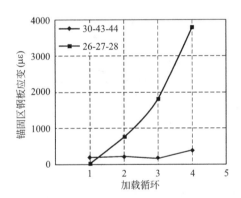

图 5.3-23　SRCB-3 锚固区钢板应变分布图

　　（3）梁箍筋

　　为了研究梁箍筋应变分布选取 10、11、12、13 号应变做分析，各试件的梁箍筋应变分布如图 5.3-24 所示，分别分析了试件屈服时（$u=1$）、2 倍屈服位移时（$u=2$）和峰值荷载时三个阶段的梁箍筋应变分布情况。当试件屈服时，梁箍筋的应变均较小，当 2 倍屈服位移时，连梁斜裂缝逐渐增多，与斜裂缝相交的箍筋应变片迅速增大，其他箍筋应变仍较小，因而沿整个梁跨内，箍筋应变分布不均匀。在加载后期，斜裂缝大的部分箍筋达到屈服，大部分箍筋受拉屈服，而有部分箍筋有受压屈服现象。

　　（4）剪力墙纵筋

　　为了研究锚固区墙纵筋的应变分布，选取 15 和 19 号应变做分析。图 5.3-25 给出了 15 号和 19 号应变各阶段的应变分布情况，横坐标分别表示开裂荷载时、屈服荷载时、2 倍屈服位移时和峰值荷载时 4 个加载阶段。

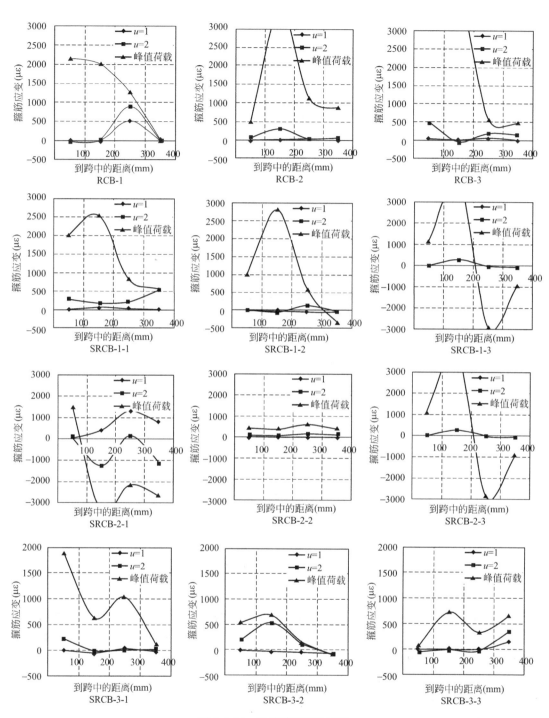

图 5.3-24　梁箍筋应变分布图

通过对比分析可知，RCB 组 3 个试件墙纵筋均未屈服，靠近梁端的墙纵筋应变较大；SRCB-1 组 3 个试件有两个纵筋已达到屈服，原因是后两组试件节点区裂缝宽度较大，故靠近梁端部位的纵筋变形大；SRCB-2 组 3 个试件纵筋均达到屈服，且均为受压屈服，是由于钢板的开槽改变了锚固区钢筋的受力分布；SRCB-3 组试件 1 个达到屈服而另两个未达到屈服，原因是 SRCB-3-1 试件在加载后期连梁与剪力墙交界处破坏较严重。

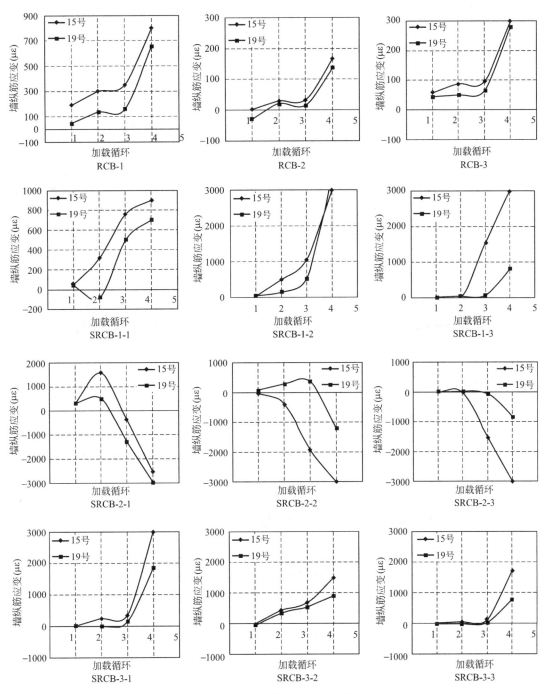

图 5.3-25　墙纵筋应变分布图

(5）剪力墙箍筋

为了分析锚固区剪力墙箍筋的应变分布，选取 16、17、18 号应变片分析各加载阶段的应变状态，每组试件均选取 1 个进行阐述。图 5.3-26 给出了正向加载时各组试件剪力墙箍筋各阶段的应变分布情况。横坐标分别表示开裂荷载时、屈服荷载时、2 倍屈服位移时和峰值荷载时 4 个加载阶段。由图可以看出，RCB、SRCB-1 和 SRCB-2 组试件箍筋未达到屈服，而 SRCB-3 组试件在峰值荷载时达到屈服，原因是随着加载位移的增大，节点区沿着翼缘分布的斜裂缝逐渐增多，与斜裂缝相交的箍筋应变急剧增大。

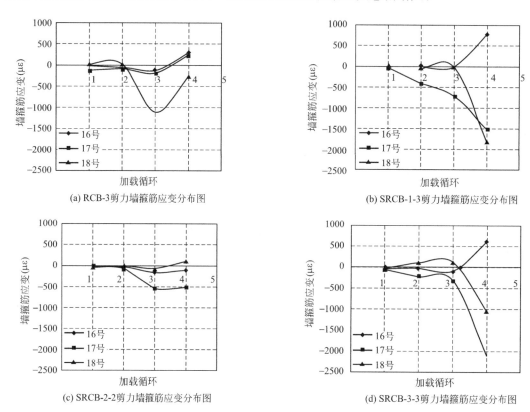

(a) RCB-3剪力墙箍筋应变分布图   (b) SRCB-1-3剪力墙箍筋应变分布图

(c) SRCB-2-2剪力墙箍筋应变分布图   (d) SRCB-3-3剪力墙箍筋应变分布图

图 5.3-26　墙纵筋应变分布图

5.3.3　非线性有限元分析与参数分析

为了进一步研究不同锚固形式钢板混凝土连梁节点的受力特点和抗震性能，本试验利用非线性有限元分析软件 ABAQUS 对四种试件进行非线性有限元模拟分析，证明有限元模拟结果与试验结果基本符合。在此基础上以 SRCB-2 试件和 SRCB-3 试件为研究对象，对开槽钢板锚固形式和 T 形钢板锚固形式配板混凝土连梁节点抗震性能的影响因素进行分析，并提出设计建议为实际工程设计作参考。

1. 有限元模拟结果与试验结果对比

（1）荷载-位移曲线对比

经过有限元计算得到四组试件的荷载-位移曲线与试验得到的骨架曲线对比如图 5.3-27 所示，关键点的数值模拟结果与试验结果对比详见表 5.3-7。

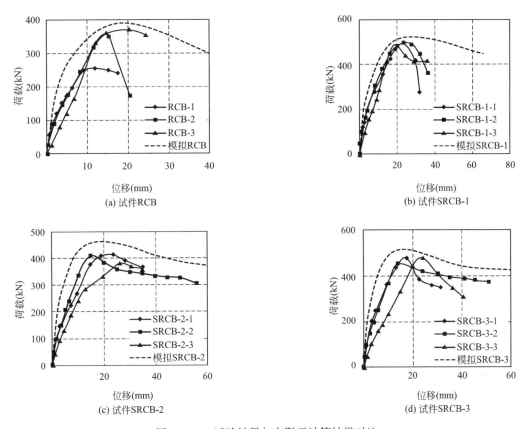

图 5.3-27 试验结果与有限元计算结果对比

试验结果与有限元模拟对比　　　　　　　　　　　　　　　表 5.3-7

试件		荷载（kN）			位移（mm）	
		开裂荷载	屈服荷载	峰值荷载	屈服位移	峰值位移
RCB	试验	120	153	343	3.55	15.71
	模拟	150	225	390	3.36	20.19
	误差（%）	25	47	13.7	5.4	28.5
SRCB-1	试验	100	222	492	4.53	21.98
	模拟	124	219	522	2.67	25.54
	误差（%）	24	1.4	6.1	41	16.2
SRCB-2	试验	100	234	445	4.78	18.27
	模拟	113	224	462	3.54	17.24
	误差（%）	13	4.2	3.8	25	5.9
SRCB-3	试验	75	221	458	4.65	23.81
	模拟	97	241	515	3.4	16.45
	误差（%）	29	9	12.4	26	30

通过图 5.3-27 中荷载-位移曲线可以看出，有限元模拟结果与试验测得的骨架曲线在

加载初期吻合较好，随着位移的增加，接近屈服后的荷载-位移曲线出现偏差，同一荷载值时，数值模拟得出的各项荷载值（包括开裂荷载、屈服荷载、峰值荷载）与刚度略大于相应的试验值，分析出现该现象的原因有以下几点：

1）试验中试件的实际边界条件会与模拟中的边界条件存在一定的差异。

2）材料非线性的影响：实际试验加载过程中，混凝土与钢板和钢筋之间存在粘结滑移，而模拟中虽然引入所谓"拉伸硬化"效应间接考虑了粘结滑移，但将钢筋与钢板单元嵌入混凝土单元中，钢筋与钢板节点的自由度由周围的混凝土单元节点自由度的内插值进行约束，两者共同变形。这种方法在一定程度上改善了模拟结果，但难以准确模拟实际结构中钢筋与混凝土发生严重粘结滑移时试件刚度及位移变化。

3）实际试件存在的初始缺陷不同：由于施工时客观条件的制约，每个试件在制作过程中会有初始缺陷，这样会导致加载点与试件中心线无法保持在同一平面内，在试验加载后期加载梁会发生轻微的扭转，对试验结果产生一定的影响。

（2）裂缝对比分析

混凝土的初始裂纹是根据该点的拉伸等效塑性应变大于零且最大主塑性应变为正值来判断的，混凝土的开裂方向是根据最小主压塑性应变矢量图的矢量方向与裂缝方向平行来判断的，裂缝的宽度根据矢量长短来判断，也可通过最大主拉塑性应变云图的数值来判断。混凝土开裂情况和裂缝分布的大致位置可通过混凝土受拉损伤因子的分布云图来判断。

有限元模拟得到混凝土受拉损伤因子分布云图，从图 5.3-28 中可以看出，正向加载时，受拉部位主要集中在连梁对角线上，连梁与剪力墙交界处混凝土损伤最严重，这与试验现象相吻合。试验中试件的主要裂缝方向与有限元模拟的最小主压塑性应变矢量方向也基本一致。另外，试件 RCB 混凝土产生塑性拉应变（即裂缝宽度较大的区域）主要集中在连梁对角线上；试件 SRCB-1、试件 SRCB-2、试件 SRCB-3 混凝土产生塑性拉应变主要集中在连梁对角线上下两端附近，与试验结果一致。

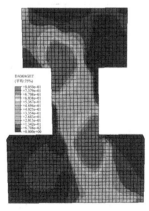
受压损伤因子分布图

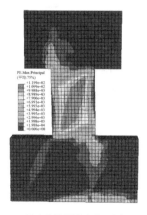
最大主拉塑性应变云图

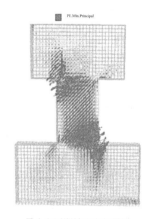
最小主压塑性应变矢量图

(a) 试件RCB裂缝模拟结果

图 5.3-28　试件裂缝模拟结果（一）

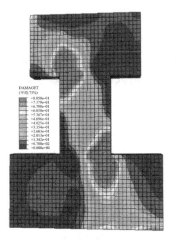
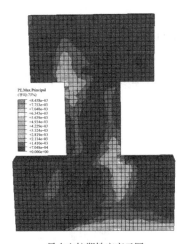
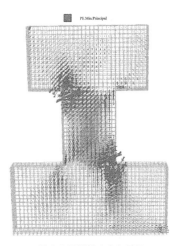

受压损伤因子分布图　　　　　　　最大主拉塑性应变云图　　　　　　最小主压塑性应变矢量图

(b) 试件SRCB-1裂缝模拟结果

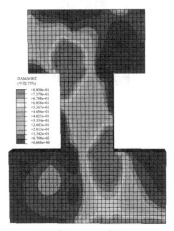
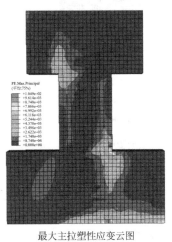
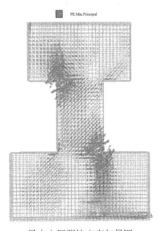

受压损伤因子分布图　　　　　　　最大主拉塑性应变云图　　　　　　最小主压塑性应变矢量图

(c) 试件SRCB-2裂缝模拟结果

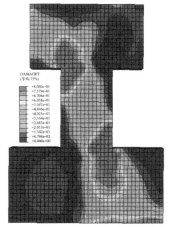
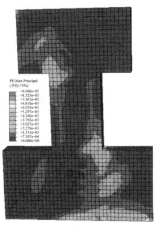
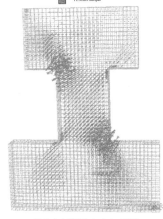

受压损伤因子分布图　　　　　　　最大主拉塑性应变云图　　　　　　最小主压塑性应变矢量图

(d) 试件SRCB-3

图 5.3-28　试件裂缝模拟结果（二）

（3）钢板应力分析

各试件内部钢板峰值荷载时 Mises 应力云图如图 5.3-29 所示。由图可以看出，内部钢板在单项加载作用下，连梁与剪力墙交界处应力最大，且沿着连梁对角线向两侧应力逐渐减小。峰值荷载时连梁与剪力墙交界处的钢板已达到屈服，锚固区钢板部分屈服，上述结果与试验结果基本一致。

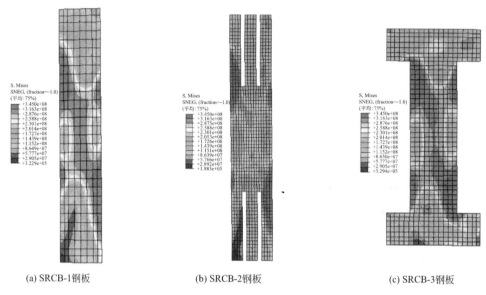

(a) SRCB-1钢板   (b) SRCB-2钢板   (c) SRCB-3钢板

图 5.3-29 钢板峰值荷载时 Mises 应力云图

（4）钢筋应力分析

四组试件钢筋峰值荷载时 Mises 应力云图如图 5.3-30 所示，由图可以看出，在峰值荷载时，连梁内箍筋未达到屈服，由于连梁与剪力墙交界处受剪力和弯矩共同作用，该处的连梁内纵向受力钢筋已达屈服，锚固区内靠近连梁端附近的箍筋达到屈服，这与试验现象基本一致。

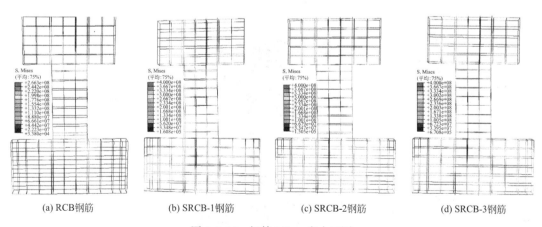

(a) RCB钢筋   (b) SRCB-1钢筋   (c) SRCB-2钢筋   (d) SRCB-3钢筋

图 5.3-30 钢筋 Mises 应力云图

2. SRCB-2 抗震性能影响研究

为了对开槽锚固形式试件做进一步研究，本节考虑锚固区钢板的截面开口率对节点承载力的影响,对五组锚固区钢板不同截面开口率的试件进行模拟分析。钢板信息见表5.3-8,钢板截面开口示意图如图5.3-31所示。根据模拟得到的各试件荷载-位移曲线对比如图5.3-32所示。通过对比分析可知,随着开口率的增大,试件的承载力有逐渐下降的趋势,总体来说开口率小的试件承载能力相对较高。当截面开口率达到30%时,试件的承载力与未开槽钢板相比有明显下降趋势。根据实际工程的需要建议锚固区钢板开口率不宜超过30%。考虑到实际工程的需要,一般剪力墙箍筋间距为100mm,故建议槽口间距与剪力墙箍筋间距相同为100mm;槽口的宽度b应大于等于剪力墙边缘构件箍筋直径+2mm;槽口根部与剪力墙外边缘要留有一定的间距,建议取剪力墙箍筋的保护层厚度。

钢板信息   表5.3-8

编号	c(mm)	b(mm)	截面开口率(%)	峰值荷载(kN)	峰值位移(mm)
1	90	15	10	492	15.5
2	85	22.5	15	477	18.5
3	80	30	20	463	18.9
4	75	37.5	25	455	17.4
5	70	45	30	419	19.8

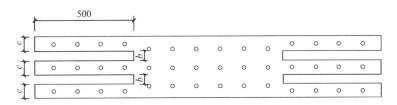

图5.3-31　钢板截面开口示意图

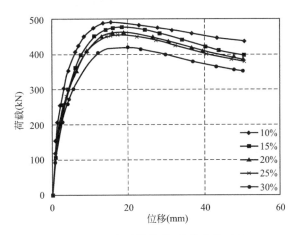

图5.3-32　各试件荷载-位移曲线对比

3. SRCB-3 抗震性能影响研究

为了对T形锚固形式试件做进一步研究,本节考虑锚固区钢板的纵向伸入率对节点承载力的影响,对三组锚固区钢板不同纵向伸入率的试件进行模拟分析。钢板纵向伸入率定义为锚固区纵向伸入长度h与梁内钢板高度H之比,钢板纵向锚固示意图如图5.3-33所示。钢板信息见表 5.3-9。根据模拟得到的各试件荷载-位移曲线对比如图 5.3-34 所示。通过对比分析可知，随着钢板纵向伸入率的增大，试件的承载力有增加的趋势，总体来说纵向伸入率越大的试件承载能力相对越高。当纵向伸入率达到 1.67 时，试件的承载力与纵向伸入率为 1 的试件承载力没有明显的提高，故建议 T 形锚固钢板锚固区纵向伸入率不宜大于 1。钢板 T 形翼缘根部与剪力墙外边缘要留有一定的间距，建议与钢板在连梁底部、顶部的混凝土保护层厚度相同，即不小于 100mm。

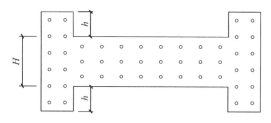

图 5.3-33　钢板纵向锚固示意图

钢板信息

表 5.3-9

编号	h(mm)	H(mm)	h/H	峰值荷载(kN)	峰值位移(mm)
1	150	300	0.5	515	15.4
2	300	300	1	552	15.7
3	500	300	1.67	559	16.5

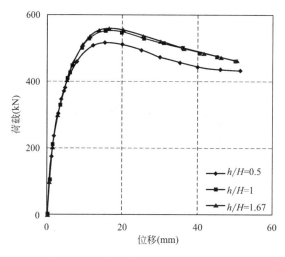

图 5.3-34　各试件荷载-位移曲线对比

5.3.4　小结

本节完成了三组（每组 3 个相同试件）钢板混凝土连梁节点试件与一组普通配筋混凝土连梁节点试件在低周往复荷载作用下的试验与非线性有限元分析，通过研究得到以下结论：

（1）钢板混凝土连梁与普通钢筋混凝土连梁相比，承载能力、耗能能力与抗震性能大幅度提高。内置钢板的方法有效可行，钢板有效控制斜裂缝发展，配板试件的滞回曲线均比普通配筋试件饱满，刚度与强度退化也比普通配筋试件小，表现出较好的延性和耗能能力。

（2）对比三种钢板锚固形式，节点区钢板开槽与 T 形锚固形式均是有效可行的。三种锚固形式的滞回曲线均较饱满，在加载后期均出现一定程度的捏拢现象，节点区钢板与混凝土之间出现了轻微滑移，但承载能力与耗能能力均较好。开槽锚固形式在加载后期节点区钢板滑移较大，形成有效的塑性铰使其耗能能力非常理想。T 形锚固方法在延性方面体现出优势，原因为钢板翼缘可有效抑制梁根部剪切裂缝的发展，大大提高试件的抗震性能。

（3）钢板混凝土连梁在锚固区可设成开槽锚固形式，该锚固形式的构件承载力随着锚固区截面开口率的增大而降低，建议开槽锚固形式锚固区截面开口率不宜大于 30%。槽口间距与剪力墙箍筋间距相同为 100mm；槽口的宽度应不小于剪力墙边缘构件箍筋直径＋2mm；槽口根部与剪力墙外边缘要留有一定的间距，建议取剪力墙箍筋的保护层厚度。

（4）钢板混凝土连梁在锚固区可设成 T 形纵向锚固形式，该锚固形式的构件承载力随着锚固区纵向伸入率的增加而增大，建议 T 形锚固钢板纵向伸入率为 0.5～1。钢板 T 形翼缘根部与剪力墙外边缘要留有一定的间距，建议与钢板在连梁底部、顶部的混凝土保护层厚度相同，即不小于 100mm。

（5）通过试件的加工与制作，证明了钢板节点区开槽锚固形式与 T 形锚固形式构造简单、施工方便，适用于实际工程中，具有良好的应用与发展前景。

5.4 内置钢板混凝土连梁抗剪性能试验分析与设计方法研究

5.4.1 内置钢板混凝土连梁抗剪性能试验

目前，国内外对钢与混凝土组合连梁的理论研究已经达到较成熟的阶段，但是仍然存在诸多问题，本课题提出的钢板混凝土连梁主要从解决施工困难的问题出发。为了深入研究和分析这种形式连梁的抗剪承载力和抗震性能的有效性，了解钢板混凝土连梁在反复荷载作用下的破坏过程和破坏形态，以及研究该种形式连梁合理的配板率问题，在沈阳建筑大学结构试验室完成了 12 个大尺寸钢板混凝土连梁试件的拟静力试验。试验对不同配板率的三组试件以及一组普通配筋形式的对比件进行了低周反复荷载下的试验研究，通过试验验证了这种形式连梁的有效性和可行性，描述了不同配板率的钢板混凝土连梁试件在反复荷载作用下的破坏过程。

1. 试验目的

内置钢板混凝土连梁抗剪性能试验的目的可概括为以下几个方面：

（1）检验在普通钢筋混凝土连梁中内置钢板能否提高连梁的抗剪承载力、改善其抗震性能，验证钢板混凝土连梁的有效性，通过试件的制作检验其在实际工程中的可操作性；

（2）分析不同配板率的钢板混凝土连梁在低周反复荷载作用下的受力特点（承载力、裂缝开展、破坏形式、变形特点等）及抗震性能（延性、耗能能力、强度退化、刚度退化等）；

（3）定量分析试件中箍筋、钢板和混凝土对连梁抗剪所做的贡献，验证钢板混凝土连梁抗剪承载力计算公式，提出一个合理的配板率范围。

2. 试件材料的力学性能

材性试验包括钢材材性试验和混凝土材性试验。

（1）钢材的材性试验

钢筋和钢板的材性试验进行的是单向拉伸试验，按照《金属材料 拉伸试验 第 1 部分：室温试验方法》GB/T 228.1—2010 规定的方法进行。钢板的拉伸试验试件是按照规范中的规定进行选取，每种厚度钢板制作 3 个拉伸试件，单向拉伸试件尺寸见表5.4-1，钢材材料性能见表5.4-2。

单向拉伸试件尺寸（mm）　　表 5.4-1

钢板厚度	数量	a	b	L	R	D	H	C
6	3	6	20	150	20	60	70	20
12	3	12	20	150	20	60	70	20
18	3	18	20	200	20	60	70	20

钢材材料性能　　表 5.4-2

类型	规格	屈服强度（MPa）				抗拉强度（MPa）			
		1	2	3	平均值	1	2	3	平均值
钢筋	Φ 8	514.8	518.9	524.4	519.4	646.1	641.6	636.2	641.3
	Φ 10	449.2	445.5	448.3	447.7	472.3	465	474.1	471.5
	Φ 22	421.2	431.5	426.6	426.4	614.5	609.1	605.3	609.6
钢板	6mm	362.5	358.6	352.5	357.9	500	510.3	520.8	510.4
	12mm	454.2	460.7	450	452.9	531.3	530.3	529.2	530.8
	18mm	381	389.5	381.2	389.3	559.4	552.8	556.3	554.7

（2）混凝土的材性试验

试验采用强度设计等级为 C30 的商品混凝土，实测混凝土材料性能见表5.4-3。

实测混凝土材料性能　　表 5.4-3

试件	立方体抗压强度 $f_{cu,k}$(N/mm^2)	轴心抗压强度 f_{ck}(N/mm^2)	轴心抗拉强度 F_{tk}(N/mm^2)	弹性模量 E_c （×10^{4}N/mm^2）
RCB-1	29.08	22.10	2.17	2.95
RCB-2	30.76	23.38	2.26	3.0
RCB-3	31.13	23.66	2.28	3.02
SRCB-1-1	30.03	22.82	2.25	3.00
SRCB-1-2	29.05	22.08	2.17	2.95
SRCB-1-3	30.14	22.91	2.23	2.98
SRCB-2-1	30.75	23.37	2.22	2.98
SRCB-2-2	30.04	22.83	2.22	2.98
SRCB-2-3	34.55	26.26	2.44	3.12
SRCB-3-1	28.13	21.38	2.13	2.91

试件	立方体抗压强度 $f_{cu,k}$(N/mm²)	轴心抗压强度 f_{ck}(N/mm²)	轴心抗拉强度 F_{tk}(N/mm²)	弹性模量 E_c (×10⁴N/mm²)
SRCB-3-2	31.92	24.26	2.31	3.04
SRCB-3-3	32.80	24.93	2.36	3.07

3. 试验方案

试验方法、加载装置与加载制度与5.3节一致。

试件承受的水平荷载由 MTS 加载系统自动采集，位移计测量试件各测点的变形，试件位移计布置示意图如图5.4-1所示。D1采用量程为200mm的位移计，D3采用量程为50mm的位移计，D2、D4、D5、D6采用量程为100mm的位移计量测。用单向电阻应变片测量钢筋的应变和钢板的单向应变，用三向应变花测量钢板测点处三个方向的应变，钢筋和钢板的测点布置如图5.4-2所示，混凝土应变片布置如图5.4-3所示，量测的所有数据由 IMP 采集系统进行采集。

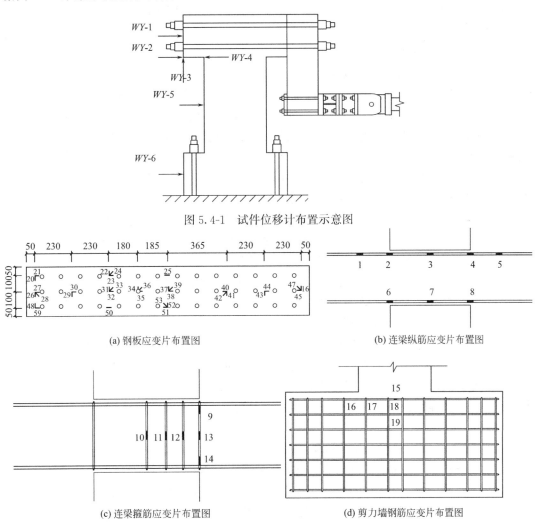

图 5.4-1　试件位移计布置示意图

(a) 钢板应变片布置图

(b) 连梁纵筋应变片布置图

(c) 连梁箍筋应变片布置图

(d) 剪力墙钢筋应变片布置图

图 5.4-2　钢筋和钢板测点布置图

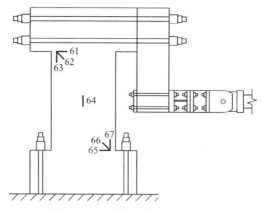

图 5.4-3　混凝土应变片布置图

4. 试验过程与现象

试验过程中,对试件的破坏过程做了详细的记录。从试验现象来看,试件从开始加载直至破坏的全过程中,可分为弹性阶段、裂缝开展阶段和破坏阶段的三个受力阶段。从每组 3 个完全相同的试件中选取具有代表性的进行叙述,其他试件的受力过程与破坏现象与其相似,在此不再赘述。

（1）RCB 受力过程和试验现象

以试件 RCB-2 为例进行描述。正向加载到 120kN 时,在梁墙交界处出现第一条弯曲裂缝,裂缝宽度较小,并略向墙内延伸。当荷载加至 150kN 时,墙内出现少量斜裂缝。正向荷载达到 180kN 时,在梁腹出现零星的剪切裂缝,长度和宽度都较小,此时荷载-位移曲线出现明显拐点,试件屈服,梁顶部的位移为 $\Delta=4$mm。试件屈服后,采用位移控制加载。

随着位移水平的增大,已有弯曲裂缝不断延伸开展,新的裂缝不断出现,裂缝从梁端部沿梁轴线向跨中发展。在弯剪共同作用下,梁端弯曲裂缝向受压区延伸,裂缝逐渐倾斜形成弯剪裂缝。当加载到 2Δ 时,梁上出现第一条明显的剪切斜裂缝,裂缝的方向沿试件的对角方向,宽度较小,此时与斜裂缝相交的箍筋最大拉应变达到 $1053\mu\varepsilon$,此后,连梁中的已有弯曲裂缝和剪切裂缝继续发展,新裂缝不断出现,新斜裂缝的方向大多平行于已有斜裂缝。与斜裂缝相交的箍筋在荷载达到 330.9kN 时达到屈服应变。

试件正向加载的峰值荷载为 352kN,此时试件顶部位移为 15.1mm,反向荷载的峰值为 363kN,此时梁顶部位移达到 15.6mm。

此后随位移水平的增加,试件承载力开始下降,刚度开始退化。在梁腹部由于斜裂缝的交叉,混凝土出现一定程度的剥落。当试件顶部位移达到 20.4mm 时,梁背面裂缝宽度约为 10mm,此时试件承载力降为 173kN（相当于峰值荷载的 49%）,试验停止。此时,斜裂缝在跨中的梁腹区域交叉汇合,试件背面外皮的混凝土脱落严重。试件 RCB 的破坏形式如图 5.4-4 所示。

（2）SRCB-1 受力过程和试验现象

以试件 SRCB-1-2 为例进行描述。正向加载到 150kN 时,在梁墙交界处出现细微斜裂缝。并略向墙内延伸。当正向荷载加至 200kN 时,墙内出现少量斜裂缝。反向加载到 200kN 时,在梁腹出现零星的剪切裂缝,宽度较小,此时荷载-位移曲线出现明显拐点,试件屈服,梁顶部的位移为 $\Delta=4.5$mm。试件屈服后,采用位移控制加载。

(a) RCB-1

(b) RCB-2

(c) RCB-3

图 5.4-4　试件 RCB 的破坏形式

当加载到 2Δ 时，梁上出现明显的剪切斜裂缝，裂缝的方向沿试件的对角方向，此时与斜裂缝相交的箍筋最大拉应变达到 $191\mu\varepsilon$，钢板的最大主拉应变为 $153\mu\varepsilon$，此后，连梁中已有剪切裂缝继续发展，新裂缝不断出现，新斜裂缝的方向大多平行于已有斜裂缝。由于钢板对斜裂缝发展的约束，在钢板的宽度范围内斜裂缝宽度较小。

试件正向加载的峰值荷载为 432.6kN，此时试件顶部位移为 27.2 mm，反向荷载的峰值为 419.1kN，此时梁顶部位移达到 22.6mm，可见正向荷载对试件反向承载力有削弱作用。此后，斜裂缝不断沿对角方向发展，由于钢板的存在，试件刚度并没有出现明显的退化。

此后随位移水平增加，试件承载力开始下降，刚度开始退化，但是由于钢板的存在，退化并不严重，表现出较好的耗能能力。在荷载反向时，前一级加载时张开的裂缝首先闭合，然后才具有反向的刚度，因此在荷载为零附近，试件刚度较小，但是仍然具有一定的刚度而不像普通钢筋混凝土连梁那样接近于零。

当试件顶部位移达到 33.3mm 时，斜裂缝在跨中的梁腹区域交叉汇合，连梁混凝土剥落严重。试件承载力下降，试验停止。试件 SRCB 的破坏形式如图 5.4-5 所示。

(a) SRCB-1-1

(b) SRCB-1-2

(c) SRCB-1-3

图 5.4-5　试件 SRCB-1 的破坏形式

（3）SRCB-2 受力过程和试验现象

以试件 SRCB-2-2 为例进行描述。正向加载到 100kN 时，在梁根部出现斜裂缝，裂缝宽度较小。当正向荷载加至 150kN 时，梁根部裂缝逐渐开展。反向加载到 200kN 时，梁上出现斜裂缝，墙上出现一条裂缝，此时荷载—位移曲线出现明显的拐点，试件屈服，梁顶部的位移为 $\Delta=4$mm。试件屈服后，采用位移控制加载。

当加载到 2Δ 时，梁上出现一条明显的剪切斜裂缝，裂缝的方向沿试件的对角方向，此时与斜裂缝相交的箍筋最大拉应变达到 $131\mu\varepsilon$，钢板的最大主拉应变为 $132\mu\varepsilon$。当荷载达到 380kN（3Δ）时，箍筋达到屈服应变，而此时钢板最大拉应变为 $649\mu\varepsilon$，由于钢板对斜裂缝发展的约束，在钢板的宽度范围内斜裂缝宽度较小。

随着位移水平的加大和反复，剪切斜裂缝不断发展，延伸和交叉，并可听见混凝土开裂时的噼啪声。试件正向加载的峰值荷载为 496.2kN，此时试件顶部位移数为 24.5mm，反向荷载的峰值为 541.4kN，此时梁顶部位移达到 24.5mm。此后，斜裂缝不断沿对角方向发展，由于钢板的存在，试件刚度并没有出现明显的退化。

此后，随位移水平的增加，试件承载力开始下降，刚度开始退化，但是由于钢板的存在，退化并不严重，表现出较好的耗能能力。由于钢板对斜裂缝的约束，斜裂缝宽度较小。

当试件顶点位移达到 36mm 时，试件承载力降为 363.5kN（相当于峰值荷载的 73%），试验结束。试件 SRCB-2 的破坏形式如图 5.4-6 所示。

(a) SRCB-2-1　　　　　　　　(b) SRCB-2-2　　　　　　　　(c) SRCB-2-3

图 5.4-6　试件 SRCB-2 的破坏形式

（4）SRCB-3 受力过程和试验现象

以试件 SRCB-3-1 为例进行描述。反向加载到 100kN 时，在梁墙交界处出现细微斜裂缝，并略向墙内延伸。当反向荷载加至 150kN 时，斜裂缝向墙内。正向加载到 250kN 时，梁根部几条剪切裂缝，宽度较小且向梁腹部发展，此时荷载-位移曲线出现明显的拐点，试件屈服，梁顶部的位移为 $\Delta=5$mm。试件屈服后，采用位移控制加载。

当加载到 2Δ 时，梁上斜裂缝交叉、贯通。梁上出现明显的剪切斜裂缝，裂缝的方向沿试件的对角方向，此时与斜裂缝相交的箍筋最大拉应变达到 $776\mu\varepsilon$，钢板的最大主拉应变为 $313\mu\varepsilon$。

试件正向加载的峰值荷载为 396.7kN，此时试件顶部位移为 23.4mm，反向荷载的峰值为 389.7kN，此时梁顶部位移达到 24mm。

此后随位移水平的增加，试件承载力开始下降，刚度开始退化，但是由于钢板的存在，试件刚度并没有出现明显的退化，表现出较好的耗能能力。当试件顶部位移达到 36.3mm 时，连梁混凝土剥落严重。试件承载力下降到 327.5kN，试验停止。试件 SRCB-3 的破坏形式如图 5.4-7 所示。

(a) SRCB-3-1　　　　　　　(b) SRCB-3-2　　　　　　　(c) SRCB-3-3

图 5.4-7　试件 SRCB-3 的破坏形式

5.4.2　试验结果与分析

在钢板混凝土连梁的低周反复循环加载试验的基础上，对其承载力、滞回性能、延性、耗能、刚度、强度及破坏形式等进行分析；对纵筋、钢板和箍筋在不同加载水平下的应变分布进行分析，定量分析了连梁中的剪力分配情况；另外，基于上述分析，初步提出了钢板混凝土连梁抗剪承载力的计算公式。

1. 承载力与变形

表 5.4-4 列出了各试件屈服荷载、极限荷载、破坏荷载及相应位移值的实测值（取每组试件的平均值）。

各试件荷载值及位移值　　　　　　　　　　　　　　　表 5.4-4

试件编号	屈服状态		极限状态		破坏状态	
	P_y(kN)	Δ_y(mm)	P_{max}(kN)	Δ_{max}(mm)	P_u(kN)	Δ_u(mm)
RCB	170	3.6	347	16.3	238	19.2
SRCB-1	233	4.6	456	25.9	400	32
SRCB-2	208	4.8	488	21	354	34.8
SRCB-3	250	4.9	391	25.7	330	37.1

从表中可以看出，配有钢板之后，连梁的屈服承载力、极限承载力明显提高；在一定范围内，承载力随着配板率的增大而提高，承载力提高的速率逐渐降低，当配板率达到某一值后，承载力不再随着配板率的增大而提高，当配板率继续增大时，承载力开始呈下降

趋势，但仍高于普通钢筋混凝土连梁。

钢板混凝土连梁的极限荷载要比普通钢筋混凝土连梁高，说明梁中钢板的存在有效提高了连梁的刚度，限制了连梁的侧向位移；而破坏位移要比普通钢筋混凝土连梁大，说明钢板混凝土连梁具有较大的塑性，从而避免了连梁承载力的急剧下降。

2. 荷载-位移曲线

（1）滞回曲线

试验用 MTS 伺服加载系统记录水平荷载（P）与 1 号位移计实测位移（Δ）的滞回关系曲线，各试件的 P-Δ 滞回曲线分别如图 5.4-8 所示。

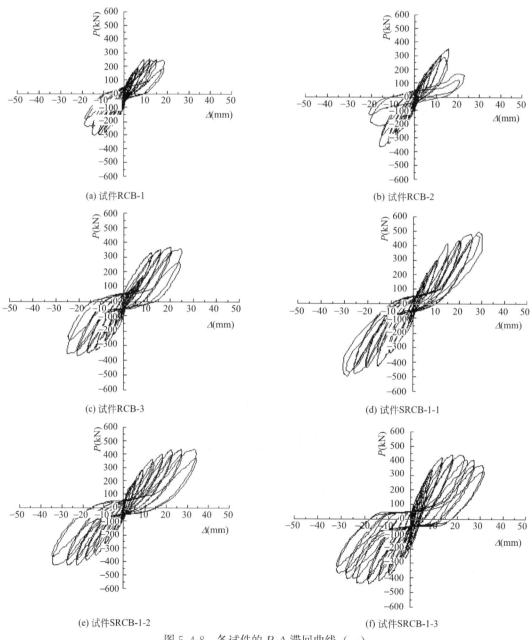

图 5.4-8　各试件的 P-Δ 滞回曲线（一）

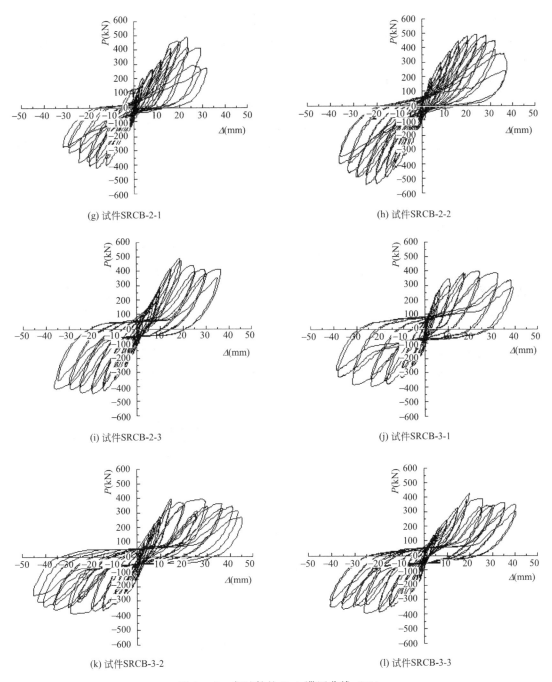

(g) 试件SRCB-2-1

(h) 试件SRCB-2-2

(i) 试件SRCB-2-3

(j) 试件SRCB-3-1

(k) 试件SRCB-3-2

(l) 试件SRCB-3-3

图 5.4-8　各试件的 P-Δ 滞回曲线（二）

从图中可以看出：

1）试件 SRCB-1～SRCB-3 在加载初期荷载循环中，混凝土尚未开裂，滞回曲线基本呈线性，卸载后残余变形很小，耗能能力小，说明试件处于弹性阶段。随着荷载的增大，试件变形增大，并且位移增大的速率大于荷载增长的速率，曲线逐渐向位移轴倾斜，面积增大。在试件屈服以后，改用位移控制加载，试件刚度有所降低，表现为变形随着荷载增加而继续增大的速率较初期增大得快。当荷载达到峰值荷载之后，连梁剪切变形增大，反向加载时待裂缝闭合后受压区混凝土参与工作，刚度增加，曲线上升，因此滞回曲线出现小幅度的捏缩现象。整个破坏过程试件刚度降低比较缓慢，滞回曲线比较饱满，表现出较好的耗能能力。

2）试件RCB的承载力小。主要是由于连梁内没有钢板，其整体刚度较小，在弯矩和剪力共同作用下，承载力明显比试件SRCB-1～SRCB-3小。

3）比较钢板混凝土连梁和普通钢筋混凝土连梁的滞回曲线可以看出，后者承载力远小于前者，荷载降低幅度也比前者大，对于不同配板率的连梁试件本次试验得到的滞回曲线具有以下特点：试件的P-Δ滞回曲线随着配板率的增大滞回环更加饱满，承载力有所增加，说明随着配板率的增加试件的抗震能力有所提高，但当配板率增大到一定程度之后，承载力不再随配板率的增大而继续提高，反而有所下降，但仍高于普通钢筋混凝土连梁。

（2）骨架曲线

试验所得各试件的骨架曲线对比如图5.4-9所示。由骨架曲线对比图可知，各试件的骨架曲线均有明显的拐点，钢板混凝土连梁的承载力远大于普通钢筋混凝土连梁，这是因为内置钢板对连梁的整体刚度影响较大，说明钢板混凝土连梁整体刚度大，承载力高；普通钢筋混凝土连梁在荷载达到最大承载力之后，承载力急剧下降，钢板混凝土连梁在荷载达到最大承载力之后，承载力下降段较长且平缓，说明其刚度降低缓慢，变形能力较大，延性性能较好。随着钢板混凝土连梁配板率的增大，曲线达到最大荷载后降低越缓慢，但是承载力提高的速率降低，当承载力随配板率的增大提高到一定数值后，继续增大配板率，承载力反而有所降低，但仍高于普通钢筋混凝土连梁。

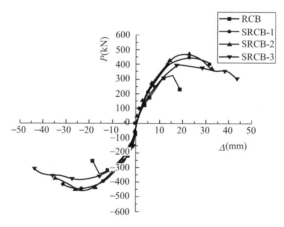

图5.4-9　各试件的骨架曲线对比

3. 延性

各试件的延性系数见表5.4-5。

各试件的延性系数　　　　　　　　　　　　　　　　表5.4-5

试件编号		屈服位移（mm）	破坏位移（mm）	延性系数	平均值
RCB	1	3.26	17.4	5.34	5.27
	2	3.37	16.1	4.48	
	3	4.02	24.1	5.99	

试件编号		屈服位移(mm)	破坏位移(mm)	延性系数	平均值
SRCB-1	1	4.27	31.5	7.37	
	2	4.82	34.2	7.10	7.05
	3	4.55	30.4	6.68	
SRCB-2	1	5.38	31.8	5.91	
	2	4.29	36.0	8.39	7.24
	3	4.92	36.5	7.42	
SRCB-3	1	4.78	36.0	7.53	
	2	5.13	35.3	6.88	7.45
	3	5.02	39.8	7.93	

延性系数越大，结构的塑性变形能力越大，达到峰值荷载后承载力降低得越慢，从而能够充分耗散地震能量，避免结构倒塌；反之延性小，说明结构达到峰值荷载后承载力迅速降低，变形能力差，破坏呈脆性。从表中可以看出，试件 SRCB-3 的平均延性系数最大，大约是试件 RCB 的 1.5 倍，可见在连梁中配置钢板能够显著提高连梁的延性，说明内置钢板增大了连梁的破坏位移，从而提高了连梁的延性；试件 SRCB-2 和试件 SRCB-3 的延性系数依次增大，说明配板率的增加有助于提高连梁的延性。

4. 耗能能力

计算得到试件的平均耗能系数见表 5.4-6，可以看出，试件 RCB 的平均耗能系数最小，配有钢板的连梁试件的平均耗能系数明显大于普通钢筋混凝土连梁试件，试件 SRCB-2 的平均耗能系数最大，试件 SRCB-1 和试件 SRCB-3 的平均耗能系数依次小于试件 SRCB-2。

试件的平均耗能系数   表 5.4-6

试件	μ_e	试件	μ_e	试件	μ_e	试件	μ_e
RCB-1	11.11	SRCB-1-1	27.06	SRCB-2-1	28.46	SRCB-3-1	20.80
RCB-2	12.41	SRCB-1-2	24.01	SRCB-2-2	35.10	SRCB-3-2	15.56
RCB-3	16.58	SRCB-1-3	21.24	SRCB-2-3	37.73	SRCB-3-3	18.14
均值	13.37	均值	24.10	均值	33.76	均值	18.17

图 5.4-10 给出了四组试件累积耗散能量随加载级数改变示意图。

由上图可以看出，内置钢板连梁试件累积耗散的能量随着加载级数的增加而明显增加，其耗能总量明显多于没有钢板的试件。内置钢板使混凝土开裂后塑性发展得更加充分。这说明钢板对于提升试件总体耗能能力的重要性。因此，对于跨高比较小的易发生脆性破坏且承载力低的连梁节点，内置钢板是提高其耗能能力的有效措施。配板率的对试件耗能的影响不明显，因为配板率较大时，钢板没有屈服，未能够充分发挥其塑性性能。

5. 强度退化

图 5.4-11 对四组试件承载力退化规律进行了比较。

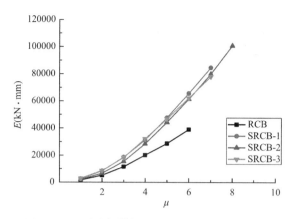

图 5.4-10　累计耗散能量随加载级数改变示意图

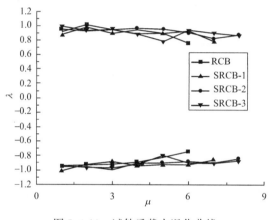

图 5.4-11　试件承载力退化曲线

由图 5.4-11 可见，各试件在初始阶段的承载力降低很小且幅度基本相同，但是随着位移的增大承载力的降低越来越明显，而且在正向和反向加载中承载力降低的程度大体对称。试件 RCB 的承载力在前几次位移循环过程中比较稳定，但在加载后期，承载力出现大幅度的快速下降。试件 SRCB-1～SRCB-3 的承载力退化过程比较相似，整个承载力退化曲线相对平缓，退化幅度较小，说明配置钢板的混凝土连梁都具有很好的维持承载力稳定的能力；从图中可以发现，随着位移的增加，有些试件承载力降低的幅度反而有所减小，这可能是由于钢板起了作用进而使承载力保持稳定。

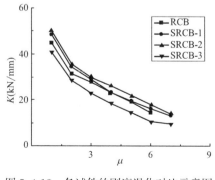

图 5.4-12　各试件的刚度退化对比示意图

6. 刚度退化

从滞回曲线可以看出，试件刚度与应力水平和循环次数有关，各试件的刚度退化对比示意如图 5.4-12 所示。

由图可见，试件 SRCB-1 和试件 SRCB-2 的初始刚度基本相同，均大于试件 RCB，试件 SRCB-3 的初始刚度最小；各试件的刚度随着位移的增加而降低，反映了试件在往复荷载作用下刚度的退化；各试件刚度退化的规律基本相同，在加载前期，连梁刚度降低比较明显，主要是由于混凝土开裂后，对内置钢板的约束能力降低，使得连梁整体刚度下降，而后随着位移的增加，刚度下降的速率变小，趋于稳定。

7. 内力分析

为了进一步研究钢板混凝土连梁的受力性能，对钢板混凝土连梁中实测的钢筋、钢板和箍筋在不同加载水平下的应变分布进行分析，对连梁纵向钢筋应变分布情况以及梁墙相交截面上的正应变分布情况做了详细分析，定量分析了连梁中的剪力分配情况；另外，基于上述分析，验证了钢板混凝土连梁抗剪承载力的计算公式。

（1）纵筋应变分布

图 5.4-13 给出了实测的四组试件中纵筋应变在不同加载水平下沿梁跨度方向的分布情况。水平轴为应变片距跨中的距离 S，每个试件沿梁跨度布置了 5 个应变片，分别布置在跨中和距跨中 375mm、645mm 处。竖轴为实测应变值，单位为微应变（$\mu\varepsilon$，$1\mu\varepsilon = 1 \times 10^{-6}$）。图中给出了试件屈服前（0.8 倍屈服荷载）、试件屈服和达到峰值时的应变分布情况，图中虚线表示纵筋的屈服应变。选取每组试件中应变数据较全的试件进行分析，从这些实测结果可以得出如下结论：

1）试件屈服之前，荷载较小。最大应变发生在梁墙交界处，一端受拉，另一端受压；跨中附近应变为零，沿梁跨方向，拉应变从受拉端逐渐变小，跨中应变很小，接近于零；远离受拉端，应变逐渐由受拉转为受压，且压应变逐渐变大，到达梁墙交界处达到最大压应变，与按照弹性理论得出的结果基本一致。混凝土开裂后逐渐退出工作，截面发生应力重分布，受拉纵筋应变增加较快，而且远大于受压纵筋的应变，截面中和轴向受压一侧移动。

2）试件屈服之后，纵筋的应变分布发生变化，纵筋的零应力点从跨中位置逐渐向受压区移动，纵筋中的受拉区长度超过连梁长度的一半，而且纵筋拉应变较大的区段增加，产生这种现象的原因可能有以下几个：第一，靠近梁端的弯曲裂缝在弯剪共同作用下逐渐倾斜，形成弯剪裂缝，连梁截面发生应力重分布，造成纵筋受拉范围扩大；第二，混凝土开裂后，当荷载卸载为零时，由于裂缝不能完全闭合，纵筋中存在残余拉应变，反向加载时，纵筋中残余拉应变不能很好地由压应力来抵消，当荷载再次使纵筋受拉时，拉应变会再次增加，几次循环后，超过半个梁长的纵筋都处于受拉状态。

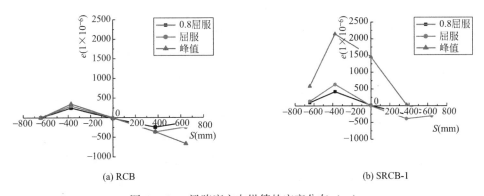

(a) RCB　　　　　　　　　　　　　　(b) SRCB-1

图 5.4-13　梁跨度方向纵筋的应变分布（一）

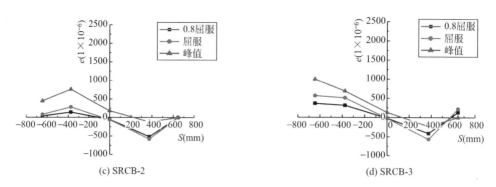

图 5.4-13 梁跨度方向纵筋的应变分布（二）

（2）梁端截面正应变分布

图 5.4-14 给出了试件 SRCB-1～SRCB-3 在不同加载水平下梁端截面的正应变沿截面高度的分布情况，竖轴为截面的初始位置（零应变位置）。从图中可以得到如下结论：

1）在试件屈服之前，截面上的应变分布基本满足平截面假定。由于混凝土受拉开裂，截面的中和轴向受压一侧出现不同程度的移动，移动的程度随着钢板厚度的不同而变化，大致都在截面高度 2/3 处。

2）在试件屈服以后，试件 SRCB-1 和 SRCB-2 纵筋的变形明显增大，截面上应变分布不再完全满足平截面假定。而试件 SRCB-3 在屈服之后纵筋变形增大的不明显；试件 SRCB-1～SRCB-3 屈服以后，截面初始中和轴处钢板轴向变形明显增大，钢板自身的正应变分布沿钢板高度也不满足平截面假定，钢板处于拉弯剪受力状态。

3）试件屈服以后，截面初始中和轴处钢板轴向变形较大，说明钢板截面在该处有较大的轴力，因此钢板对连梁的抗弯承载力由两部分构成，一部分是钢板自身抵抗的弯矩，另一部分是由钢板的轴力对混凝土受压区合力点产生的力矩。

（3）钢板剪力分析

在连梁内配置钢板的目的主要是为了提高连梁的抗剪承载力与延性，因此有必要对钢板在连梁中起到的抗剪作用进行分析。由于斜裂缝通过跨中，连梁跨中截面弯矩最小，此处钢板的抗剪作用最明显，因此选取跨中截面钢板所承担的剪力进行分析。可以通过钢板上应变花的应变量测结果计算出钢板的剪应变，然后求出对应的剪应力，假定剪应力沿钢板截面均匀分布，就可以求出钢板所承担的剪力。为了消除反复加载中残余应变的影响，将每次循环达到峰值荷载时钢板的应变减去对应加载循环荷载卸为零时的应变作为钢板的有效应变，所求出的钢板剪应变是根据实测应变求得的。图 5.4-15 给出了不同位移水平下钢板剪力占试件总剪力的百分比。可以得到以下结论：

试件 SRCB-1 中钢板承担的剪力占总剪力的比例最大，最大值达到 60%，而且比例随位移的增大而增大，这是因为随着位移的增大，混凝土开裂退出工作，原来由混凝土承担的部分剪力开始由钢板承担；试件 SRCB-3 中钢板承担的剪力随位移的增大而增大，当这个比例达到 30% 左右时出现一个水平段；试件 SRCB-2 中钢板承担剪力的比例随位移的增大基本呈线性增大；在位移延性比小于 4 时，试件 SRCB-3 中钢板承担剪力的比例增长的速率最大，试件 SRCB-2 次之，试件 SRCB-1 最小。

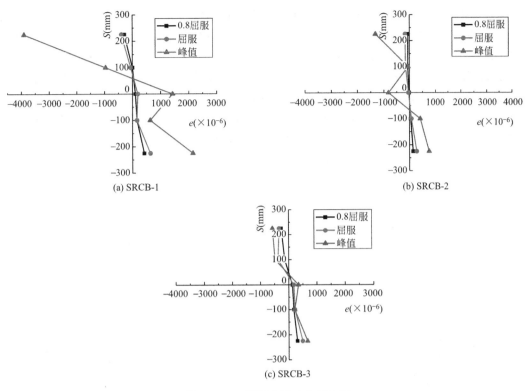

(a) SRCB-1

(b) SRCB-2

(c) SRCB-3

图 5.4-14　梁端截面正应变分布

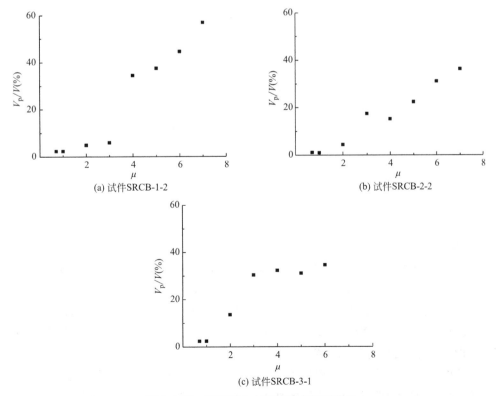

(a) 试件SRCB-1-2

(b) 试件SRCB-2-2

(c) 试件SRCB-3-1

图 5.4-15　钢板剪力占试件剪力的百分比

为了消除钢板强度和钢板尺寸等因素的影响，将钢板的抗剪承载力无量纲化，定义钢板的剪力 V_p 与其截面抗拉承载力 Htf_p 的比值为名义剪拉比，图 5.4-16 给出了不同试件在不同位移水平下的名义剪拉比，可以得到以下结论：

试件 SRCB-3 截面剪力水平较低，钢板最大剪拉比还未达到 0.1，这是因为配板率较大，钢板抗剪承载力高，混凝土强度较低，在钢板充分发挥抗剪作用之前，混凝土已经开裂严重退出工作，不能有效约束钢板使钢板充分发挥抗剪作用；试件 SRCB-1 中钢板的抗剪作用得到充分发挥，钢板最大剪拉比达到 0.4；试件 SRCB-2 中钢板的最大剪拉比达到 0.2，介于 SRCB-3 和 SRCB-1 之间。

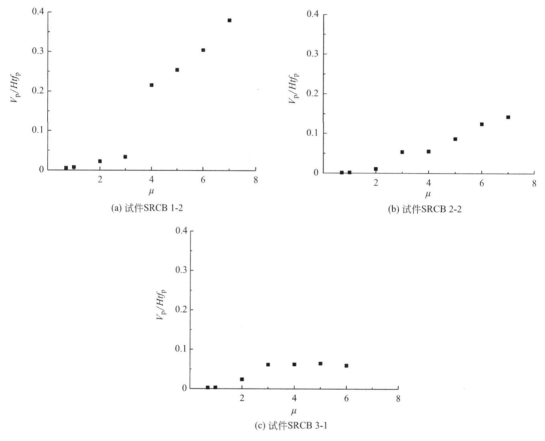

(a) 试件 SRCB 1-2　　　　　　　　　(b) 试件 SRCB 2-2

(c) 试件 SRCB 3-1

图 5.4-16　钢板剪力与截面抗拉承载力的比值

（4）箍筋剪力分析

在连梁出现剪切斜裂缝之前，其抗剪承载力由混凝土、箍筋和钢板三部分组成。前面分析了不同位移水平下钢板对抗剪承载力的贡献，下面分析不同位移水平下箍筋对抗剪承载力的贡献。计算箍筋分担的剪力时，假定斜裂缝的倾角为 45°，算出斜裂缝经过的箍筋根数，进而计算出箍筋的剪力。图 5.4-17 给出了不同位移水平下箍筋剪力 V_{sv} 与试件总剪力 V 的比值。从中可以得到以下结论：

1）试件 RCB 中箍筋承担的剪力 V_s 占总剪力的比例随着位移水平的加大而增大，且大致呈线性。这是因为随着位移水平的加大，剪切斜裂缝不断开展，混凝土开裂后退出工作，剩余的剪力由箍筋承担，因此箍筋承担剪力的比例增大。从箍筋变形的角度看，箍筋约束剪切裂缝的开展，所以随着位移水平的加大和裂缝宽度的增大，箍筋所承担的剪力也逐步增大。

2）在位移延性比小于 2 时，试件 SRCB-1～SRCB-3 中箍筋剪力占总剪力的比例较小，当位移延性比达到 3 之后，箍筋剪力占总剪力的比例明显增大，配板率对其有所影响，从本次试验的结果看，箍筋承担的剪力占总剪力的比例最大为 30％～60％，且试件 SRCB-3 出现一个水平段。

3）根据试验现象和以上的分析，钢板与箍筋有效约束了混凝土梁中斜裂缝的发生与发展，钢板与箍筋分担的剪力之和小于试件总剪力，说明连梁部分的混凝土参与抗剪。

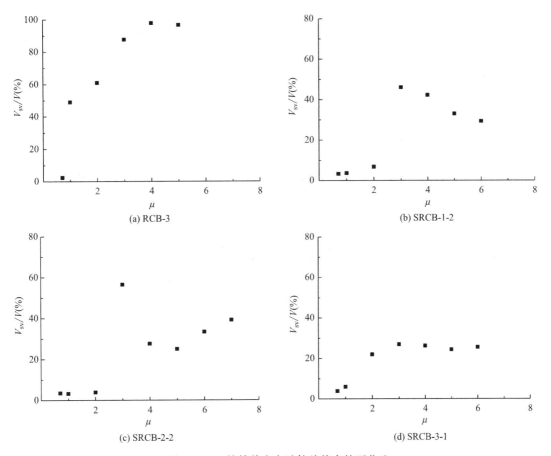

图 5.4-17　箍筋剪力占试件总剪力的百分比

8. 抗剪承载力建议公式

关于钢板混凝土连梁抗剪承载力的计算，《钢骨混凝土结构技术规程》YB 9082—2006 认为在反复荷载作用下，钢骨与混凝土之间的粘结力丧失，因此钢骨混凝土构件的受剪承载力是按简单叠加方法计算的。钢骨部分的受剪承载力是按纯钢构件腹板受纯剪情况计算的，不考虑局部受压影响，给出钢骨混凝土梁的斜截面受剪承载力公式（5.4-1）。

$$V_b \leqslant 0.7 f_t b_b h_{0b} + 1.25 f_{yv} \frac{A_{sv}}{S} h_{b0} + t_w h_w f_{ssv} \tag{5.4-1}$$

《组合结构设计规范》JGJ 138—2016 近似假定型钢腹板全截面处于纯剪状态，假定钢板在纯剪状态下达到主应力屈服，并且剪应力沿钢板截面均匀分布，依此给出钢板的抗剪承载力公式（5.4-2）。

$$V_b \leqslant 0.08 f_c b h_0 + f_{yv} \frac{A_{sv}}{S} h_0 + 0.58 f_p t_w h_w \tag{5.4-2}$$

公式（5.4-1）和公式（5.4-2）都是分别考虑了钢筋混凝土和钢板两部分的抗剪承载力，由于 $\tau_{xy} = \sigma_s / \sqrt{3} = 0.58 f_p$，以上两个公式考虑钢板抗剪贡献是一致的，均近似假定型钢腹板全截面处于纯剪状态。实际工作状态下连梁中的钢板处于弯拉剪复合应力状态，抗剪承载力较纯剪状态低，因此要对钢板的抗剪贡献进行修正。《高层建筑钢-混凝土混合结构设计规程》CECS 230—2008 参考了 Lam 的试验结果，考虑了上述问题，Lam 的试验表明钢板所承担的 V_p 与钢板截面的抗拉承载力 Htf_p 的比值在 0.2 左右，建议钢板的抗剪贡献取为 $0.2Htf_p$，由于 $\tau_{xy} = \sigma_s / \sqrt{3} = 0.58 f_p$，$0.2Ht\sigma_s = 0.2Ht \times \sqrt{3} f_p = 0.35 Htf_p$，因此，《高层建筑钢-混凝土混合结构设计规程》CECS 230—2008 给出了钢板混凝土梁的抗剪承载力计算公式（5.4-3），但该公式并未考虑配板率对钢板抗剪所做贡献的影响，因此，有必要对钢板的抗剪贡献进一步修正。

$$V_b = 0.7 f_t b h_{b0} + f_{yv} \frac{A_{sv}}{S} h_{b0} + 0.35 f_p t_w h_w \tag{5.4-3}$$

根据前文分析可知，几个试件中钢板所承担的剪力 V_p 与钢板截面的抗拉承载力 Htf_p 的比值在 0.1～0.4 之间，与配板率有关，配板率越大，其值越小，且基本呈线性。具体结果见表 5.4-7。

不同配板率下 V_p 与 Htf_p 的比值   表 5.4-7

配板率	0.018	0.036	0.054
V_p/Htf_p	0.4	0.2	0.1

采用根据线性插值的方法（最小二乘法）回归公式，选择线性函数做拟合曲线，即：

$$S_1(x) = a_0 + a_1 x \tag{5.4-4}$$

令 $\omega(x) = 1 \tag{5.4-5}$

$$(\phi_0, \phi_1) = 3 \tag{5.4-6}$$

$$(\phi_0, \phi_1) = \sum_{i=1}^{3} X_i = 0.108 \tag{5.4-7}$$

$$(\phi_1, \phi_1) = \sum_{i=1}^{3} X_i^2 = 0.018^2 + 0.036^2 + 0.054^2 = 0.004536 \tag{5.4-8}$$

$$(\phi_0, y) = \sum_{i=1}^{3} y_i = 0.4 + 0.2 + 0.1 = 0.7 \tag{5.4-9}$$

$$(\phi_1, y) = \sum_{i=1}^{3} X_i Y_i = 0.4 \times 0.018 + 0.2 \times 0.036 + 0.1 \times 0.054 = 0.0198$$
$$\tag{5.4-10}$$

$$\begin{pmatrix} (\phi_0, \phi_0) & (\phi_0, \phi_1) \\ (\phi_1, \phi_0) & (\phi_1, \phi_1) \end{pmatrix} \begin{pmatrix} a_0 \\ a_1 \end{pmatrix} = \begin{pmatrix} d_0 \\ d_1 \end{pmatrix} \tag{5.4-11}$$

$$3a_0 + 0.108a_1 = 0.7$$
$$0.108a_0 + 0.004536a_1 = 0.0198$$

解得：$a_0 = 0.53$，$a_1 = -8.33$；

因此，回归公式为：$S_1(x) = 0.53 - 8.33x$　　　　　　　　　　　　(5.4-12)

即名义剪拉比 V_p/Htf_p（Y）与配板率（x）的关系为：$Y(x) = 0.53 - 8.33x$

因此，非抗震设计时钢板混凝土连梁的抗剪承载力公式修正为：

$$V_b = 0.7f_t bh_{b0} + f_{yv}\frac{A_{sv}}{S}h_{b0} + (0.53 - 8.33\rho)f_p t_w h_w \quad (5.4\text{-}13)$$

式中：ρ——配板率。

钢板所承担的剪力：　　　　$F_p = (0.53 - 8.33\rho)f_p t_w h_w$　　　　　　(5.4-14)

进而可表达为：$F_p = (0.53 - 8.33\rho)f_p\rho h_{b0}b_b = (-8.33\rho^2 + 0.53\rho)f_p h_{b0}b_b$

(5.4-15)

对公式求导，并令导数等于零得：

$$F_p' = -16.66\rho + 0.53 = 0 \quad (5.4\text{-}16)$$

解得：$\rho = 0.032$。

因此，当配板率 ρ 达到 0.032 时，钢板的抗剪作用得到最大程度发挥，继续增大配板率时，钢板所承担的剪力将降低，建议设计时配板率上限取 $\rho = 0.032$。

5.4.3 非线性有限元分析和参数分析

1. 有限元计算结果

通过试件的有限元分析，对不同配板率的试件进行试算，最终确定五组不同配板率的钢板混凝土连梁试件，试编号依次为编试件 RCB、SRCB-1～SRCB-4，其中试件 RCB 为普通钢筋混凝土连梁，试件 SRCB-1～SRCB-4 为钢板混凝土连梁，钢板厚度分别为 6mm、12mm、18mm 和 20mm。有限元分析结果如图 5.4-18 所示，试件的极限承载力及位移值见表 5.4-8。

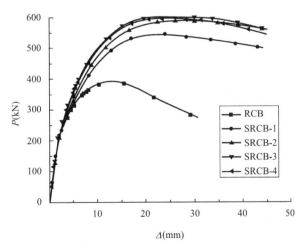

图 5.4-18　有限元分析结果

试件编号	钢板厚度(mm)	配板率(%)	极限承载力(kN)	极限位移(mm)
RCB	—	0	390.8	12.9
SRCB-1	6	1.8	543.9	24.3
SRCB-2	12	3.6	587.7	26.7
SRCB-3	18	5.4	607.3	24.6
SRCB-4	20	6	596.3	24.4

试件的极限承载力及位移值　　　　　　　　表 5.4-8

根据有限元计算结果，试件的承载力随配板率的增大而提高，但是承载力提高的速率不断降低，当钢板厚度达到 18mm 时，若继续增大钢板厚度，试件承载力反而呈下降趋势。

2. 有限元结果和试验结果的对比

（1）荷载-位移曲线

将有限元计算得到的荷载-位移曲线与试验实测得到的荷载-位移骨架曲线进行了比较，如图 5.4-19 所示。

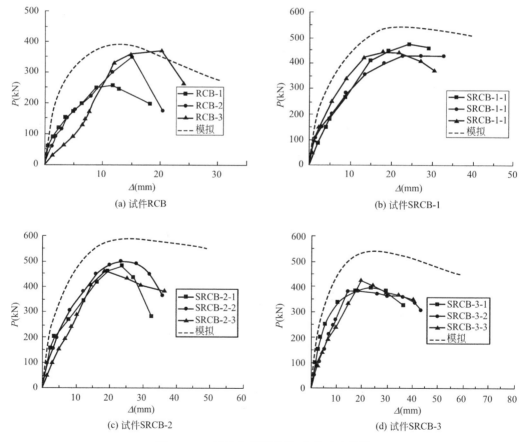

图 5.4-19　试验与模拟荷载-位移对比曲线

可以看出，分析得出的荷载-位移曲线和试验实测曲线形状基本符合，其中试件 RCB

的计算结果与试验结果吻合较好，配板率较大的钢板混凝土连梁试件的计算结果与试验结果误差较大。采用 ABAQUS 软件分析的结果承载力偏高。分析原因主要有以下几方面：第一，实际材料是非线性的，混凝土受拉开裂后的情况非常复杂，钢筋、钢板与混凝土之间粘结力的破坏对承载力的影响不能完全模拟；第二，模拟曲线是单调加载下得到的荷载-位移曲线，而试验曲线是反复加载下得到的荷载-位移曲线，加载过程中试件刚度退化，而且正向加载对反向加载影响较大；第三，模拟时，采用的是 C30 混凝土，试验时实测混凝土强度未达到设计混凝土强度。

（2）钢板应变分布

将有限元计算得到的钢板应变分布与试验破坏时梁墙交界界面处钢板的应变分布实测结果进行了比较，如图 5.4-20 所示。

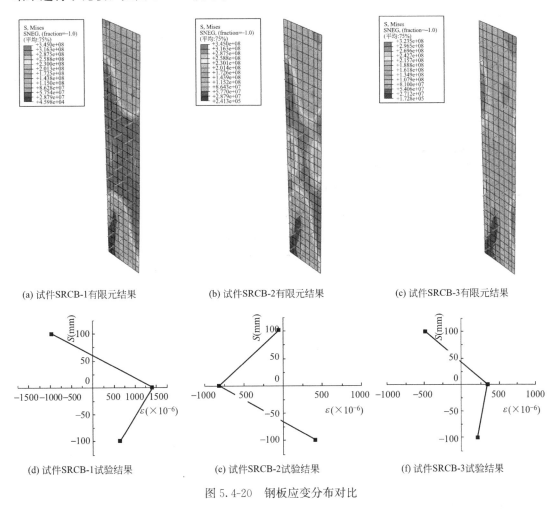

(a) 试件SRCB-1有限元结果   (b) 试件SRCB-2有限元结果   (c) 试件SRCB-3有限元结果

(d) 试件SRCB-1试验结果   (e) 试件SRCB-2试验结果   (f) 试件SRCB-3试验结果

图 5.4-20　钢板应变分布对比

有限元的计算结果和试验结果对比，荷载-位移曲线形状和试件的破坏形态基本吻合，说明有限元模型能较好地模拟试验的加载以及边界条件，得到与试验结果基本吻合的数据。试件 RCB、SRCB-1 和 SRCB-2 有限元计算结果与试验结果的误差分别为 12%、14% 和 20%，试件 SRCB-3 有限元结果与试验结果的误差相对较大，为 38%，并且有限元分析结果大于试验结果。说明利用有限元软件对小配板率的连梁试件进行分析是可行的，可以运用前文建模方法对钢板混凝土连梁试件进行进一步的研究。

3. 参数分析

结合试验，本节采用有限元方法进一步研究配板率对跨高比为 1.5 的钢板混凝土连梁抗剪承载力的影响。分析模型的主要参数和计算结果见表 5.4-9。

分析模型的主要参数和计算结果   表 5.4-9

序号	钢板高度 H(mm)	钢板厚度 t(mm)	钢板面积 A(mm²)	配板率 ρ	极限荷载 F(kN)	极限位移 Δ(mm)
1	300	4	1200	0.012	484.8	23.2
2	300	6	1800	0.018	543.9	24.3
3	300	8	2400	0.024	554.9	24.8
4	300	10	3000	0.03	582.1	26.1
5	300	12	3600	0.036	587.8	26.7
6	300	14	4200	0.042	594.5	26.4
7	300	16	4800	0.048	601.4	25.3
8	300	18	5400	0.054	607.3	24.6

4. 抗剪承载力公式验证

将以上结果与公式计算得到的结果进行对比，列于表 5.4-10。可以看出，前文提出的建议抗剪承载力公式可以较好地反映实际结果，尤其是配板率在 1.2%～4.2% 之间时，有限元模拟值与公式计算值的误差均在 10% 以内，有限元计算结果略大于公式计算结果。

计算结果与公式对比   表 5.4-10

序号	配板率 ρ	有限元计算承载力 V_0(kN)	公式计算承载力 V(kN)	V_0/V
1	0.012	484.8	458.25	1.058
2	0.018	543.9	516.23	1.053
3	0.024	554.9	553.52	1.04
4	0.03	582.1	570.11	1.021
5	0.036	587.8	566.02	1.032
6	0.042	594.5	541.23	1.098
7	0.048	601.4	495.76	1.213
8	0.054	607.3	429.59	1.414

5.4.4 小结

为了验证钢板混凝土连梁的有效性，本节完成了 12 个大尺寸钢板混凝土连梁试件的拟静力试验和非线性有限元分析，得到以下主要结论：

（1）连梁中配置钢板可以提高连梁的抗剪承载力，改善连梁的变形能力。钢板的加入有效控制剪切裂缝的发生和发展。试验中所采用的在钢板两侧焊接栓钉的做法有效可行，可以使钢板在混凝土连梁中得到有效的锚固，保证两者共同工作。

（2）试件屈服之前，纵筋最大应变发生在梁墙交界处，一端受拉，另一端受压，跨中附近应变接近于零，试件屈服之后，纵筋的应变分布发生变化，零应力点从跨中位置逐渐向受压区移动，纵筋中的受拉区长度超过连梁长度的一半，而且纵筋拉应变较大的区段增加。

（3）在试件屈服之前，梁端截面上的正应变分布基本满足平截面假定；但在试件屈服之后，随着纵筋变形增大和钢板中轴线处变形增大，截面上的正应变分布不再满足平截面假定。

（4）在试件屈服之前，弯剪斜裂缝较少，主要是混凝土参与抗剪，钢板和箍筋分担的剪力较小，钢板与箍筋有效约束了混凝土梁中斜裂缝的发生与发展，试件屈服之后，混凝土开裂并逐渐退出抗剪工作，此时，连梁中钢板的抗剪能力才发挥出来，原来由混凝土承担的剪力转移给箍筋和钢板，钢板和箍筋各自承担的剪力之和小于试件的总剪力，说明连梁部分的混凝土参与抗剪。

（5）钢板的剪拉比与试件的配板率有关，配板率越大，剪拉比越小，且基本呈线性。考虑配板率对钢板抗剪贡献的影响，初步提出了小跨高比钢板混凝土连梁的抗剪承载力计算公式为：

$$V_b = 0.7 f_t bh_{b0} + f_{yv} \frac{A_{sv}}{S} h_{b0} + (0.53 - 8.33\rho) f_p t_w h_w$$

考虑到施工等因素，建议钢板的厚度 t 不宜小于 6mm，配板率不低于 1.8%，不高于 3.2%。

5.5 结论

本章研究了内置钢板混凝土连梁与混凝土剪力墙节点抗震性能和抗剪性能，钢梁与混凝土剪力墙正交节点性能，以及新锚固形式下钢板混凝土连梁节点性能，得出的主要结论如下：

1. 内置钢板混凝土连梁与混凝土剪力墙节点

（1）节点的承载力、变形性能、延性与耗能能力要远远好于普通钢筋混凝土连梁与混凝土剪力墙节点；节点形式施工方便，具有良好的应用前景。

（2）钢板的截面面积和栓钉的布置方式是影响节点承载力、变形性能和耗能能力的重要因素，钢板的加入能有效控制剪切裂缝的发生和发展；在满足基本构造要求的前提下，增大钢板截面面积和钢板全跨布置栓钉能显著提高节点的抗震性能。

（3）在满足基本构造要求的前提下提高试件的配板率、钢板的高度、厚度、钢板高厚比、钢板埋入长度能够明显提高节点的承载力和抗震性能；建议最小配板率不宜低于 1.8%，不高于 3.2%，钢板的截面高度不小于连梁截面高度的 50%，钢板厚度不宜小于 6mm，为使钢板在混凝土开裂后充分发挥作用，钢板最大高厚比建议不超过 80，钢板的埋入长度宜取钢板高度的 2 倍，应尽量在钢板全跨布置栓钉或采取其他有效措施。高强度混凝土虽然能提高节点的承载力，但高强度混凝土和较高的轴压比会使节点的延性有所降低。

（4）在试件屈服之前，弯剪斜裂缝较少，主要是混凝土参与抗剪，钢板和箍筋分担的剪力较小，钢板与箍筋有效约束了混凝土梁中斜裂缝的发生与发展；试件屈服之后，混凝土开裂并逐渐退出抗剪工作，大部分剪力转移给箍筋和钢板承担。

（5）钢板的剪拉比与试件的配板率有关，配板率越大，剪拉比越小，且基本呈线性。考虑配板率对钢板抗剪贡献的影响，初步提出了小跨高比钢板混凝土连梁的抗剪承载力计算公式为：

$$V_b = 0.7f_t bh_{b0} + f_{yv}\frac{A_{sv}}{S}h_{b0} + (0.53 - 8.33\rho)f_p t_w h_w。$$

2. 钢梁与混凝土剪力墙正交节点

（1）在平面外弯矩和轴压力作用下，剪力墙受力不均匀并使其纵向钢筋和水平钢筋应变较大，围绕着锚板沿墙高和墙宽的方向有一个有效受力范围。剪力墙高度和宽度方向上，在锚板附近区域的应力高于远离锚板的区域。

（2）在满足基本构造要求的前提下，改变锚板厚度、锚筋布置方式能显著改变这三种节点的承载力和抗震性能；锚板厚度不宜小于钢梁翼缘厚度，锚板厚度的经济范围在10～20mm；锚筋截面面积不小于钢梁翼缘截面面积的条件下，建议采用细直径钢筋。

（3）反复荷载作用下与钢梁翼缘连接处锚板出现向外鼓屈现象，因此应采取措施改变构造；梁头锚固能够提高承载力和变形能力，但在延性和耗能能力方面没有明显的差别；墙背面锚板能够提高锚筋的锚固性能，因此能有效提高承载力和变形能力。

3. 新锚固形式下钢板混凝土连梁节点

（1）钢板混凝土连梁与普通配筋混凝土连梁相比可大幅度提高连梁的承载能力与耗能能力，改善连梁的抗震性能。三种锚固形式下试件的滞回曲线均较饱满，钢板能有效控制斜裂缝发展，刚度与强度退化小，具有较好的延性和耗能能力。钢板节点区开槽锚固形式与T形锚固形式构造简单、施工方便，适用于实际工程中，具有较好的应用前景。

（2）开槽锚固形式在加载后期节点区钢板滑移较大，形成有效的塑性铰使其耗能能力非常理想；该锚固形式的构件承载力随着锚固区截面开口率的增大而降低，建议开槽锚固形式锚固区截面开口率不宜大于30%。槽口间距与剪力墙箍筋间距相同为100mm；槽口的宽度应不小于剪力墙边缘构件箍筋直径＋2mm；槽口根部与剪力墙外边缘要留有一定的间距，建议取剪力墙箍筋的保护层厚度。

（3）T形纵向锚固形式构件承载力随着锚固区纵向伸入率的增加而增大，建议T形锚固钢板纵向伸入率为0.5～1；钢板T形翼缘根部与剪力墙外边缘要留有一定的间距，与钢板在连梁底部、顶部的混凝土保护层厚度相同，即不小于100mm。T形锚固方法在延性方面体现出优势，可大大提高试件的抗震性能。

第6章 工程应用

根据已经取得的混合结构梁柱节点和梁墙节点试验与分析结果，选取了北京华贸中心办公楼（二期）、沈阳恒隆市府广场办公楼一、沈阳乐天世界地标塔和沈阳财富中心A座等几个典型工程，进一步说明研究成果的应用效果。

6.1 北京华贸中心办公楼（二期）

6.1.1 工程概况

北京华贸中心办公楼（二期）坐落于CBD核心区，建筑群由三栋超5A智能写字楼、两座国际豪华酒店、商业、公寓、商务楼和中央广场组成的地标性城市综合体；超高层建筑地上36层，地下4层，屋顶最高处167m；结构体系是钢筋混凝土框架-核心筒，框架的抗震等级为一级；核心筒内埋型钢，核心筒20～22层设有伸臂桁架；外框架柱采用型钢混凝土柱，研究成果主要应用于核心筒与钢筋混凝土外框架的连接。

6.1.2 梁柱节点应用

1. 型钢柱类型

工程外框架型钢柱共有20根，高度为166.85m，截面形式为十字形。最大型钢柱的截面尺寸为＋1200mm×1000mm×240mm×32mm×42mm，每延米重量达841.31kg，随着层数的增加，截面尺寸发生变化，顶层时为□600mm×400mm×25mm×25mm。型钢柱的翼缘板上焊接双排抗剪栓钉，栓钉规格为直径19mm，间距200mm。

核心筒内预埋型钢柱为29根，标准层为27根，高度150m至核心筒顶，截面形式为H形、十字形及T形三种，翼缘板最厚为40mm。

外框架及核心筒型钢柱汇总见表6.1-1，外框架型钢柱平面位置及核心筒内预埋型钢位置如图6.1-1和图6.1-2所示。

外框架及核心筒型钢柱汇总表　　　　　　　　　　　　　　表6.1-1

类别	型钢柱截面形式(mm)	单重(kg)	数量(根)	备注
框架柱	＋1200×1000×240×32×42	841.31	2	标高−18.100～−0.100m (B4～F1)
	□600×400×22×22	330.2	18	标高145.300～148.700m (F27～F36)

类别	型钢柱截面形式(mm)	单重(kg)	数量(根)	备注
核心筒	＋450×450×200×20×30	330.12	1	十字形截面
	T550×365×200×30×40	370.16	2	T形截面
	H450×200×20×30	155.43	26	H形截面

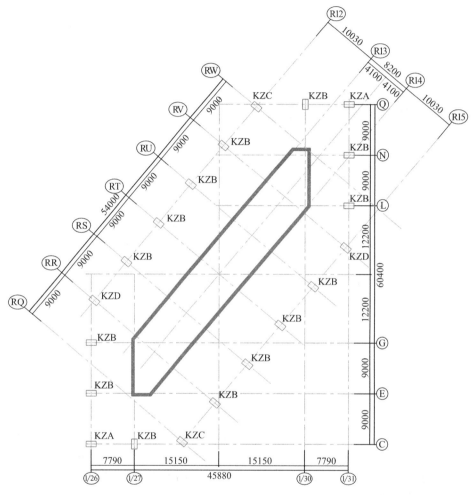

图 6.1-1　外框架型钢柱平面位置

2. 节点连接设计

（1）栓钉设计

根据第 2 章研究结果，由于核心筒与外框柱为结构的主要受力构件，因此柱身通高设置栓钉，栓钉直径选用 19mm，间距采用 150mm，满足《组合结构设计规范》JGJ 138—2016 栓钉间距不大于 200mm 的规定。在非节点区，栓钉间距采用加密区间距的 2 倍，又根据柱子的重要性，非加密区栓钉间距取为 150×2−50＝250mm。

（2）连接设计

工程主要连接形式有：型钢柱的对接连接、顶层框架箱形钢柱顶对接连接、钢梁与剪

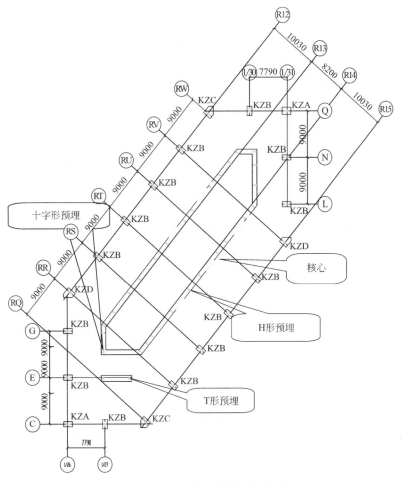

图 6.1-2　核心筒内预埋型钢位置

力墙的抗剪连接、钢梁与钢柱的栓焊连接、斜钢梁与预埋型钢柱牛腿的焊接连接、型钢柱的柱脚节点等，如图 6.1-3 所示。

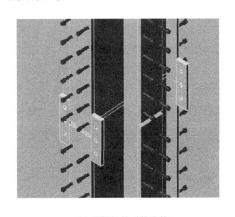

(a) 型钢柱的对接连接

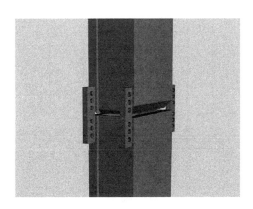

(b) 顶层框架箱形钢柱顶对接连接

图 6.1-3　梁柱主要节点连接形式（一）

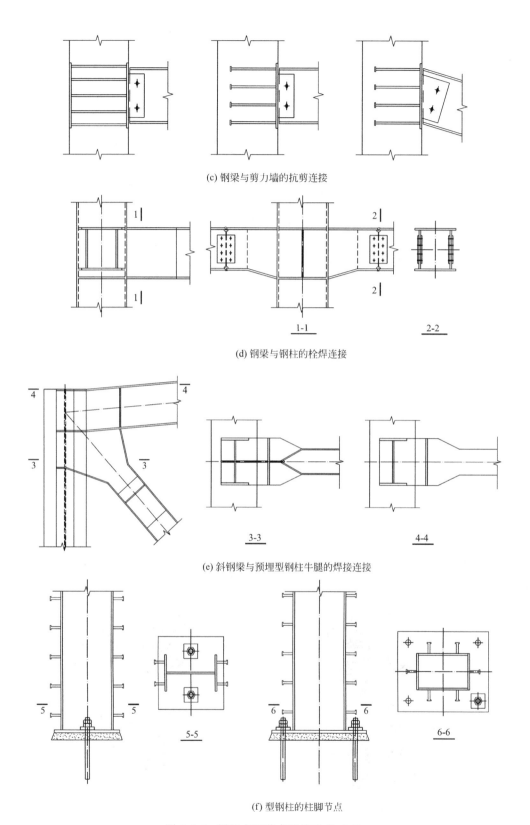

(c) 钢梁与剪力墙的抗剪连接

(d) 钢梁与钢柱的栓焊连接

(e) 斜钢梁与预埋型钢柱牛腿的焊接连接

(f) 型钢柱的柱脚节点

图 6.1-3　梁柱主要节点连接形式（二）

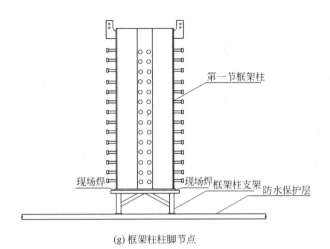

(g) 框架柱柱脚节点

图 6.1-3　梁柱主要节点连接形式（三）

3. 现场施工

考虑到现场塔式起重机的吊重、吊次以及施工进度，标准层的框架柱和核心筒柱按照"一柱两层"的原则进行分节，因标准层楼层层高 4m，故每节钢柱的长度设为 8m。

由于主、次梁与钢结构型钢柱在纵横两个方向相交，每层主、次梁的主筋都需穿过钢柱，依据第 3 章研究结果，主次梁主筋穿孔设定原则为：翼缘不能穿孔，腹板在强度许可范围内可穿孔，同时在主筋下部位置加设腹板加强板；所有的钢牛腿，腹板加强板及穿筋孔在加工厂都按设计图纸加工好，这样为现场土建穿孔及钢结构安装提供了诸多方便，相应也加快了施工进度；其中穿不过去的主筋则在钢柱翼缘及腹板处断开，在水平段直锚 L_a；在翼缘处断开的钢筋则在相应位置焊钢牛腿，使断开的主筋与钢牛腿焊接，且满足双面焊 $5d$，如图 6.1-4 所示。

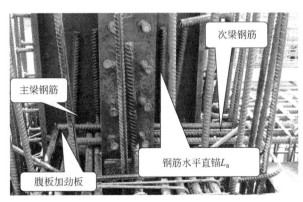

图 6.1-4　型钢柱与钢筋施工位置图

通过以上设计，简化了复杂节点的设计类型，方便了现场施工，保证了工期要求，受到各方一致好评，图 6.1-5 为型钢柱现场施工照片。

(a) 型钢柱拼接　　　　　　　　(b) 型钢柱进场直接吊装

(c) 型钢柱节点安装

图 6.1-5　型钢柱现场施工照片

6.2　沈阳恒隆市府广场办公楼一

6.2.1　工程概况

沈阳恒隆市府广场项目位于沈阳市 CBD 核心区——市府广场南侧，建筑群是由 4 栋超高层办公楼、1 栋六星级豪华酒店、1 栋会展建筑及商场组成的地标性城市综合体。其中办公楼一，地上 68 层，地下 4 层，建筑高度 350.6m，结构主要屋顶楼面高为 305m，高宽比 6.35；采用框架-核心筒结构体系，外框柱为型钢混凝土柱，核心筒为钢筋混凝土内筒，核心筒墙体内埋设型钢，地上部分楼面梁为钢梁，地下部分楼面梁为混凝土梁和型钢混凝土梁，框架的抗震等级为一级，核心筒的抗震等级为特一级；沿塔楼高度均匀布置了 3 个加强层，整合避难层及设备层，分别设于 22～24 层、40～42 层、58～60 层，每个加强层均设有伸臂桁架和外围环绕的腰桁架；研究成果主要应用于框架梁柱节点、楼面梁与核心筒墙的连接、连梁与墙的连接。

6.2.2　梁柱节点应用

1. 型钢柱类型

塔楼外框架型钢柱，底层共 16 根，25 层以上 14 根，高度为 305m 和 109.05m，型钢截面形式为十字形。最大型钢柱的底部截面尺寸为＋2200mm×1200mm×90mm×90mm，随着层数的增加，截面尺寸逐渐减小，顶层时为＋600mm×300mm×40mm×40mm。型钢柱的翼缘板上焊接多排抗剪栓钉，栓钉规格为直径19mm，间距200mm，长度100mm。

核心筒底部墙肢内埋设型钢柱为31根，沿高度随核心筒墙肢的减少而减少，型钢柱延伸至62层，高度272.85m，62层至核心筒顶墙内无型钢，型钢截面形式为H形、十字形两种，腹板最厚为50mm，翼缘板最厚为70mm。

外框柱和核心筒典型型钢柱表见表6.2-1，外框架型钢柱平面布置及核心筒墙肢型钢柱布置如图6.2-1和图6.2-2所示。

外框柱和核心筒典型型钢柱表   表 6.2-1

类别	型钢柱截面形式尺寸(mm)	材料	备注
框架柱	＋2200×1200×90×90	Q345	十字形截面
	＋1800×900×60×60	Q345	十字形截面
	＋1200×600×50×50	Q345	十字形截面
	＋800×400×40×40	Q345	十字形截面
	＋600×300×40×40	Q345	十字形截面
核心筒	＋1000×400×50×60	Q345	十字形截面
	＋1000×400×50×70	Q345	十字形截面
	H1000×400×30×40	Q345	H形截面
	H1000×400×20×30	Q345	H形截面
	H734×299×12×16	Q345	H形截面
	H596×199×10×15	Q345	H形截面
	H340×250×9×14	Q345	H形截面

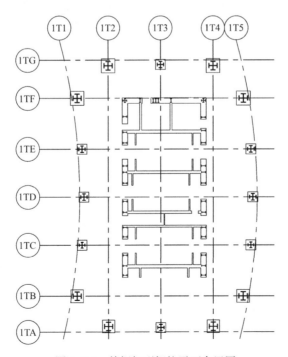

图 6.2-1 外框架型钢柱平面布置图

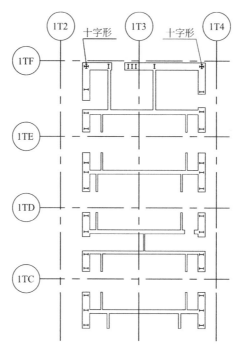

图 6.2-2 核心筒墙肢型钢柱布置图

2. 节点连接设计

（1）栓钉设计

根据第 2 章研究结果，由于核心筒与外框柱为结构的主要受力构件，因此柱身通高设置栓钉，选用的栓钉直径 19mm，长度 100mm，间距 200mm，满足《组合结构设计规范》JGJ 138—2016 栓钉间距不大于 200mm 的规定。型钢柱栓钉布置如图 6.2-3 所示。

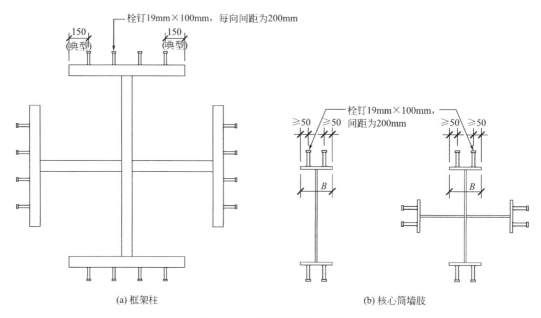

(a) 框架柱   (b) 核心筒墙肢

图 6.2-3 型钢柱栓钉布置图

（2）连接设计

工程主要连接形式有：钢板连梁与核心筒墙钢柱连接、型钢混凝土柱与混凝土梁连接、型钢混凝土柱与型钢混凝土梁连接、型钢混凝土柱与钢梁连接、钢梁与核心筒墙连接、钢梁与核心筒墙内钢柱连接等，如图 6.2-4 所示。

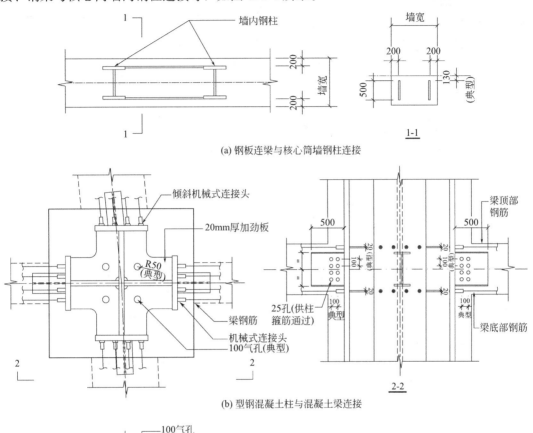

(a) 钢板连梁与核心筒墙钢柱连接

(b) 型钢混凝土柱与混凝土梁连接

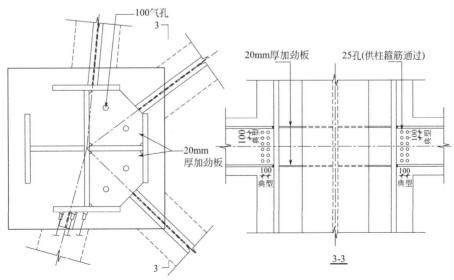

(c) 型钢混凝土柱与型钢混凝土梁连接

图 6.2-4　梁柱主要节点连接形式（一）

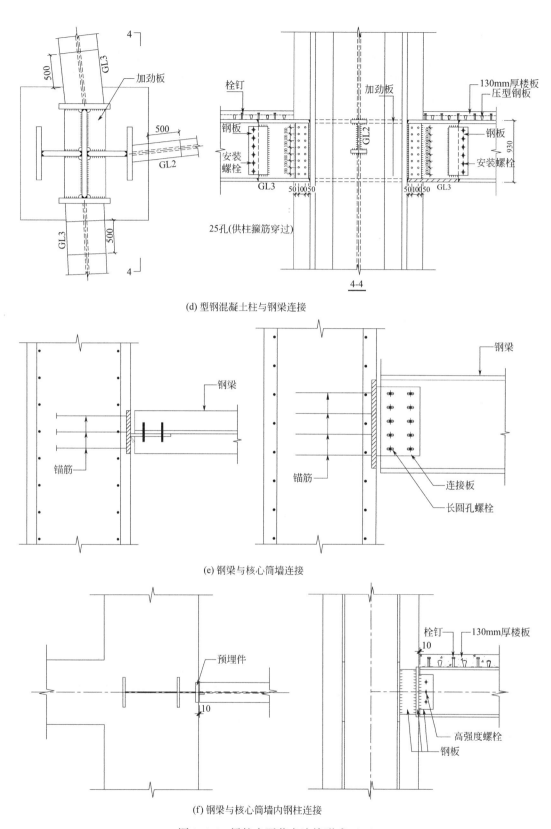

(d) 型钢混凝土柱与钢梁连接

(e) 钢梁与核心筒墙连接

(f) 钢梁与核心筒墙内钢柱连接

图 6.2-4　梁柱主要节点连接形式（二）

3. 现场施工

标准层的框架柱和核心筒柱按照"一柱两层"的原则进行分节，因标准层楼层层高 4.2m，故每节钢柱的长度设为 8.4m。

由于主、次梁与钢结构型钢柱在纵横两个方向相交，每层主、次梁的主筋都需穿过钢柱，依据第 3 章研究结果，主次梁主筋排布原则为：翼缘不能穿孔，腹板在强度许可范围内可穿孔，同时在主筋对应位置加设腹板加强板；所有的钢牛腿、腹板加强板及穿筋孔在加工厂都按设计图纸加工好，这样为现场土建穿孔及钢结构安装提供了诸多方便，相应也加快了施工进度；梁钢筋中，能避开型钢柱翼缘且能够穿过腹板的连续通过，能避开型钢柱翼缘不能穿过腹板的采用混凝土内直锚，不能避开型钢柱翼缘的采用钢筋连接器连接，部分节点采用在相应的位置做钢牛腿，使断开的梁主筋与钢牛腿焊接，且满足双面焊 5d。通过以上设计，简化了复杂节点的设计类型，方便了现场施工，保证了工期要求，受到各方一致好评，图 6.2-5 为现场施工照片。

(a) 钢梁与核心筒墙连接

(b) 钢板连梁与核心筒墙钢柱连接

(c) 钢梁与型钢柱连接

图 6.2-5　现场施工照片（一）

(d) 型钢混凝土柱

(e) 核心筒墙内型钢

(f) 型钢柱拼接

(g) 型钢连梁与核心筒墙钢柱连接

(h) 混凝土梁与型钢柱连接(部分梁钢筋与钢牛腿焊接)

图 6.2-5　现场施工照片（二）

6.3 沈阳乐天世界地标塔

6.3.1 工程概况

沈阳乐天项目工程由乐天荣光地产（沈阳）有限公司开发建设，位于沈阳市 CBD 核心区——沈阳北站的北侧，项目为大型城市综合体，由 1 栋超高层地标塔、2 栋办公楼、1 栋公寓、4 栋住宅、商场和大型游乐场组成。沈阳乐天世界地标塔工程，总建筑面积 16 万 m²，地下 4 层，地上 59 层，建筑总高度 275m，结构主要屋面高度 260.3m，高宽比为 4.96。工程结构体系为型钢混凝土框架-钢筋混凝土核心筒结构，外框柱为型钢混凝土柱，核心筒为钢筋混凝土内筒，核心筒墙体内埋设型钢，地上部分楼面梁为钢梁，地下部分楼面梁为混凝土梁，局部型钢混凝土梁，框架的抗震等级为一级，核心筒的抗震等级为特一级；建筑沿高度在 13 层、28 层、40 层、55 层设置 4 个避难层，结构无加强层，不设伸臂桁架。研究成果主要应用于框架梁柱节点、楼面梁与核心筒墙的连接、连梁与墙的连接。

6.3.2 梁柱节点应用

1. 型钢柱类型

塔楼外框架型钢柱，共 20 根，其中有 18 根在上部有不同程度倾斜，柱内型钢通高设置，高度为 260.3m，型钢截面形式为十字形。最大型钢柱的底部截面尺寸为＋1500mm×500mm×40mm×40mm，随着层数的增加，截面尺寸逐渐减小，顶层时为＋600mm×350mm×30mm×30mm。型钢柱的翼缘板上焊接多排抗剪栓钉，栓钉规格为直径 19mm，间距 200mm，长度 100mm。

核心筒下部，四角墙肢内埋设型钢柱 4 根；核心筒上部，根据受力和延性要求埋设型钢柱 16 根。型钢柱延伸至结构屋面，高度 260.3m，型钢截面形式为 H 形、十字形两种，腹板最厚为 20mm，翼缘板最厚为 25mm。

外框柱和核心筒典型型钢柱表见表 6.3-1，结构下部及结构上部外框柱和核心筒型钢柱布置如图 6.3-1 和图 6.3-2 所示。

外框柱和核心筒典型型钢柱表　　　　　　　　　　　　　表 6.3-1

类别	型钢柱截面形式尺寸(mm)	材料	备注
框架柱	＋1500×500×40×40	Q345	十字形截面
	＋1300×500×35×35	Q345	十字形截面
	＋1100×450×35×35	Q345	十字形截面
	＋900×400×35×35	Q345	十字形截面
	＋700×350×30×30	Q345	十字形截面
核心筒	＋700×300×20×25	Q345	十字形截面
	＋500×300×20×25	Q345	十字形截面

类别	型钢柱截面形式尺寸(mm)	材料	备注
核心筒	＋400×200×20×20	Q345	十字形截面
	＋250×150×20×20	Q345	十字形截面
	H500×300×20×25	Q345	H 形截面
	H400×200×20×20	Q345	H 形截面
	H250×150×20×20	Q345	H 形截面

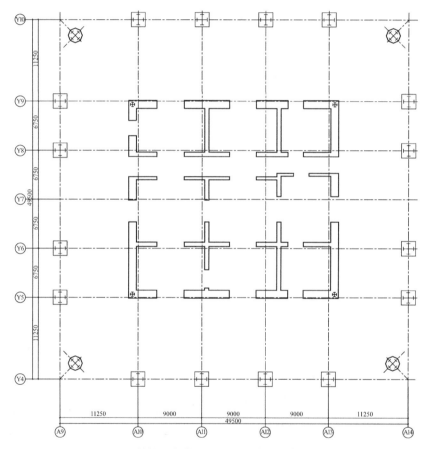

图 6.3-1　结构下部外框柱和核心筒的型钢柱布置图

2. 节点连接设计

（1）栓钉设计

根据第 2 章研究结果，由于核心筒与外框柱为结构的主要受力构件，因此，柱身通高设置栓钉，选用的栓钉直径 19mm，长度 100mm，间距 200mm，满足《组合结构设计规范》JGJ 138—2016 栓钉间距不大于 200mm 的规定。型钢柱栓钉布置如图 6.3-3 所示。

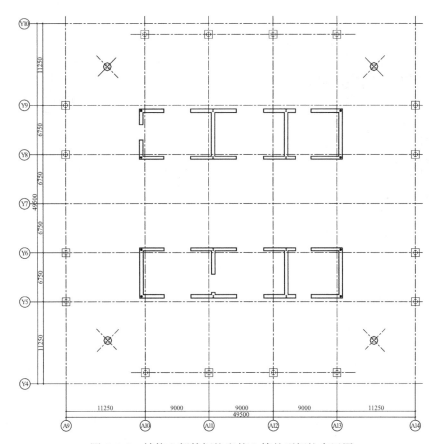

图 6.3-2 结构上部外框柱和核心筒的型钢柱布置图

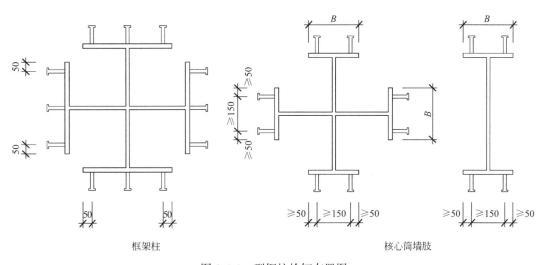

框架柱

核心筒墙肢

图 6.3-3 型钢柱栓钉布置图

（2）连接设计

工程主要连接形式有：型钢混凝土柱与混凝土梁连接、型钢混凝土柱与钢梁连接、钢梁与核心筒墙连接、钢梁与核心筒墙内钢柱连接等，如图 6.3-4 所示。

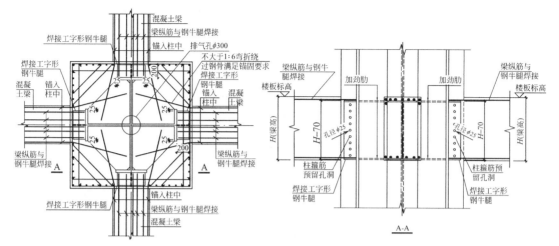

(a) 型钢混凝土柱与混凝土梁连接

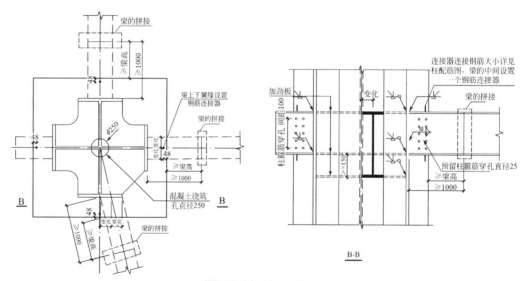

(b) 型钢混凝土柱与钢梁连接

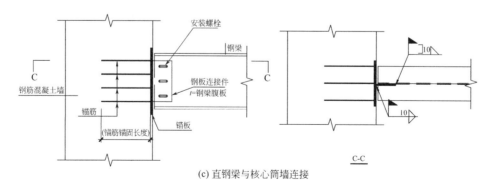

(c) 直钢梁与核心筒墙连接

图 6.3-4　梁柱主要节点连接形式（一）

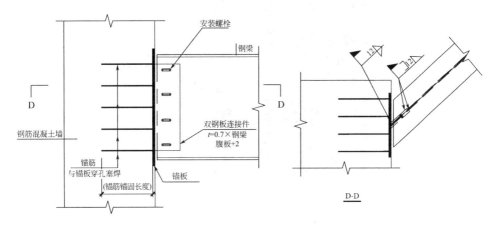

(d) 斜钢梁与核心筒墙连接

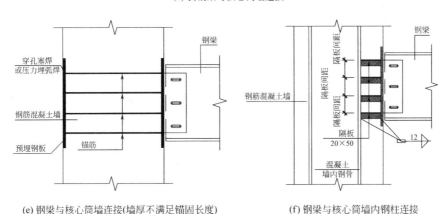

(e) 钢梁与核心筒墙连接(墙厚不满足锚固长度)　　(f) 钢梁与核心筒墙内钢柱连接

图 6.3-4　梁柱主要节点连接形式（二）

3. 现场施工

标准层的框架柱和核心筒柱按照"一柱两层"的原则进行分节，因标准层楼层层高 4.1m，故每节钢柱的长度设为 8.2m。

由于主、次梁与钢结构型钢柱在纵横两个方向相交，每层主、次梁的主筋都需穿过钢柱，依据第 3 章研究结果，主次梁主筋排布原则为：翼缘不能穿孔，腹板在强度许可范围内可穿孔，同时在主筋对应位置加设腹板加强板；所有的钢牛腿、腹板加强板及穿筋孔在加工厂都按设计图纸加工好，这样为现场土建的穿孔及钢结构的安装提供了诸多方便，相应也加快了施工进度；梁钢筋中，能避开型钢柱翼缘且能够穿过腹板的连续通过，能避开型钢柱翼缘不能穿过腹板的采用混凝土内锚固，不能避开型钢柱翼缘的采用在相应的位置做钢牛腿，使断开的梁主筋与钢牛腿焊接，且满足双面焊 5d；柱纵筋遇钢牛腿时，采用钢筋连接器连接，且在设计时考虑被钢牛腿截断的柱纵筋为小直径非主要受力筋。通过以上设计，简化了复杂节点的设计类型，方便了现场施工，保证了工期要求，受到各方一致好评。目前，该项目仅完成部分地下室结构施工，图 6.3-5 为梁柱节点现场施工照片。

图 6.3-5　梁柱节点现场施工照片

6.4　沈阳财富中心 A 座

6.4.1　工程概况

　　沈阳财富中心项目由沈阳英特纳房产开发有限公司开发建设，建筑用地位于沈阳市沈河区沈阳金融商贸开发区的中心地段，为一栋超高层办公楼，总建筑面积 11 万 m^2，地下 6 层，地下 2～6 层为地下机械停车库，层高 2.4m，地下 1 层为汽车大堂，层高 5.0m，地下建筑面积 2.0 万 m^2；地上 46 层（包括两层避难层），首层层高 6.2m，地上其余层层高 4.0m，建筑面积 9 万 m^2。建筑标准层平面尺寸 40.8m×55.5m，接近矩形，东西向为折线形，南北向为弧形，标准层典型平面如图 6.4-1 所示。结构主要屋顶楼面高为 179.9m，建筑总高度187.1m，核心筒宽度 15m，核心筒高宽比 12，建筑物高宽比 4.4，结构采用钢筋（型钢）混凝土框架-核心筒体系，楼板采用混凝土梁板体系，为 B 级超限高层建筑。

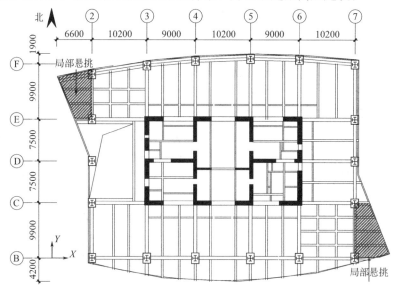
图 6.4-1　标准层典型平面图

底部框架柱采用型钢混凝土，根据柱受力特点和柱轴压比限值要求，型钢在上部楼层取消。为了有效增加地下室停车位、减小柱截面尺寸，同时在地下2～5层借助建筑隔墙，在塔楼向周边延伸一、二跨的位置设置混凝土剪力墙，既加强了地下室整体刚度，又使塔楼框架柱内力均匀扩散到基础底板，减小了基础的厚度和配筋。框架柱在地下3层及以下采用钢筋混凝土柱，地下3层以上采用型钢混凝土柱，即钢骨从地下3层楼面开始设置，地下室典型平面布置如图6.4-2所示。北侧框架柱的型钢从地下3层设置至地上20层，南侧框架柱的型钢从地下3层设置至地上27层，东、西两侧中部3根框架柱的型钢从地下3层设置至地上10层，框架柱最大截面由1400mm×1600mm逐步减小到800mm×800mm，钢骨配钢率由5.87%减小到2.1%。核心筒外围剪力墙厚度由800mm逐步减小到400mm，核心筒内部剪力墙厚度由600mm逐步减小到300mm，核心筒连梁以钢筋混凝土形式为主，为了增加连梁的抗剪能力，部分采用了钢板混凝土连梁，框架梁基本采用了钢筋混凝土形式。竖向构件混凝土强度等级C60～C40，楼板混凝土强度等级C30。研究成果主要应用于框架梁柱节点、连梁与墙的连接。

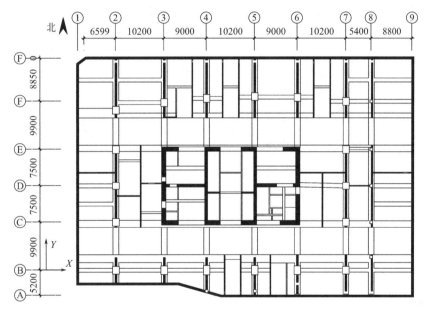

图6.4-2 地下室典型平面布置图

6.4.2 梁柱节点应用

1. 型钢柱类型

外框柱共18根，从地下3层开始设置型钢混凝土柱，其中北侧6根框架柱的型钢从地下3层设置至地上20层（标高−10.440～79.550m），南侧6根框架柱的型钢从地下3层设置至地上27层（标高−10.440～107.550m），东、西两侧中部3根框架柱的型钢从地下3层设置至地上10层（标高−10.440～43.550m），框架柱最大截面为1400mm×1600mm。最大型钢柱的底部截面尺寸为＋1000mm×1200mm×500mm×35mm×35mm，随着层数的增加，截面尺寸逐渐减小，型钢外形由十字形改变为I字形，I字形截面1000mm×350mm×25mm×25mm。型钢柱的翼缘板上焊接多排抗剪栓钉，栓钉规格为直径 19mm，间距 200mm，长度 100mm。外框柱典型型钢柱表见表 6.4-1。

外框柱典型型钢柱表　　　　　　　　　　　　表 6.4-1

类别	型钢柱截面形式尺寸(mm)	材料	备注
框架柱	＋1200×1000×500×35×35	Q345	十字形截面
	＋1200×1000×500×25×25	Q345	十字形截面
	＋1000×1000×350×30×30	Q345	十字形截面
	＋1000×1000×350×25×25	Q345	十字形截面
	I1000×350×25×25	Q345	工字形截面

2. 节点连接设计

（1）栓钉设计

根据第 2 章研究结果，外框柱为结构的主要受力构件，因此柱身通高设置栓钉，选用的栓钉直径 19mm，长度 100mm，间距 200mm，满足《组合结构设计规范》JGJ 138—2016 栓钉间距不大于 200mm 的规定。型钢柱栓钉布置如图 6.4-3 所示。

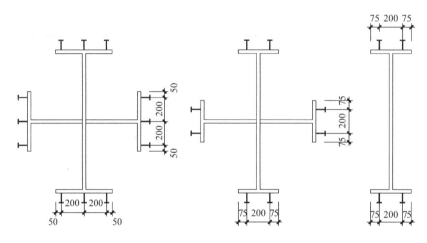

图 6.4-3　型钢柱栓钉布置图

（2）连接设计

工程主要连接形式为型钢混凝土柱与混凝土梁连接，在钢骨柱的翼缘上设置钢牛腿，钢牛腿从钢骨柱的柱边外伸长度为 250mm，钢牛腿与由于钢骨柱钢骨翼缘阻挡的框架梁内钢筋焊接连接，采用双面焊焊接，如图 6.4-4 所示。

3. 现场施工

标准层的框架柱按照"一柱两层"的原则进行分节，因标准层楼层层高 4.0m，故每节钢柱的长度设为 8.0m。

由于框架梁与型钢混凝土在纵横两个方向相交，依据第 3 章研究结果，框架梁主筋排布原则为：翼缘不能穿孔，在钢骨柱翼缘上焊接工字形钢牛腿，钢牛腿从钢骨柱的柱边外伸长度为 250mm，钢牛腿与被钢骨柱钢骨翼缘阻挡的框架梁内钢筋焊接连接，采用双面焊焊接，焊缝长度 8d；对没有被钢骨柱翼缘阻挡的框架梁钢筋，柱钢骨的腹板不开洞，梁纵筋伸入柱内至柱钢骨腹板后竖向弯折，水平段直锚长度满足 $0.4L_{aE}$；在型钢柱内的工

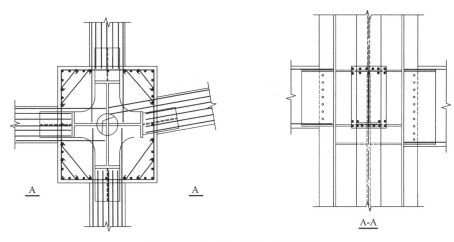

图 6.4-4　梁柱主要节点连接形式

字形钢牛腿的腹板上开孔，柱箍筋从钢牛腿腹板上的孔口内通过。柱纵筋遇钢牛腿时，采用钢筋连接器连接，且在设计时考虑被钢牛腿截断的柱纵筋为小直径非主要受力筋。所有的钢牛腿、穿筋孔、钢筋连接器，在加工厂都按设计图纸加工好，现场拼装，通过以上设计，简化了复杂节点的设计类型，方便了现场施工，保证了工期要求，受到各方一致好评，图 6.4-5 给出了典型梁柱节点现场施工照片。

图 6.4-5　典型梁柱节点现场施工照片

参考文献

[1] 高层建筑混凝土结构技术规程 JGJ 3—2010 [S]. 北京：中国建筑工业出版社，2010.

[2] 钢骨混凝土结构技术规程 YB 9082—2006 [S]. 北京：冶金工业出版社，2007.

[3] 李国强. 当代建筑工程的新结构体系 [J]. 建筑学报，2002，(7)：22-26.

[4] 平振东. 型钢混凝土结构在国内外的研究及工程应用 [J]. 四川建筑，2009，29 (9)：195-197.

[5] 王丽坤，田春雨，肖从真. 高层建筑中钢-混凝土混合结构的研究及应用进展 [J]. 建筑结构，2011，41 (11)：28-33.

[6] 方鄂华，钱稼茹. 我国高层建筑抗震设计的若干问题 [J]. 土木工程学报，1999，32 (1)：3-8.

[7] 白国良，李红星，张淑云. 混合结构体系在超高层建筑中的应用及问题 [J]. 建筑结构，2006，36 (8)：64-68.

[8] 薛建阳. 钢与混凝土组合结构 [M]. 北京：科学出版社，2010.

[9] 王瑞乐. 型钢混凝土组合结构施工技术研究 [D]. 安徽：安徽理工大学，2014.

[10] 杨勇，聂建国. 型钢混凝土结构（SRC）设计规程比较 [J]. 工业建筑，2006，36 (1)：80-84.

[11] 曹万林，赵洋，宋钰等. 不同配钢率方形截面型钢混凝巨型柱抗震试验 [J]. 地震工程与工程振动，2019，(39) 05：241-250.

[12] 张波，方林，金国芳等. 实腹式配钢的型钢混凝土十字形异形柱抗震性能试验研究 [J]. 华南理工大学学报：自然科学版，2014，42 (11)：121-126.

[13] 张波，方林，金国芳等. 实腹式型钢混凝土异形柱抗震性能试验及参数分析 [J]. 同济大学学报（自然科学版），2015，43 (9)：1301-1307.

[14] ACI. Building code requirements f or reinforced concrete（ACI318-89）. American concrete Institute，Detroit，Michigan，1989.

[15] AISC-LRFD. Load and resistance factor design specification for structural steel building. American Institute of Steel Const ruction，Chicago，Illinois，1993.

[16] NEHRP. Recommended provisions for development of seismic regulations for new buildings（draft）. National Earthquake Hazards Reduction Program，Building Seismic Safety Council，Part 1，Provisions，1994.

[17] 铁骨钢筋混凝土构造计算规准同解说 [S]. 日本建筑学会，东京，1987.

[18] Gregory G Deierlein，Hiroshi Noguchi. Overview of U. S. -Japan Research on the Seismic Design of Composite Reinforced Concrete and Steel Moment Frame Structures [J]. Journal of structural engineering，2004，2：361-365.

[19] 王连广，李立新. 国外型钢混凝土（SRC）结构设计规范基础介绍 [J]. 建筑结构，2001，31 (2)：23-25.

[20] 汪大绥，周建龙，袁兴方. 上海环球金融中心结构设计 [J]. 建筑结构，2007，37 (5)：8-12.

[21] 叶可明，范庆国. 上海金茂大厦施工技术 [J]. 中国工程科学，2000，2 (10)：42-49.

[22] 聂建国. 钢-混凝土组合结构原理与实例 [M]. 北京：科学出版社，2009.

[23] Galambos T V. Recent research and design developments in steel and composite steel-concrete struc-

tures in USA [J]. Constructional Steel Research, 2000, 55: 289-303.

[24] 龙期亮, 黄锡山, 陈栋. 型钢混凝土组合结构节点深化设计及工程应用 [J]. 施工技术, 2013, 42 (24): 42-44.

[25] 陈丽华, 李爱群, 赵玲. 型钢混凝土梁柱节点的研究现状 [J]. 工业建筑, 2005, 35 (1): 56-59.

[26] 聂建国, 陶慕轩. 钢混凝土组合结构体系研究新进展 [J]. 建筑结构学报, 2010, 31 (6): 71-79.

[27] 韩晓玲. 关于型钢高强混凝土框架节点的探讨 [J]. 建筑设计管理, 2014, (31) 10: 59-60.

[28] 李国强, 曲冰, 孙飞飞等. 高层建筑混合结构钢梁与混凝土墙节点低周反复加载实验研究 [J]. 建筑结构学报, 2003, 24 (4): 10-12.

[29] 赵红梅. 钢梁-钢骨混凝土柱节点的非线性有限元分析 [D]. 北京: 北京工业大学土木工程学院, 2002.

[30] 朱聘儒. 钢混凝土组合梁设计原理 (第二版) [M]. 北京: 中国建筑工业出版社, 2006.

[31] Kyung-Jae, Young-Ju Kim. Behavior of welded CFT column to H-beam connections with external stiffeners [J]. Engineering Structure, 2004, 26: 1877-1887.

[32] C. Málaga-Chuquitaype, A. Y. Elghazouli. Behaviour of combined channel/angle connections to tubular columns under mononic and cyclic loading [J]. Engineering Structure, 2010, 32: 1600-1616.

[33] Chung-Che Chou, Chia-Ming Uang. Cyclic performance of a type of steel beam to steel-encased reinforced concrete column moment connection [J]. Journal of Constructional Steel Research, 2002. 58: 637-663.

[34] Chin-Tung Cheng, Chen-Fu Chan. Seismic behavior of steel beams and CFT column moment-resisting connections with floor slabs [J]. Journal of Constructional Steel Research, 2007. 63: 1479-1493.

[35] Chung-Che Chou, Chia-Ming Uang. Effects of Continuity Plate and Transverse Reinforcement on Cyclic Behavior of SRC Moment Connections. [J]. ASCE, 2007, 133: 96-104.

[36] A. Pimanmas, P. Chaimahawan. Cyclic Shear Resistance of Expanded Beam-Column Joint. [J]. Procedia Engineering, 2011, 14: 1292-1299.

[37] Kiyo-omi KANEMOTO, Shinji MASE. An estimation of shear capacity for hybrid steel beams jacketed with reinforced concrete at ends connected to reinforced concrete column. [J]. J. Struct. Constr, AIJ. 2011, 76: 205-211.

[38] Atsunori KITANO, Yasuaki GOTO, Osamu JOH. Investigation on ultimate shear strength of interior beam-column joints of SRC structure. [J]. J. Struct. Constr, AIJ. 2009, 74: 393-399.

[39] G. Vasdravellis, M. Valente, C. A. Castiglioni. Behavior of exterior partial-strength composite beam-to-column connections Experimental study and numerical simulations. [J]. Journal of Constructional Steel Research, 2009. 65: 23-35.

[40] 朱辉. 钢连梁与混凝土剪力墙节点承载力试验研究与分析 [D]. 湖南: 中南大学土木工程学院, 2008.

[41] 混凝土结构设计规范 GB 50010—2010 [S]. 北京: 中国建筑工业出版社, 2010.

[42] 张小青. 钢框架-钢筋混凝土核心筒结构受力性能的非线性有限元分析 [D]. 湖南: 湖南大学土木工程学院, 2007.

[43] 陈盈. 钢筋混凝土梁-薄墙平面外连接节点抗震性能分析 [D]. 北京交通大学, 2009.

[44] Paulay T. Diagonally reinforced coupling beams of shear walls [C]. ACI Special Publication, 1972, 1: 579-598.

[45] Bingnian Gong, Bahrain M Shahrooz. Concrete-steel Composite Coupling Beams. I: Component Testing [J]. Journalof Structural Engineering, 2001, 127 (6): 625-631.

[46] Bingnian Gong, Bahrain M Shahrooz. Concrete-steel Composite Coupling Beams. II: Subassembly

Testing and Design Verification [J]. Journal of Structural Engineering, 2001, 127 (6): 632-638.

[47] Wan-Shin Park, Hyun-Do Yun. Seismic behavior of coupling beams in a hybrid coupled shear walls [J]. Journal of Constructional Steel Research, 2005, 61: 1492-1524.

[48] Teng J. G, Chen J. F, Lee Y. C. Concrete-filled Steel Tubes as Coupling Beams for RC Shear Walls [C]. Second International Conference on Advances in Steel Structures, 1999: 15-17.

[49] Harries K. A, Mitchell D, Cook. Seismic Response of Steel Beams [J]. Structural Engineering, 1993, 19 (12): 842-847.

[50] Wan-Shin Park, Hyun-Do Yun, Sun-Kyoung Hwang, et al. Shear strength of the connection between a steel coupling beam and a reinforce concrete shear wall in a hybrid wall system [J]. Journal of Constructional Steel Research, 2005, 61: 912-941.

[51] Wan-Shin Park, Hyun-Do Yun. Seismic behavior of coupling beams in a hybrid coupled shear walls [J]. Journal of Constructional Steel Research, 2005, 61: 1492-1524.

[52] Park Wan-Shin, Yun Hyun-Do. Seismic performance of steel coupling beam-wall connections in panel shear failure [J]. Journal of Constructional Steel Research, 2006, 62: 1016-1025.

[53] Wan-Shin Park, Hyun-Do Yun. Bearing strength of steel coupling beam connections embedded reinforced concrete shear walls [J]. Engineering Structures, 2006, 28: 1319-1334.

[54] Park Wan-Shin, Yun Hyun-Do. Panel shear strength of steel coupling beam-wall connections in a hybird wall system [J]. Journal of Constructional Steel Research, 2006, 62: 1026-1038.

[55] R. K. L. Su, W. Y. Lam, H. J. Pam. Behaviour of embedded steel plate in composite coupling beams [J]. Journal of Constructional Steel Research, 2008, 64: 1112-1128.

[56] Bahrain M Shahrooz. Outrigger Beam-wall Connections. I: Component Testing and Development of Design Model [J]. Journal of Structural Engineering, 2004, 29 (3): 253-261.

[57] 杨华, 钱稼如, 赵作周. 钢筋混凝土梁-墙平面外连接节点试验 [J]. 建筑结构学报, 2005, 26 (4): 52-58.

[58] 张宝泉. 钢架梁、混凝土墙单剪板连接实验研究 [D]. 北京工业大学土木工程学院, 2002.

[59] 梁威, 王昊. 我国型钢混凝土梁柱节点构造综述 [J]. 结构工程师, 2007, 23 (4): 98-104.

[60] 陈勇, 关开宇, 李大鹏. 两种新型型钢混凝土梁柱节点抗震性能试验研究 [J]. 建筑结构, 2015, 45 (3): 27-30.

[61] 周军海. 钢梁埋入长度对钢-混凝土组合连梁与混凝土剪力墙节点承载力影响的试验研究与分析 [D]. 湖南: 中南大学土木工程学院, 2008.

[62] 田智友, 型钢混凝土顶层梁柱端节点内梁柱型钢不同连接方式的抗震性能研究 [D]. 重庆大学土木工程学院, 2012.

[63] Roeder. C. W. and Hawkins N. M. Connections between steel frames and concrete walls [J]. Engineering Journal, 1981, 18 (1): 22-29.

[64] Lin-Hai Han, Wei Li, You-Fu Yang. Seismic behavior of concrete-filled steel tubular frame to RC shearwall high-rise mixed structures [J]. Journal of Constructional Steel Research. 2009, 65: 1249-1260.

[65] AISC. Specification for Structural Steel Buildings (AISC360-10) [S]. American Institute of Steel Construction. Chicago (IL), 2010

[66] ACI. Building code requirements for reinforced concrete (ACI318-08) [S]. American Concrete Institute. Detroit, Michigan, 2008.

[67] Eurocode4. Design of composite steel and concrete structures-Part1-1: General rules and rules for buildings (EN1994-1-1) [S]. European Committee for Standardization, 2004

［68］Eurocode3. Design of steel structures-Part1-8：Design of Joints（EN1993-1-8）［S］. European Committee for Standardization，2003

［69］Eurocode8. Design of structures for earthquake resistance-Part1：General rules，Seismic actions and rules for buildings（EN1998-1）［S］. European Committee for Standardization，2003.

［70］许志坤. 考虑粘结滑移的部分填充式钢箱-混凝土连续组合梁有限元分析［D］. 桂林理工大学，2019.

［71］李雅珂. 考虑粘结滑移型钢混凝土节点受力性能研究［D］. 河北工程大学，2018.

［72］郑山锁，裴培，张艺欣等. 钢筋混凝土粘结滑移综述［J］. 材料导报，2018，32（12）：4182-4191.

［73］谢明，吉延峻，刘方. 型钢混凝土结构粘结界面分形特性试验研究［J］. 硅酸盐报，2019，（38）02：459-464.

［74］金属材料 拉伸试验 第 1 部分：室温试验方法 GB/T 228.1—2010［S］. 北京：中国标准出版社，2011.

［75］组合结构设计规范 JGJ 138—2016［S］. 北京：中国建筑工业出版社，2016.

［76］混凝土结构工程施工质量验收规范 GB 50204—2015［S］. 北京：中国建筑工业出版社，2015.

［77］钢结构工程施工质量验收标准 GB 50205—2020［S］. 北京：中国计划出版社，2020.

［78］普通混凝土配合比设计规程 JGJ 55—2011［S］. 北京：中国建筑工业出版社，2011.

［79］混凝土物理力学性能试验方法标准 GB/T 50081—2019［S］. 北京：中国建筑工业出版社，2019.

［80］建筑抗震试验规程 JGJ/T 101—2015［S］. 北京：中国建筑工业出版社，2015.

［81］石亦平，周玉蓉. ABAQUS 有限元分析实例详解［M］. 北京：机械工业出版社，2009.

［82］庄苗，由小川等. 基于 ABAQUS 的有限元分析和应用［M］. 北京：清华大学出版社，2009.

［83］王玉镯，傅传国. ABAQUS 结构工程分析及实例详解［M］. 北京：中国建筑工业出版社，2010.

［84］Abaqus Analysis User's Manual. SIMULIA. Inc，2010.

［85］方秦，还毅等. ABAQUS 混凝土损伤塑性模型的静力性能分析［J］. 解放军理工大学学报（自然科学版），2007，8（3）：254-260.

［86］聂建国，王宇航. ABAQUS 中混凝土本构模型用于模拟结构静力行为的比较研究［J］. 工程力学，2013，30（4）：59-66.

［87］薛建阳. 型钢混凝土抗震性能及构造方法［J］. 世界地震工程，2002，18（2）：61-64.

［88］闫长旺. 钢骨超高强混凝土框架节点抗震性能研究［D］. 大连理工大学博士论文，2009.

［89］曾磊. 型钢高强高性能混凝土框架节点抗震性能及设计计算理论研究［D］. 西安建筑科技大学博士论文，2010.

［90］唐九如. 钢筋混凝土框架节点抗震［M］. 南京：东南大学出版社.

［91］叶列平. 混凝土结构［M］. 北京：清华大学出版社，2005：102-199.

［92］高层建筑钢-混凝土混合结构设计规程 CECS 230—2008［S］. 北京：中国计划出版社，2008.

［93］建筑抗震设计规范 GB 50011—2010［S］. 北京：中国建筑工业出版社，2010.

［94］何业玉. 型钢混凝土梁柱节点抗震性能研究［D］. 合肥：合肥工业大学，2012.

［95］姚谦峰，陈平. 土木工程结构试验［M］. 北京：中国建筑工业出版社，2003.

［96］中国建筑科学研究院. 混凝土结构研究报告选集［M］. 北京：中国建筑工业出版社，1994.

［97］丁大均. 钢筋混凝土结构学［M］. 上海：上海科学技术出版社，1985.

［98］赵鸿铁. 钢与混凝土组合结构［M］. 北京：科学出版社，2001.

［99］Minami K. Beam to Column Stress Transfer in Composite Structures［J］. Architectural Institute of Japan，3rd Edition，November，1975. 144-145.

［100］张劲，王庆扬，胡守营等. ABAQUS 混凝土损伤塑性模型参数验证［J］. 建筑结构，2008，38（8）：127-130.

[101] 雷拓，钱江，刘成清. 混凝土损伤塑性模型应用研究 [J]. 结构工程师，2008，24（2）：22-27.

[102] 尧国皇，黄用军，宋宝东等. 采用塑性损伤模型分析钢-混凝土组合构件的静力性能 [J]. 建筑钢结构进展，2009，11（3）：12-18.

[103] 王秋维，田贺贺，史庆轩. 基于 ABAQUS 的型钢混凝土梁柱节点抗震性能数值分析 [J]. 世界地震工程，2016，32（04）：125-133.

[104] 王勖成. 有限单元法 [M]. 北京：清华大学出版社，2003.

[105] 吕西林，金国芳，吴晓涵. 钢筋混凝土结构非线性有限元理论与应用 [M]. 上海：同济大学出版社，2002.